Wolfgang Pfeffer

Buchhaltung für Vereine

Einführung – Praxislösungen – Kontierungslexikon zum DATEV Vereinskontenrahmen

3., neu bearbeitete und erweiterte Auflage

Dipl.-Soz. Wolfgang Pfeffer

Buchhaltung für Vereine

Einführung – Praxislösungen – Kontierungslexikon zum DATEV Vereinskontenrahmen

3., neu bearbeitete und erweiterte Auflage

Bibliografische Information Der Deutschen Bibliothek

Die Deutsche Bibliothek verzeichnet diese Publikation in der Deutschen Nationalbibliografie; detaillierte bibliografische Daten sind im Internet über http://www.dnb.de abrufbar.

Bibliographic Information published by Die Deutsche Bibliothek

Die Deutsche Bibliothek lists this publication in the Deutsche Nationalbibliografie; detailed bibliographic data are available on the internet at http://www.dnb.de

ISBN 978-3-8169-3305-2

3., neu bearbeitete und erweiterte Auflage 2018
2., neu bearbeitete Auflage 2010
1. Auflage 2002

Bei der Erstellung des Buches wurde mit großer Sorgfalt vorgegangen; trotzdem lassen sich Fehler nie vollständig ausschließen. Verlag und Autoren können für fehlerhafte Angaben und deren Folgen weder eine juristische Verantwortung noch irgendeine Haftung übernehmen.
Für Verbesserungsvorschläge und Hinweise auf Fehler sind Verlag und Autoren dankbar.

Inhaltsverzeichnis

Vorwort zur dritten Auflage

Die dritte Auflage wurde insbesondere hinsichtlich der Steuerklärungen per Datenfernübertragung (ELSTER) und der neuen Grenzen bei den umsatzsteuerlichen Vorgaben für Rechnungen aktualisiert.

November 2017 Wolfgang Pfeffer

Abkürzungsverzeichnis

AEAO	Anwendungserlass zur Abgabenordnung
AO	Abgabenordnung
BFH	Bundesfinanzhof
BGB	Bürgerliches Gesetzbuch
BGH	Bundesgerichtshof
BMF	Bundesministerium für Finanzen
EStDV	Einkommensteuer-Durchführungsverordnung
EStG	Einkommensteuergesetz
EStR	Einkommensteuer-Richtlinien
EuGH	Europäischer Gerichtshof
FG	Finanzgericht
GbR	Gesellschaft bürgerlichen Rechts
GewStG	Gewerbesteuergesetz
KG	Kommanditgesellschaft
KraftStG	Kraftfahrzeugsteuergesetz
KStG	Körperschaftsteuergesetz
KStR	Körperschaftsteuer-Richtlinien
LfSt Bayern	Bayerisches Landesamt für Steuern
LStR	Lohnsteuer-Richtlinien
OFD	Oberfinanzdirektion
OHG	Offene Handelsgesellschaft
OLG	Oberlandesgericht
SGB	Sozialgesetzbuch
SKR	Sonderkontenrahmen
UStG	Umsatzsteuergesetz
UStAE	Umsatzsteuer-Anwendungserlass
UStDV	Umsatzsteuer-Durchführungsverordnung

1 Die steuerlichen Tätigkeitsbereiche gemeinnütziger Körperschaften

Die Tücken des Vereinssteuerrechts – und damit der Buchführung – liegen wesentlich im Nebeneinander steuerbegünstigter und nicht steuerbegünstigter Tätigkeitsbereiche. Deren buchhalterische Trennung, bzw. die Zuweisung aller Einnahmen und Ausgaben zu den verschiedenen steuerlichen Bereichen, ist das Kernproblem der Vereinsbuchhaltung.

Häufig können gemeinnützige Vereine ihre Tätigkeiten nicht allein durch Mitgliedsbeiträge, Spenden oder Zuschüsse der öffentlichen Hand finanzieren. Haben Sie kein Vermögen, aus dem Erträge fließen, sind sie meist darauf angewiesen, sich in der einen oder anderen Weise wirtschaftlich zu betätigen.

Einem gemeinnützigen Verein ist es nicht untersagt, sich wirtschaftlich zu betätigen (also durch bestimmte Leistungen Einnahmen zu erzielen). Die wirtschaftliche Tätigkeit darf nur nicht vorrangig werden.

Allerdings sind nur die ideellen Hauptzwecke (Satzungszwecke) steuerlich begünstigt. Die anderen Bereiche unterliegen dagegen (bis auf bestimmte Sonderregelungen) weitgehend der gleichen Besteuerung wie gewerbliche Unternehmen.

Für die Überwachung der steuerlichen Pflichten und die Buchhaltung des Vereins bedeutet dies, dass Einnahmen und Ausgaben und sich daraus ergebende Überschüsse/Verluste für die verschiedenen Tätigkeitsbereiche getrennt erfasst werden müssen, da sie steuerlich unterschiedlich behandelt werden.

Unterschieden werden hinsichtlich der steuerlichen Behandlung vier Bereiche:

- der ideelle Bereich: die eigentliche satzungsmäßige Tätigkeit des Vereins
- die Vermögensverwaltung: Einkünfte/Ausgaben bei der Verwaltung des Vereinsvermögens
- Zweckbetriebe (steuerbegünstigte wirtschaftliche Geschäftsbetriebe)
- steuerpflichtige wirtschaftliche Geschäftsbetriebe

Immer wenn eine gemeinnützige Körperschaft Einnahmen (z. B. Mitgliedsbeiträge, Spenden, Fördermittel, Entgelte für Leistungen beim Verkauf von Waren und Dienstleistungen usf.) erzielt oder Ausgaben tätigt, müssen diese den genannten Bereichen zugeordnet werden.

Es handelt sich hier nicht um eine Aufteilung in Geschäftsbereiche (Abteilungen o.ä.), sondern nur um eine steuerliche und buchhalterische Trennung. In der Praxis kann ein und derselbe Vorgang (z. B. Verkauf von Eintrittskarten) zwei steuerliche Bereiche berühren. Dann müssten z. B. die Einnahmen aus den Eintrittsgeldern aufgeteilt werden in einen Teil, der in den Zweckbetrieb fällt, und einen, der dem wirtschaftlichen Geschäftsbetrieb zuzuordnen ist.

Steuerliche Bereiche gemeinnütziger Körperschaften

		Wirtschaftliche Geschäftsbetriebe (Einnahmeerzielung durch wirtschaftliche Betätigung)	
		⇩	⇩
Ideeller Bereich	**Vermögensverwaltung**	**Zweckbetrieb**	**Steuerpflichtiger wirtschaftlicher Geschäftsbetrieb**
⇩	⇩ **Charakteristika** ⇩		⇩
Nichtunternehmerischer, zweckbezogener Kernbereiche	– Erträge als „Vermögensausfluss – keine wesentliche wirtschaftliche Betätigung	– Zweckbezogenheit – Notwendigkeit für die Zweckerfüllung – Konkurrenzverbot	alle sonstigen wirtschaftlichen Betätigungen
⇩	⇩ **Beispielfälle** ⇩		⇩
– Mitgliedsbeiträge – Spenden, Umlagen, Aufnahmegebühren – echte Zuschüsse – Erbschaften	– Zinsen – Kapitalerträge – Miet- und Pachterträge – Erträge aus Überlassungsverträgen	– kulturelle Veranstaltungen – Bildungsveranstaltungen – Sportanlagenvermietung – Krankenhäuser – Alten- und Pflegeheime – Kindergärten – Sportveranstaltungen (45.000 € Umsatzgrenze)	– Gastronomie – Warenverkauf – Werbung, Sponsoring – gesellige Veranstaltungen – Sportveranstaltungen mit bezahlten Sportlern
⇩	⇩ **Besteuerung** ⇩		⇩
keine Steuern	– Umsatzsteuer (7%) – keine Körperschaft- und Gewerbesteuer	– Umsatzsteuer (7%) – keine Körperschaft- und Gewerbesteuer	– Umsatzsteuer (Regelsatz) – Körperschaftsteuer – Gewerbesteuer – Umsatzfreigrenze KSt/GewSt: 35.000 € – Freibetrag KSt/GewSt: 5.000 €

1.1 Ideeller Bereich

Der ideelle Tätigkeitsbereich entspricht dem eigentlichen Satzungszweck des Vereins. Die hier erzielten Einnahmen sind ertrags- und umsatzsteuerfrei. Zu den *Einnahmen* aus diesem Bereich gehören:

- echte Mitgliedsbeiträge und zweckbezogene Umlagen der Mitglieder
- Aufnahmegebühren
- Spenden (in Geld- oder Sachform)
- Schenkungen, Erbschaften und Vermächtnisse

- öffentliche Zuschüsse (Bund, Länder und Kommunen)
- Zuschüsse von Dachverbänden
- Zuschüsse aus Lottomitteln
- Einnahmen aus dem Verkauf von Immobilien, die keinem wirtschaftlichen Geschäftsbetrieb zugeordnet sind und nicht unter die 10jährige Spekulationsfrist (§ 23 EStG) fallen.

Bei Mitgliedsbeiträgen ist zwischen *echten* und *unechten* Mitgliedsbeiträgen zu unterscheiden. Grundsätzlich gilt nach § 8 Abs. 5 KStG: „Bei Personenvereinigungen bleiben für die Ermittlung des Einkommens Beiträge, die auf Grund der Satzung von den Mitgliedern lediglich in ihrer Eigenschaft als Mitglieder erhoben werden, außer Ansatz“. Dazu muss *eine* der folgenden Voraussetzungen erfüllt sein (KStR Abschn. 42):

- Die Satzung bestimmt Art und Höhe der Mitgliederbeiträge.
- Die Satzung sieht einen bestimmten Berechnungsmaßstab vor.
- Die Satzung benennt ein Organ (z. B. Vorstand oder Mitgliederversammlung), das die Beiträge der Höhe nach erkennbar festsetzt.

Gewährt der Verein aber seinen Mitgliedern besondere wirtschaftliche Vorteile (z. B. Rechtsberatung) oder Einzelleistungen, die nicht allen Mitglieder gleichermaßen zustehen (z. B. Vermietung von Sportanlagen), handelt es sich (teilweise) um unechte Mitgliedsbeiträge. Der Mitgliedsbeitrag ist dann in einen echten und einen unechten Anteil aufzuteilen. Der unechte Anteil ist einem wirtschaftlichen Geschäftsbetrieb zuzuordnen, der aber u.U. ein Zweckbetrieb sein kann (wie etwa die Vermietung von Tennishallen an Mitglieder).

In Abschn. 44 der Körperschaftsteuerrichtlinien finden sich Bewertungen zu bestimmten Vereinen. Danach gilt u.a., dass die von Obst- und Gartenbauvereinen erhobenen Mitgliedsbeiträge in der Regel Entgelte für die Gewährung besonderer wirtschaftlicher Vorteile enthalten. Sie sind deshalb keine reinen Mitgliederbeiträge i. S. von § 8 Abs. 5 KStG.

Zu den *Ausgaben* des ideellen Bereiches gehören alle Kosten, die bei der Erfüllung der steuerbegünstigten Zwecke entstehen und in einem unmittelbaren Zusammenhang mit der Satzungstätigkeit des Vereins stehen, z. B.

- Sachkosten (z. B. Büromaterial, Porto)
- Raumkosten
- Personalkosten (Löhne, Gehälter, Honorare)
- Kosten der Sportanlagen
- Kosten der Mitgliederverwaltung usf.

Das gilt insoweit, als die mit diesen Kosten zusammenhängenden Leistungen des Vereins ohne Einzelentgelt (dazu gehören nicht Mitgliedsbeiträge und Umlagen) erbracht werden. Werden dagegen bezahlte Leistungen (z. B. Teilnahmegebühren für Sportunterricht, Eintrittsgelder) erbracht, liegt eine wirtschaftliche Betätigung vor.

Häufig wird also die gleiche Kostenart verschiedenen steuerlichen Bereichen zugeordnet werden müssen. Die Kosten für Sportanlagen z. B. gehören zum wirtschaftlichen Geschäftsbetrieb (evtl. dem Zweckbetrieb), wenn der Verein Eintrittsgelder für Sportveranstaltungen erhebt. Die steuerliche Zuordnung hängt also nicht von der Art der Ausgabe an, sondern davon, wofür sie verwendet werden.

Häufig werden *gemischte Aufwendungen* vorliegen, also solche die durch verschiedene steuerliche Bereiche verursacht werden, ohne dass eine eindeutige und ausschließliche Zuordnung möglich ist. Solche gemischten Aufwendungen müssen dann auf die steuerlichen Bereiche aufgeteilt werden. Das wird nach Verbrauchs- oder Nutzungsanteilen (mengen-, flächen- oder zeitbezogen) erfolgen. Soweit eine genaue Aufteilung rechnerisch nicht möglich ist, kann der Aufteilungsschlüssel auch durch eine Schätzung festgelegt werden.

Typische gemischte Aufwendungen sind:

- Löhne und Gehälter
- Raumkosten
- Miete, Pacht
- Versicherungen
- Verwaltungskosten

Die Einnahmen/Überschüsse aus dem ideellen Bereich gemeinnütziger Vereinen sind steuerbefreit.

Das gilt für:

- Körperschaftsteuer
- Umsatzsteuer (deshalb ist im ideellen Bereich auch kein Vorsteuerabzug möglich)
- Gewerbesteuer
- Erbschaftsteuer

Beschäftigte des Vereins sind aber – auch wenn sie nur im ideellen Tätigkeitsbereich eingesetzt werden – nach den allgemeinen Regelungen lohnsteuerpflichtig.

1.2 Vermögensverwaltung

Vermögensverwaltung liegt vor allem dann vor, wenn Kapitalvermögen verzinslich angelegt wird oder Immobilien vermietet oder verpachtet werden (§ 14 AO).

Auch wenn die Vermögensverwaltung steuerlich begünstigt ist, darf sie nicht alleiniger Zweck des Vereins sein. Bloße Vermögensverwaltung erfüllt nicht die Kriterien für die Gewährung der Steuerbegünstigung (Grundsatz der Selbstlosigkeit).

Eine Anerkennung der Gemeinnützigkeit ist deshalb regelmäßig ausgeschlossen, wenn die Vermögensverwaltung Satzungszweck ist, oder wenn die Satzungszwecke ausschließlich durch die Vermögensverwaltung verwirklicht werden.

Bei Vereinen, die nicht steuerbegünstigt sind, unterliegen die Erträge aus Vermögensverwaltung der üblichen Besteuerung.

Entscheidendes Kriterium für das Vorliegen einer Vermögensverwaltung ist, dass der Verein nicht wesentlich wirtschaftlich aktiv wird, sondern die Erträge als „Ausfluss“ seines Vermögens entstehen. Am Beispiel der Verpachtung von Werberechten lässt sich das gut veranschaulichen: Während z. B. die Rechte zur Nutzung von Werbeflächen auf den Banden in einem Stadion verpachtet werden können (und damit der Vermögensverwaltung zugeordnet werden), ist die Werbung auf Trikots und Sportgeräten ein wirtschaftlicher Geschäftsbetrieb. Im letzteren Fall nämlich wird der Verein (über seine Sportler) aktiv. Bei der Verpachtung der Werbeflächen dagegen wird vorhandenes Vermögen verwertet.

Für die Zuordnung von Einnahmen zur Vermögensverwaltung ist also ausschlaggebend, dass die Einnahme einen Ertrag des Vermögens darstellt, und keine unter Einsatz des Vermögens stattfindende Tätigkeit erfolgt.

Einnahmen aus Vermögensverwaltung sind:

- Zinsen
- Erträge aus Wertpapieren
- Gewinne aus GmbH-Beteiligungen (außer bei einer beherrschenden Stellung als Gesellschafter)
- Pachteinnahmen aus der Verpachtung von Immobilien
- Pachteinnahmen aus der Verpachtung von Rechten (z. B. Werberechten)

- Mieteinnahmen, soweit es sich nicht um kurzfristige Vermietung handelt – das gilt nicht für die Vermietung von beweglichen Gegenständen
- Erlöse aus dem Verkauf von Vermögensgegenständen, wie etwa Grundstücken (außer wenn diese zu einem wirtschaftlichen Geschäftsbetrieb gehören)

Als *Ausgaben* der Vermögensverwaltung gelten Werbekosten im Sinne des § 4 EStG. Dazu gehören z. B. Depotgebühren, Grundsteuer, Abschreibungen auf Vermögensgegenstände und Erhaltungsaufwendungen für Immobilien.

Beteiligungen eines gemeinnützigen Vereins an Kapitalgesellschaften (AG, GmbH) gelten dann als Vermögensverwaltung, wenn der Verein keinen wesentlichen Einfluss auf die Geschäftsführung nimmt. Beteiligungen an Personengesellschaften gelten immer als wirtschaftlicher Geschäftsbetrieb (s. u.).

Einzelfälle der Vermögensverwaltung

1.

Die Verpachtung des Rechtes zur Nutzung von Werbeflächen (z. B. Bandenwerbung in Sportstadien) gilt als Vermögensverwaltung, wenn

- der Verein keinen Einfluss auf die Gestaltung der Werbung nimmt und
- dem Pächter ein angemessener Gewinn verbleibt (die Verpachtung also nicht nur zur steuerlichen Gestaltung erfolgt).

Hier ist wie oben gesagt entscheidend, ob der Verein selbst aktiv wird (eigene Werbeleistungen erbringt) oder lediglich das Werberecht entgeltlich an jemand anderen überträgt.

Ein Spezialfall dieses Verfahrens liegt vor, wenn der Verein sein Logo (o.ä.) einem Unternehmen zu Werbezwecken überlässt.

Eine aktive Form der Werbung (die nicht als Vermögensverwaltung gilt) liegt dagegen vor bei:

- Trikotwerbung und Werbung auf Sportgeräten
- Anzeigen in Vereinszeitungen u.ä., wenn der Verein die Werbung in Eigenregie durchführt.

Nicht als Werbung gilt die bloße Nennung und öffentliche Ehrung von Spendern und Mäzenen.

2.

Das Anzeigengeschäft in einer Vereinszeitschrift gilt dagegen als wirtschaftlicher Geschäftsbetrieb, wenn es vom Verein selbst betrieben wird.

3.

Die Vermietung von beweglichen Gegenständen (z. B. PKW) gehört nicht zur Vermögensverwaltung, ebenso wenig die kurzfristige Vermietung von Immobilien, z. B. im Hotelgewerbe o.ä.

1.3 Wirtschaftliche Geschäftsbetriebe

Ein wirtschaftlicher Geschäftsbetrieb liegt immer dann vor, wenn der Verein Einnahmen nach dem Prinzip „Leistung gegen Entgelt“ „oder Leistung gegen Leistung“ (Tausch) erwirtschaftet und es sich um keine bloße Vermögensverwaltung handelt.

Die „Bezahlung“ muss dabei nicht in Geldform erfolgen. Auch eine Gegenleistung gilt als Einnahme eines wirtschaftlichen Geschäftsbetriebes. Das wäre z. B. der Fall, wenn ein Sportartikelhersteller einem Verein Sportgeräte unbezahlt zur Verfügung stellt, dafür aber im Gegenzug Werbeleistungen für die eigenen Produkte erwartet.

Dabei ist eine Vielzahl von Tätigkeiten im Bereich Produktion, Dienstleistung und Handel denkbar, die hierunter fallen.

Beispiele sind:

- Gaststätten, Clubheime, Jugendcafés u.ä.
- der Verkauf von Speisen und Getränken bei Veranstaltungen
- Eintrittsgelder zu Konzerten, Aufführungen, Ausstellungen usf.
- entgeltliche Beratungsleistungen
- Vermietung von Geräten, Instrumenten u.ä. an Mitglieder oder Dritte
- Dritte-Welt-Läden, Flohmärkte, kunstgewerbliche Verkäufe
- Verkauf von Zeitschriften und Büchern, Anzeigengeschäft
- Werbung und Sponsoring
- Verkauf von gesammeltem Altmaterial
- Veranstaltungen mit bezahlten Sportlern

In allen diesen (und vielen weiteren Fällen) wird der Verein wirtschaftlich tätig. Häufig kann ein Verein seine Zwecke auch nicht allein durch Spenden, Mitgliedsbeiträge und Zuschüsse finanzieren. Wirtschaftliche Geschäftsbetriebe sind deshalb auch für gemeinnützige Vereine keineswegs untypisch.

Wirtschaftliche Geschäftsbetriebe liegen generell dann vor, wenn der Verein eine selbständige nachhaltige Tätigkeit (es reicht die Wiederholungsabsicht) betreibt, durch die Einnahmen oder andere wirtschaftliche Vorteile erzielt werden sollen (§ 14 AO).

Es kommt dabei nicht auf die Gewinnerzielungsabsicht an. Auch Tätigkeiten, die lediglich kostendeckend betrieben werden, sind wirtschaftliche Geschäftsbetriebe. Ebenso wenig ist für die steuerliche Bewertung von Belang, wie die Einkünfte aus der wirtschaftlichen Betätigung verwendet werden. Der Grundsatz der Mittelbindung verlangt ohnehin, dass alle Mittel des Vereins den gemeinnützigen Satzungszwecken zufließen.

Diese Regelung ist nicht immer leicht nachzuvollziehen. So gilt z. B. ein Dritte-Welt-Laden als (zudem steuerpflichtiger) wirtschaftlicher Geschäftsbetrieb, wenngleich mit ihm der sehr wohl gemeinnützige Zweck Entwicklungspolitik verfolgt wird und die Erlöse in Entwicklungsprojekte fließen.

Allerdings werden nicht alle wirtschaftlichen Geschäftsbetriebe steuerlich gleich behandelt. Es wird unterschieden zwischen:

- steuerpflichtigen wirtschaftlichen Geschäftsbetrieben
- und Zweckbetrieben

Zweckbetriebe sind wirtschaftliche Geschäftsbetriebe, die unmittelbar mit dem Vereinszweck verbunden sind und ohne die der Vereinszweck nicht erreicht werden kann (dazu später).

Zweckbetriebe sind steuerlich begünstigt. Ebenso wie die Einnahmen aus dem ideellen Bereich sind Einnahmen aus Zweckbetrieben von der Körperschaft- und Gewerbesteuer befreit. Außerdem stellen Zweckbetriebe unabhängig vom Umfang keine Gefahr für die Gemeinnützigkeit dar.

Die Unterscheidung zwischen Zweckbetrieben und steuerpflichtigen wirtschaftlichen Geschäftsbetrieben ist deshalb außerordentlich wichtig, sowohl hinsichtlich eventuell anfallender Steuern als auch für den Erhalt der Gemeinnützigkeit.

1.4 Zweckbetriebe

Grundsätzlich sind alle Einnahmen, die nicht dem ideellen Bereich oder der Vermögensverwaltung zuzuordnen sind, also nach dem Prinzip Leistung gegen Leistung (Entgelt) funktionieren, dem wirtschaftlichen Geschäftsbetrieb zuzurechnen.

Oft liegen die Tätigkeiten, für die der Verein eine Gegenleistung erhält, aber so eng mit dem Vereinszweck zusammen und dienen in so besonderem Maß dazu, unmittelbar den Vereinszweck zu fördern, dass ein echter Wirtschaftsbetrieb (also ein wirtschaftlicher Geschäftsbetrieb im eigentlichen Sinn) nicht mehr angenommen werden kann. In diesem Fall ist ein sog. Zweckbetrieb gegeben.

Im Steuerrecht (d. h. in der AO) werden Zweckbetriebe einerseits allgemein definiert (§ 65 AO), andererseits werden daneben einzelne Zweckbetriebe (§ 66 bis 68 AO) festgelegt.

§ 68 AO ist dabei gegenüber § 65 AO als *vorrangige Vorschrift* zu verstehen. Daher setzt die steuerliche Begünstigung eines Zweckbetrieb nach § 68 AO nicht voraus, dass die von ihm ausgehende Wettbewerbswirkung das zur Erfüllung des steuerbegünstigten Zwecks unvermeidbare Maß nicht übersteigt (BFH, Urteil vom 4.06.2003, I R 25/02). So sind z. B. Bildungsveranstaltungen gemeinnütziger Träger auch dann ein Zweckbetrieb, wenn sie (was regelmäßig der Fall ist) unmittelbar in Konkurrenz zu nicht begünstigten Anbietern – eventuell sogar mir identischen Angeboten – durchgeführt werden.

Es gibt keinen abgeschlossenen Katalog von Zweckbetrieben. Neben den gesetzlich festgelegten einzelnen Zweckbetrieben können wirtschaftliche Geschäftsbetriebe grundsätzlich Zweckbetriebe sein, wenn sie drei Kriterien erfüllen (§ 65 AO):

Zweckverwirklichung:
Der wirtschaftliche Geschäftsbetrieb muss in seiner Gesamtrichtung dazu dienen, die steuerbegünstigten satzungsmäßigen Zwecke der Körperschaft zu verwirklichen. Was Zweckbetrieb ist, hängt also unmittelbar von den Satzungszwecken ab. Kulturveranstaltungen sind z. B. nur dann ein Zweckbetrieb, wenn die Förderung der Kultur Satzungszweck ist. Ein Sportverein, der – ohne entsprechende Satzungszwecke – ein Konzert veranstaltet, hat keine Möglichkeit, dies dem Zweckbetrieb zuzuordnen.

Zwecknotwendigkeit:
Der Zweckbetrieb muss für die Erreichung der Satzungszwecke notwendig sein, d. h. die Zwecke können nur durch einen solchen Geschäftsbetrieb erreicht werden.

Konkurrenzklausel
Der wirtschaftliche Geschäftsbetrieb darf zu nicht begünstigten Betrieben derselben oder ähnlicher Art nicht in größerem Umfang in Wettbewerb treten, als es bei Erfüllung der steuerbegünstigten Zwecke unvermeidbar ist.

Die letzten beiden Klauseln sind dabei relativ „weich“, weil hier natürlich Auslegungsspielraum besteht. Diese Auslegung findet sich in der Finanzrechtsprechung und in finanzbehördlichen Erlässen.

Bloße Mittelbeschaffungsbetriebe sind keine Zweckbetriebe. D. h. die Tatsache, dass ein wirtschaftlicher Geschäftsbetrieb der Finanzierung der Vereinszwecke dient, qualifiziert ihn nicht zum Zweckbetrieb.

Typische Zweckbetriebe sind nach § 68 AO (abhängig von der Satzung):

- Kulturelle Veranstaltungen (Eintrittsgelder)
- Museen, Kunstausstellungen, Theater
- sportliche Veranstaltungen, wenn die Einnahmen (das sind vor allem Eintrittsgelder) einschließlich Umsatzsteuer insgesamt 45.000 € im Jahr nicht übersteigen (67a AO)
- Krankenhäuser (wenn mindestens 40% der Leistungen auf allgemeine Leistungen entfallen, also keine Privatbehandlungen, Chefarztbehandlung usw. sind)
- Alten-, Altenwohn- und Pflegeheime, Erholungsheime, Mahlzeitendienste, wenn sie in besonderem Maße den in § 53 AO genannten Personen dienen
- Kindergärten, Kinder-, Jugend- und Studentenheime, Schullandheime und Jugendherbergen
- Werkstätten für Behinderte
- Einrichtungen für Beschäftigungs- und Arbeitstherapie, in denen behinderte Menschen aufgrund ärztlicher Indikationen außerhalb eines Beschäftigungsverhältnisses zum Träger der Therapieeinrichtung mit dem Ziel behandelt werden, körperliche oder psychische Grundfunktionen zum Zwecke der Wiedereingliederung in das Alltagsleben wiederherzustellen oder die besonderen Fähigkeiten und Fertigkeiten auszubilden, zu fördern und zu trainieren, die für eine Teilnahme am Arbeitsleben erforderlich sind,
- Integrationsprojekte im Sinne des § 132 Abs. 1 des Neunten Buches Sozialgesetzbuch, wenn mindestens 40 vom Hundert der Beschäftigten besonders betroffene schwerbehinderte Menschen im Sinne des § 132 Abs. 1 des Neunten Buches Sozialgesetzbuch sind,
- Einrichtungen, die zur Durchführung der Blindenfürsorge und zur Durchführung der Fürsorge für Körperbehinderte unterhalten werden
- andere Einrichtungen, die für die Selbstversorgung von Körperschaften erforderlich sind, wie Tischlereien, Schlossereien, wenn die Lieferungen und sonstigen Leistungen dieser Einrichtungen an Außenstehende dem Wert nach 20% der gesamten Lieferungen und sonstigen Leistungen des Betriebes – einschließlich der an die Körperschaft selbst bewirkten – nicht übersteigen
- landwirtschaftliche Betriebe und Gärtnereien, die der Selbstversorgung von Körperschaften dienen und dadurch die sachgemäße Ernährung und ausreichende Versorgung von Anstaltsangehörigen sichern
- von den zuständigen Behörden genehmigte Lotterien und Ausspielungen, die eine steuerbegünstigte Körperschaft zu ausschließlich gemeinnützigen, mildtätigen oder kirchlichen Zwecken veranstaltet
- Volkshochschulen
- Erteilung von Unterricht jeder Art, z. B. im musischen oder sportlichen Bereich
- Bildungsveranstaltungen beruflicher und allgemeinbildender Art
- sonstige Einrichtungen der Wohlfahrtspflege, wenn mindesten 2/3 der Leistungen für Personen im Sinne des § 53 AO erbracht werden.
- Altkleidersammlungen, wenn die Sammlung für Kleiderkammern durchgeführt wird, also nicht zum Weiterverkauf bestimmt ist
- die Unterbringung von Aussiedlern

- Krankentransporte
- Beschaffung von Theater- und Konzertkarten
- die Vermietung von Sportgeräten, Sporthallen und -anlagen an Vereinsmitglieder
- Zoologische Gärten
- Sportreisen
- Jugendreisen mit Jugendlichen bis 27 Jahren, wenn diese Reisen erzieherischen Charakter haben

Steuerliche Behandlung von Zweckbetrieben

- Zweckbetriebe sind befreit von der:
- Körperschaftsteuer
- Gewerbesteuer
- Grundsteuer
- Erbschaftsteuer

Umsatzsteuer

Die Einnahmen der Zweckbetriebe sind nach den allgemeinen Regelungen umsatzsteuerpflichtig (oder -befreit). Für gemeinnützige Körperschaften gilt aber für Zweckbetriebe (nicht für steuerpflichtige wirtschaftliche Geschäftsbetriebe) regelmäßig der ermäßigte Steuersatz von 7% (§ 12 Abs. 8a UStG). Das gilt aber nicht für Zweckbetriebe, die in erster Linie der Erzielung zusätzlicher Einnahmen durch die Ausführung von Umsätzen dienen, die in unmittelbarem Wettbewerb mit den dem allgemeinen Steuersatz unterliegenden Leistungen anderer Unternehmer ausgeführt werden, oder wenn die Körperschaft mit diesen Leistungen ihrer in §§ 66 bis 68 der AO bezeichneten Zweckbetriebe ihre steuerbegünstigten satzungsgemäßen Zwecke selbst verwirklicht.

Hinweis: Betroffen sind davon in der Praxis aber nur für Verpflegungs- und Beherbergungsleistungen im Rahmen von Bildungsveranstaltungen.

Durch den ermäßigten Steuersatz entsteht u. U. ein Konkurrenzvorteil für die Zweckbetriebe. Sind „Kunden“ nicht vorsteuerabzugsfähig (was bei Privatleuten- also Nichtunternehmern – der Fall ist) verbilligen sich die Preise. Vermietet z. B. ein gemeinnütziger Sportverein seine Tennishalle an Mitglieder, sind auf die Mietpreise nur 7% Umsatzsteuer fällig. Ein kommerzieller Vermieter müsste 19% berechnen. Bei einer Nettomiete von z. B. 100 €beträgt die Differenz immerhin 12 €.

Die Einnahmen der Zweckbetriebe haben unabhängig von Ihrem Umfang keinen Einfluss auf die Frage, ob ein Verein überwiegend wirtschaftlich tätig ist und damit gemeinnützigkeitsrechtlichen Grundsätzen widerspricht.

Werden dagegen hohe Einnahmen in wirtschaftlichen Geschäftsbetrieben erzielt, besteht die Möglichkeit, dass das Finanzamt zu der Ansicht gelangt, der Verein sei überwiegend wirtschaftlich tätig, was zum Entzug der Steuerbegünstigung führt.

Typische Einnahmen des Zweckbetriebes sind:

- Startgelder und Eintrittsgelder bei Turnieren (soweit nicht beim Einsatz bezahlter Sportler die Zweckbetriebsoption entfällt)
- Eintrittsgelder zu Kulturveranstaltungen
- Kursgebühren
- Vermietung von Sporthallen, -anlagen und -geräten an Mitglieder

- Einnahmen aus genehmigten Lotterien und Tombolas

Zu den Ausgaben des Zweckbetriebes gehören alle diesen Einnahmebereichen zuordenbare Kosten. Also z. B.

- Kosten der Sportanlagen
- Honorare und Personalkosten für Sportler, Trainer, Künstler
- Versicherungen
- Abschreibungen auf im Zweckbetrieb genutztes Anlagevermögen.

1.5 Steuerpflichtige wirtschaftliche Geschäftsbetriebe

Betreibt ein gemeinnütziger Verein einen steuerpflichtigen wirtschaftlichen Geschäftsbetrieb, wird er damit teilweise steuerpflichtig. Steuerpflichtig werden aber damit nicht alle Geschäftsbereiche des Vereins; auch die Gemeinnützigkeit ist mit der wirtschaftlichen Betätigung nicht generell gefährdet.

Für die wirtschaftlichen Geschäftsbetriebe gelten weitgehend die gleichen Besteuerungsregeln wie für kommerzielle Unternehmen. Dadurch will der Gesetzgeber sicherstellen, dass gemeinnützige Körperschaften durch die Steuerbegünstigung keinen ungerechtfertigten Konkurrenzvorteil gegenüber kommerziellen Betrieben erhalten.

Die Zuordnung einer Einnahme zu einem steuerpflichtigen wirtschaftlichen Geschäftsbetrieb ist in zweierlei Hinsicht von Nachteil: Die Einnahmen sind (wenn bestimmte Freigrenzen und Freibeträge überschritten werden) steuerpflichtig. Wird die wirtschaftliche Tätigkeit zum tatsächlichen Hauptzweck des Vereins, droht der Entzug der Gemeinnützigkeit.

Steuerpflichtige wirtschaftliche Geschäftsbetriebe sind – am einfachsten negativ definiert – alle wirtschaftlichen Geschäftsbetriebe, die nicht Zweckbetriebe sind und über eine bloße Vermögensverwaltung hinausgehen.

Typische steuerpflichtige wirtschaftliche Geschäftsbetriebe sind:

- Vereinsgaststätten, Jugendcafés, Cafeterien, Teestuben, Clubheime usf.
- der Verkauf von Speisen und Getränken bei Veranstaltungen
- gesellige Veranstaltungen mit Eintrittsgeldern und Beköstigung (Bälle, Feste usf.)
- Flohmärkte und Basare
- Dritte-Welt-Läden
- Werbung auf Trikots, Banden und Sportgeräten u.ä.
- Inseratengeschäft in Vereinszeitschriften, Festschriften usf.
- Vermietung von Geräten an Nichtmitglieder
- sportliche Veranstaltungen, wenn die Umsatzgrenze von 45.000 € überschritten wird oder bezahlte Sportler zum Einsatz kommen
- Altmaterialsammlungen mit Verkauf des gesammelten Materials (anders bei Sammlung für sog. Kleiderkammern)

Darüber hinaus ist eine Vielzahl von wirtschaftlichen Geschäftsbetrieben denkbar, die nicht als Zweckbetrieb gelten. Da die Zahl anerkannter Zweckbetriebe sehr viel kleiner ist, ist eine negative Abgrenzung („kein Zweckbetrieb") einfacher als eine komplette Aufzählung.

Eine Gewinnerzielungsabsicht ist nicht erforderlich, um eine wirtschaftliche Tätigkeit als steuerpflichtigen wirtschaftlichen Geschäftsbetrieb zu klassifizieren. Auch wenn ein Betrieb nur kostendeckend arbeitet oder gar Verluste macht, gilt er als steuerpflichtig.

1.5.1 Die steuerliche Behandlung von steuerpflichtigen wirtschaftlichen Geschäftsbetrieben

Steuerpflichtige wirtschaftliche Geschäftsbetriebe von gemeinnützigen Körperschaften werden bis auf zwei Spezifika wie gewöhnliche kommerzielle Unternehmen behandelt. Es gibt nämlich:

- eine Körperschaftsteuerfreigrenze von 35.000 €
- einen Körperschaftsteuerfreibetrag für Vereine von 5.000 €

Dabei werden bei der Besteuerung alle wirtschaftlichen Geschäftsbetriebe zusammengefasst. Verluste in einem Betrieb können also durch Gewinne in einem anderen ausgeglichen werden. Die Freibeträge und Freigrenzen gelten für die Betriebe zusammengerechnet, können also nicht mehrfach in Anspruch genommen werden.

Wirtschaftliche Geschäftsbetriebe unterliegen folgenden Steuern:

- Körperschaftsteuer
- Umsatzsteuer (nach den allgemeinen Regelungen)
- Gewerbesteuer, wenn es sich um einen Gewerbebetrieb handelt
- Erbschaftsteuer

Körperschaft- und Gewerbesteuerfreigrenze

Für gemeinnützige Körperschaften gilt aber eine Sonderregelung: Nach § 64 AO gilt eine Freigrenze für die Einnahmen in wirtschaftlichen Geschäftsbetrieben von 35.000 € inklusive Umsatzsteuer.

Das bedeutet, Körperschaftsteuer und Gewerbesteuer auf eventuell entstandene Gewinne entsteht erst, wenn die Einnahmen (d. h. die Umsätze) 35.000 € überschreiten.

Diese Regelung soll steuerliche Vereinfachungen für gemeinnützige Vereine erreichen. Es handelt sich dabei um eine Freigrenze, keinen Freibetrag. D. h. überschreiten die Einnahmen 35.000 €, sind die Gewinne voll steuerpflichtig (abzgl. des Freibetrages von 5.000 €). Dabei kann dieselbe Einnahmenhöhe sehr unterschiedliche Gewinne bedeuten.

Wird z. B. mit einem Umsatz von 30.000,- € ein Gewinn von 20.000 € erzielt, ist dieser ebenso steuerfrei wie ein Gewinn von nur 500 €

Für alle Vereine gilt ein Körperschaft- und Gewerbesteuerfreibetrag von 5.000 €. D. h. die Gewinne werden nur besteuert, soweit sie diese Grenzen überschreiten.

1.5.2 Spezielle wirtschaftliche Geschäftsbetriebe

Bewirtung

Der Verkauf von Speisen und Getränken gilt in aller Regel nicht als Zweckbetrieb. Eine Ausnahme bilden Suppenküchen u.ä., wenn der Verkauf zum Selbstkostenpreis erfolgt und Bedürftigen i.S. des § 53 der AO zugutekommt.

In allen anderen Fällen liegt ein steuerpflichtiger wirtschaftlicher Geschäftsbetrieb vor.

Bewirtung von Vereinsmitgliedern

Da Vereinsmittel nach § 55 der AO nur für satzungsgemäße/gemeinnützige Zwecke verwendet werden dürfen, liegt bei der unentgeltlichen Abgabe von Speisen und Getränken ein Verstoß gegen den Gemeinnützigkeitsgrundsatz vor. Die Folge kann die Aberkennung der Gemeinnützigkeit sein.

Eine Ausnahme stellt die Versorgung von mitarbeitenden Vereinsmitgliedern mit Speisen und Getränken und anderen Genussmitteln als Aufmerksamkeit im Sinne des Lohnsteuerrechts dar.

Bewirtung bei Veranstaltungen

Der Verkauf von Speisen und Getränken fällt in den Bereich des wirtschaftlichen Geschäftsbetriebs, auch wenn er lediglich im Rahmen von gemeinnützigen Veranstaltungen (z. B. Konzerten, Ausstellungen, Sportveranstaltungen) und ohne festen Gaststättenbetrieb erfolgt. Bei der Abrechnung müssen also die Einnahmen aus der eigentlichen Veranstaltung (Zweckbetrieb) und die Bewirtungseinnahmen streng getrennt werden.

Altmaterialsammlung

Altmaterialsammlungen sind bei gemeinnützigen Vereinen ein verbreitetes Mittel, um Einnahmen für die satzungsmäßige Arbeit zu erzielen. Üblich ist die Sammlung von Altkleidern und Altpapier. Grundsätzlich handelt es sich dabei um einen wirtschaftlichen Geschäftsbetrieb. Die Einnahmen unterliegen damit der dort üblichen Besteuerung.

Eine Ausnahme ist dabei das Sammeln von Kleidungsstücken zur Verwendung für steuerbegünstigte Zwecke des Vereins, z. B. ein Bekleidungsarsenal, aus dem bedürftige Personen versorgt werden (mildtätiger Zweck). Hier läge ein Zweckbetrieb vor. Dies ist auch dann der Fall, wenn ein (allerdings nicht wesentlicher) Teil der gesammelten Kleidung aussortiert und an einen Altmaterialverwerter verkauft wird.

Zusätzlich legt § 64 (5) der AO eine Sonderregelung fest: Überschüsse aus der Verwertung von Altmaterial können in „Höhe des branchenüblichen Reingewinns" geschätzt werden. Dies gilt für Verkaufserlöse, die außerhalb fester Verkaufsstellen erzielt wurden (der Dauervertrieb von Altmaterial wird also nicht begünstigt) und die der Besteuerung (Körperschafts- und Gewerbesteuer) unterliegen.

Ausgenommen sind also Erlöse innerhalb der Freigrenze vom 35.000 € und Erlöse im Rahmen eines Zweckbetriebes (s.o.).

Der branchenübliche Reingewinn wird bei Altpapierverwertung mit 5 %, bei der Verwertung anderer Altstoffe mit 20 % angesetzt.

Die pauschale Gewinnermittlung gilt nicht für sog. Containersammlungen, bei denen einem Altmaterialhändler Stellplätze zur Verfügung gestellt werden. Hier handelt es sich regelmäßig um Einnahmen aus einem wirtschaftlichen Geschäftsbetrieb.

Werbung und Sponsoring

Sponsoring (steuerlich gesehen eine Form von Werbung und deshalb hier mit dieser gemeinsam behandelt) wird in Zeiten restriktiver gehandhabter öffentlicher Förderung eine immer wichtigere Form des „Fundraisings" für gemeinnützige Einrichtungen.

Unter Sponsoring versteht man die Bereitstellung von Geld, Sachmitteln oder Dienstleistungen durch Unternehmen zur Förderung von Personen und/oder Organisationen im kulturellen, sozialen oder sportlichen Bereich.

Unternehmen verfolgen mit Sponsorships unternehmenspolitische Kommunikationsziele. Insbesondere möchten sie relevante Zielgruppen erreichen, die mit traditionellen Werbemaßnahmen nicht zu erreichen sind.

Begriffsbestimmung

Das Bundesfinanzministerium (BMF) definiert Sponsoring als „die Gewährung von Geld oder geldwerten Vorteilen durch Unternehmen zur Förderung von Personen, Gruppen und/oder Organisationen in sportlichen, kulturellen, kirchlichen, wissenschaftlichen, sozialen, ökologischen oder ähnlich bedeutsamen gesellschaftspolitischen Bereichen (...), mit der regelmäßig auch eigene unternehmerische Ziele der Werbung oder Öffentlichkeitsarbeit verfolgt werden“ (BMF-Schreiben vom 9.07.1997; IV B 2 - S 2144 - 118/97).

Im Gegensatz zum Mäzenatentum steht für den Sponsor der Werbeeffekt im Vordergrund. Der Sponsoringnehmer erbringt für den Sponsoringgeber eine Werbeleistung i. w. S., die dieser durch Geld oder andere Leistungen vergütet. Dieses Merkmal „Leistung gegen Leistung“ oder „Geld gegen Leistung“ ist ausschlaggebend, weil es das Sponsoring von der Spende abhebt, die per definitionem ohne Gegenleistung erfolgt.

Aus diesem Grund sind Ausgaben für Sponsoring bei den Sponsoren regelmäßig als Betriebsausgaben steuerlich abzugsfähig. Spenden gelten hingegen als Sonderausgaben.

Es kommt dabei für die steuerliche Bewertung nicht darauf an, ob die Leistungen (für den Sponsor) notwendig, üblich oder zweckmäßig sind. Die Gleichwertigkeit von Leistung und Gegenleistung ist ohne Bedeutung. Lediglich bei einem krassen Missverhältnis zwischen der Leistung des Sponsors und dem erstrebten wirtschaftlichen Vorteil ist der Abzug als Betriebsausgabe zu versagen.

Der typische Fall des Sponsorings (also der Leistungstausch) ist von seiner steuerlichen Bewertung her gleichgestellt mit Werbung.

Steuerliche Zuordnung von Sponsoreneinnahmen

Grundsätzlich können Sponsorengelder drei steuerlichen Bereichen eines gemeinnützigen Vereins zugeordnet werden:

- dem ideellen Bereich; sie werden also steuerlich wie Spenden behandelt; dies darf als Ausnahme gewertet werden, da Sponsoring i.d.R. auf dem Prinzip „Leistung gegen Leistung“ beruht,
- der ebenfalls steuerfreien Vermögensverwaltung; es handelt sich hier um einen speziellen Gestaltungsfall der Verpachtung von Werberechten,
- dem steuerpflichtigen wirtschaftlichen Geschäftsbetrieb; dies ist der Regelfall.

Eine Zuordnung zum steuerbegünstigten Zweckbetrieb ist generell ausgeschlossen.

Sponsoring und Spenden

Die Behandlung der Sponsoringeinnahmen durch den Verein als Spenden unterliegt dem grundsätzlichen Vorbehalt, dass der Spendencharakter gewahrt bleiben muss. Als Spenden gelten nur Ausgaben, die unentgeltlich geleistet werden. d. h. der Spende darf keine konkrete Gegenleistung des Vereins gegenüberstehen. Beim Sponsoring ist dies aber regelmäßig der Fall, soweit es sich nicht um bloßes Mäzenatentum handelt.

Eine Gegenleistung des Vereins liegt noch nicht vor, wenn der Spender für seine Spende öffentlich geehrt wird, oder sein Name in Vereinspublikationen bekannt gemacht wird. Die Werbeleistung, die der Sponsor mit dem Verein vereinbart, geht darüber natürlich in aller Regel hinaus.

Sponsoring als Vermögensverwaltung

Dem steuerbefreiten Bereich der Vermögensverwaltung können Sponsoringeinnahmen zugeordnet werden, wenn eine Verpachtung von Werberechten vorliegt. Die Behandlung der Einnahmen ist dann analog zu Miet- und Pachtverträgen.

Hier sind zwei Fälle möglich und üblich:

- die Überlassung der Nutzung des Namens, von Logos usf. einer gemeinnützigen Einrichtung zu Werbezwecken an einen Sponsor und
- die insgesamte Verpachtung von Werberechten an einen Dritten, der diese Rechte kommerziell verwertet.

Die Bewertung der Verpachtung von Werberechten als Vermögensverwaltung ist generell nur dann möglich, wenn der Verein seine Leistungen nicht einer Vielzahl von Adressaten anbietet. Ein häufiger Wechsel der „Pächter“ und nur kurzfristige „Verpachtung“ widersprechen dem Grundprinzip der Vermögensverwaltung (Ebenso wird kurzfristige Vermietung von Immobilien als wirtschaftlicher Geschäftsbetrieb gewertet).

Sponsoring als wirtschaftlicher Geschäftsbetrieb

Sind Einnahmen aus Werbe- und Sponsorenleistungen weder dem ideellen Bereich (Spenden) noch der Vermögensverwaltung (Verpachtung von Werberechten) zuzuordnen, begründen sie einen wirtschaftlichen Geschäftsbetrieb, mit dem der steuerbegünstigte Verein partiell steuerpflichtig wird.

Dies gilt bezogen auf die Körperschaftsteuer, die Gewerbesteuer sowie die Umsatzsteuer. Eine Bewertung des wirtschaftlichen Geschäftsbetriebes „Sponsoring“ als steuerbegünstigter Zweckbetrieb ist wie gesagt generell ausgeschlossen.

Die steuerliche Behandlung der Sponsoringeinnahmen unterscheidet sich in diesem Fall nicht von anderen wirtschaftlichen Geschäftsbetrieben. Dies bedeutet:

- die Sponsoringaktivitäten dürfen nicht zum Hauptzweck des Vereins werden, da sonst die Gemeinnützigkeit gefährdet ist
- die Gewinne sind körperschaftsteuerpflichtig, wenn die Einnahmen die Freigrenze von 35.000 € überschreiten
- die Gewinne unterliegen der Gewerbesteuer
- die Erlöse sind umsatzsteuerpflichtig. Der Umsatzsteuersatz beträgt 19%.

Verpachtung eines wirtschaftlichen Geschäftsbetriebs

Die Verpachtung von wirtschaftlichen Geschäftsbetrieben (z. B. einer Gaststätte) an Dritte stellt eine Möglichkeit dar, Körperschafts- und Gewerbesteuer zu vermeiden.

Der Verein erwirtschaftet dann nämlich nicht mehr Einnahmen aus einem wirtschaftlichen Geschäftsbetrieb, sondern bezieht Pachterträge, die der steuerfreien Vermögensverwaltung zugeordnet werden. Neben dieser Steuerersparnis verkleinern sich zugleich die Umsätze in den wirtschaftlichen Geschäftsbetrieben, was hinsichtlich der Freigrenze von 35.000 € von Vorteil sein kann und den Umfang der wirtschaftlichen Betätigung im Verhältnis zum ideellen Bereich verringert (Gefährdung der Gemeinnützigkeit).

Verpachtet werden können nicht nur Immobilien, sondern auch Rechte. So kann z. B. die Bandenwerbung in einem Sportstadion an eine Werbeagentur verpachtet werden.

Auch die Verpachtung an Vereinsmitglieder ist zulässig. Die Konditionen müssen aber so gestaltet sein wie bei der Verpachtung an einen Dritten, insbesondere hinsichtlich des verbleibenden Reingewinns. Andernfalls könnte die Verpachtung als Missbrauch rechtlicher Gestaltungsmöglichkeiten gewertet werden.

2 Wichtige Steuern im Verein

2.1 Körperschaftsteuer

Die Körperschaftsteuer entspricht der Einkommensteuer bei natürlichen Personen. Die Ermittlung des steuerpflichtigen Ertrages erfolgt auf die weitgehend gleiche Weise.

Vereine sind Körperschaften. Auch die nicht eingetragenen (nicht rechtsfähigen) Vereine gelten nach § 1 KStG als Körperschaften. Soweit sie Erträge zu versteuern haben, fallen diese unter die Körperschaftsteuer.

Zu versteuern sind die Gewinne der Körperschaften. Die Gewinnermittlung erfolgt (wie im Abschnitt Buchführungspflichten dargestellt) entweder durch eine Einnahme-Überschuss-Rechnung (einfache Gewinnermittlung) oder Vermögensvergleich (Bilanzierung).

Steuerpflichtige

Nach § 1 Körperschaftsteuergesetz (KStG) fallen unter die Körperschaften:

- Kapitalgesellschaften (Aktiengesellschaften, Kommanditgesellschaften auf Aktien, Gesellschaften mit beschränkter Haftung, bergrechtliche Gewerkschaften)
- Erwerbs- und Wirtschaftsgenossenschaften
- Versicherungsvereine auf Gegenseitigkeit
- sonstige juristische Personen des privaten Rechts (z. B. eingetragene Vereine)
- nichtrechtsfähige Vereine, Anstalten, Stiftungen und andere Zweckvermögen des privaten Rechts
- Betriebe gewerblicher Art von juristischen Personen des öffentlichen Rechts

Personengesellschaften (GbR, OHG, KG) fallen nicht unter die Körperschaftsteuer, sondern unter die Einkommensteuer.

Der Körperschaftsteuer unterliegen grundsätzlich alle rechtsfähigen und nichtrechtsfähigen Vereine. Das gilt auch für steuerbegünstigte Vereine; hier werden aber nur die Gewinne aus den steuerpflichtigen wirtschaftlichen Geschäftsbetrieben besteuert.

Steuerpflichtige Einkünfte

Steuerpflichtig sind sämtliche Einkünfte der Körperschaft. Darunter fallen:

- Einkünfte aus Land- und Forstwirtschaft
- Einkünfte aus Gewerbebetrieb
- Einkünfte aus Kapitalvermögen (z. B. Zinsen, Aktiendividenden, Erträge aus GmbH- und Genossenschaftsanteilen)
- Einkünfte aus Vermietung und Verpachtung
- sonstige Einkünfte (z. B. Einkünfte aus Spekulationsgeschäften, Entschädigungen usf.)

Bei gemeinnützigen Vereinen sind in der Regel nur die gewerblichen Einkünfte für die Körperschaftssteuer von Bedeutung. Die Einkünfte aus Kapitalvermögen sowie Vermietung und Verpachtung fallen in der Regel in die Vermögensverwaltung und sind damit steuerbefreit.

Nicht unter die Körperschaftsteuer fallen u.a.

- der Erwerb durch Schenkungen und Erbschaften (dies gilt z. B. für Spenden, soweit sie nicht aus anderen Gründen steuerbefreit sind)
- satzungsmäßig erhobene Mitgliedsbeiträge (auch bei nicht gemeinnützigen Vereinen)

Besteuerungsgrundlagen

Besteuerungszeitraum ist das Kalenderjahr. Die Körperschaftsteuer wird also jährlich ermittelt.

Das zu versteuernde Einkommen umfasst die gesamten Einkünfte unter Berücksichtigung eventueller Verluste, die sich aus einzelnen Einkunftsarten ergeben.

Für die Ermittlung des Einkommens gelten die Regelungen des Einkommensteuergesetzes. Hier gelten für die verschiedenen Einkunftsarten z. T. verschiedene Gewinnermittlungsverfahren, die hier nicht näher dargestellt werden sollen.

Die Ermittlung der Einkünfte/des Gewinnes erfolgt im Rahmen der bestehenden Buchhaltungspflichten (einfache Zusammenstellung der Einnahmen und Ausgaben oder Bilanzierung).

Nicht körperschaftsteuerpflichtige Einnahmen sind:

- echte Mitgliedsbeiträge
- Spenden
- Lotteriegewinne
- Schenkungen
- Vermächtnisse
- Zuschüsse aus öffentlichen Mittel u.ä.

Diese Einnahmen können aber unter andere Steuerarten fallen (z. B. Schenkungen unter die Erbschaftsteuer).

Steuersatz

Der Körperschaftsteuersatz beträgt 15 %.

Freibetrag

Für Vereine (auch für nicht gemeinnützige) gilt ein Körperschaftsteuerfreibetrag von 5.000 €. Das zu versteuernde Einkommen vermindert sich also um diesen Betrag. Steuern fallen also überhaupt erst an, wenn die Einkünfte über 5.000 € liegen.

Freigrenze für steuerbegünstigte Körperschaften

Steuerbegünstigte Körperschaften erhalten daneben eine weitere Steuererleichterung:

Für die Einnahmen der steuerpflichtigen wirtschaftlichen Geschäftsbetriebe besteht eine Freigrenze von 35.000 € (§ 64 AO). Das bedeutet, erst wenn die Einnahmen (Umsätze inklusive Umsatzsteuer) 35.000 € überschreiten, müssen die Überschüsse versteuert werden.

Die Freigrenze ist unabhängig von der Höhe des Gewinns, der mit diesen Umsätzen erzielt wurde. Es handelt sich dabei um eine Freigrenze, keinen Freibetrag. Wenn die Umsatzgrenze von 35.000 € überschritten wurde, sind die Gewinne also voll steuerpflichtig.

Steuererklärung und Abführung der Steuer

Ganz oder teilweise körperschaftsteuerpflichtige Vereine müssen jährlich eine Körperschaftsteuererklärung abgeben. Die Steuererklärung erfolgt auf dem amtlichen Vordruck. Das Finanzamt erlässt danach einen Steuerbescheid. Bei versäumter Abgabe der Steuerklärung werden die Besteuerungsgrundlagen geschätzt.

In der Höhe der voraussichtlichen Steuerschuld müssen (nach entsprechender Festsetzung durch das Finanzamt) laufende (vierteljährliche) Vorauszahlungen geleistet werden.

2.2 Gewerbesteuer

Was die Problematik für den Verein anbelangt, gilt für die Gewerbesteuer im Wesentlichen das über die Körperschaftsteuer gesagte. Die Besteuerungstatbestände fallen weitgehend zusammen, auf eine detaillierte Darstellung soll hier deshalb verzichtet werden. Die Gewebesteuer stellt aber eine zusätzliche Belastung für die Erträge des Vereins dar.

Die Gewerbesteuer betrifft Vereine, wenn sie (im Inland) gewerbliche Betriebe besitzen. Der Begriff des Gewerbetriebes bestimmt sich nach dem Einkommensteuergesetz.

Gemeinnützige Vereine sind lediglich mit ihren nicht steuerbegünstigten wirtschaftlichen Geschäftsbetrieben gewerbesteuerpflichtig. Zweckbetriebe sind nicht gewerbesteuerpflichtig. Anders ist dies bei Vereinen ohne Gemeinnützigkeitsanerkennung, bei denen alle wirtschaftlichen Tätigkeiten bis auf die nachfolgenden Ausnahmen steuerpflichtig sind.

Folgende Tätigkeitsbereiche des Vereins fallen nicht unter die Gewerbesteuer

- der ideelle Tätigkeitsbereich
- die Vermögensverwaltung
- die Zweckbetriebe
- land- und forstwirtschaftliche Betriebe.

Das Finanzamt ist für die Festsetzung des Gewerbesteuermessbetrages zuständig und erlässt den Gewerbesteuermessbescheid; die Gemeinde errechnet die Gewerbesteuer und bestimmt den Hebesatz. Entrichtet wird der Gewerbesteuerbetrag an die Gemeindekasse.

Gewerbeertrag

Grundlage für die Ermittlung der Gewerbesteuer ist der Gewerbeertrag. Der Gewerbeertrag wird nach den Richtlinien des Einkommen- und Körperschaftsteuerrechts ermittelt. Gekürzt wird der Gewerbeertrag des jeweiligen Wirtschaftsjahres um Verluste aus den Vorjahren.

Dieser Gewinn wird um Hinzurechnungen und Kürzungen korrigiert. Hinzuzurechnen sind vor allem Dauerschuldzinsen (i. d. R. bei Schulden mit über einem Jahr Laufzeit).

Zu kürzen ist der Gewerbegewinn u.a. um 1,2 % des Einheitswerts des zum Betriebsvermögen gehörenden Grundbesitzes.

Für den Gewerbeertrag besteht für juristische Personen (also auch eingetragene Vereine) und nichteingetragene Vereine ein Freibetrag von 5.000 €, d. h. der steuerpflichtige Ertrag wird um diese Summe gemindert.

Wie bei der Körperschaftsteuer besteht bei der Gewerbesteuer für gemeinnützige Körperschaften eine *Freigrenze von 35.000 €*. Liegen die jährlichen Einnahmen aus den Gewerbebetrieben darunter, wird also keine Gewerbesteuer fällig. Mehrere wirtschaftliche Geschäftsbetriebe des Vereins gelten dabei als einheitlicher Gewerbetrieb.

Steuermessbetrag

Aus der Ermittlung des Gewerbeertrags ergibt sich der Steuermessbetrag. Er beträgt bei Vereinen und anderen Körperschaften 3,5 % des Gewerbeertrags (auf volle 50 € nach unten gerundet).

Hebesatz

Dieser Steuermessbetrag wird mit einem Hebesatz multipliziert, der von der Gemeinde festgelegt wird. Der Hebesatz beträgt i.d.R. 300 bis 500 %.

Berechnungsbeispiel:

1.	Gewerbeertrag	45.000 €
2.	Freibetrag	5.000 €
3.	zu versteuernder Gewerbeertrag (1. minus 2.)	40.000 €
4.	Steuermessbetrag (3,5 % von 3.), gerundet	1.400 €
5.	Hebesatz	400%
6.	Gewerbesteuer (4. mal 5.)	5.600 €

Steuererklärungen und Steuervorauszahlungen

Vereine müssen eine Gewerbesteuererklärung abgeben, wenn sie neben den steuerbefreiten Tätigkeiten gewerbesteuerpflichtige wirtschaftliche Geschäftsbetriebe führen, bei denen die Umsatzfreigrenze von 35.000 € überschritten wird.

Die Gewerbesteuer wird beim Finanzamt erklärt, aber an die Gemeinde abgeführt.

Von steuerpflichtigen Vereinen werden wie bei der Körperschaftsteuer vierteljährliche Vorauszahlungen erhoben, Vorauszahlungstermin ist jeweils der 15. des ersten Monats im Quartal.

2.3 Umsatzsteuer

Die Umsatzsteuer ist von allen Steuern für den Verein in der täglichen Praxis sicher am problematischsten, vor allem bedeutet sie für den Verein den größten buchhalterischen Aufwand.

Anders als bei der Körperschaftsteuer liegen die Besteuerungsgrenzen niedriger (17.500 € Umsatzgrenze) und es sind – bei gemeinnützigen Vereinen – nicht nur steuerpflichtige wirtschaftliche Geschäftsbetriebe betroffen, sondern auch Zweckbetriebe und Vermögensverwaltung. Es sind deshalb sehr viel mehr Vereine umsatz- als körperschaftsteuerpflichtig.

Da die Umsatzsteuer in der Regel quartals- oder monatsweise angemeldet und abgeführt werden muss, erfordert sie eine zeitnahe Buchhaltung. Für die Körperschaftsteuererklärung dagegen gilt der Jahres- oder sogar der Dreijahreszeitraum.

Die Umsatzsteuer (landläufig auch als „Mehrwertsteuer" bezeichnet) ist eine Verbraucherabgabe. Getragen wird sie vom Endverbraucher von Produkten und Dienstleistungen; ans Finanzamt abgeführt wird sie vom „Unternehmer", der die Produkte erstellt bzw. die Dienstleistungen erbringt.

Die Umsatzsteuer besteuert das Erbringen wirtschaftlicher Leistungen durch Unternehmer. Jede Lieferung oder Leistung, die ein Unternehmer im Inland gegen Entgelt (das kann auch eine Gegenleistung sein) erbringt, unterliegt der Umsatzsteuer. Auch ein Verein ist Unternehmer im Sinn des Umsatzsteuergesetzes, wenn er außerhalb der nichtunternehmerischen

Sphäre (des ideellen Bereiches) wirtschaftlich tätig wird. Das ist häufig der Fall und betrifft eine Vielzahl von Einnahmen, die ein Verein neben Spenden, Mitgliedsbeiträgen und öffentlichen Zuwendung hat.

2.3.1 Welche Leistungen sind umsatzsteuerpflichtig?

Grundsätzlich sind alle Leistungen (Lieferungen und sonstigen Leistungen – also Produkte, Dienstleistungen usf.), die ein Unternehmer erbringt, umsatzsteuerpflichtig. Vorausgesetzt ist, dass dabei ein Leistungstausch (Entgelt oder Gegenleistung) stattfindet. Schenkungen, Zweckzuwendungen u. ä. sind deshalb umsatzsteuerfrei.

Umsatzsteuerpflichtig sind allgemein (§ 1 UStG):

- Lieferungen und Leistungen, die der Unternehmer gegen Entgelt im Inland erbringt
- unentgeltliche Leistungen an Arbeitnehmer (außer bei bloßen „Aufmerksamkeiten"), z. B. Überlassung eines Dienstwagens zur privaten Nutzung
- der Eigenverbrauch, d. h. Leistungen, die vom produzierenden Unternehmen selbst in Anspruch genommen werden
- Lieferungen und Leistungen, die Körperschaften und Personenvereinigungen an ihre Mitglieder erbringen

(Die Regelungen zur Einfuhr von Gegenständen aus EU- und sonstigem Ausland werden hier aus Vereinfachungsgründen ausgeklammert, da sie nur wenige Vereine betreffen dürften.)

2.3.2 Wer ist Unternehmer?

Unternehmer ist (§ 2 UStG), wer eine *gewerbliche oder berufliche Tätigkeit selbstständig* ausübt. Gewerblich oder beruflich bedeutet, dass die Tätigkeit

- nachhaltig (also nicht einmalig) und
- zur Erzielung von Einnahmen (was nicht unbedingt Gewinn bedeuten muss)

betrieben wird.

Nachhaltigkeit ist bereits gegeben, wenn eine *Wiederholungsabsicht* vorliegt, nicht also erst bei wirklicher wiederholter Ausübung der Tätigkeit. Als nachhaltig gelten auch regelmäßige, wenngleich in großem zeitlichen Abstand stattfindende wirtschaftliche Aktivitäten, z. B. wenn ein Verein jährlich ein Fest veranstaltet und dort Eintrittsgelder nimmt oder Speisen und Getränke verkauft.

Im Einzelfall muss geprüft werden, ob eine bestimmte Tätigkeit nachhaltig erfolgt. Der Verkauf von Gegenständen, die ein Verein im Rahmen einer Erbschaft erhalten hat, ist im Einzelfall nicht nachhaltig. Für den Verkauf größerer Mengen Hausrat aus einer Erbschaft dagegen kann schon Anderes gelten.

Weil das Merkmal der Nachhaltigkeit fehlt, sind deshalb private Verkäufe umsatzsteuerfrei. Das gilt auch für Vereine, die sonst nicht wirtschaftlich tätig sind und z. B. einmalig ein gebrauchtes Kraftfahrzeug verkaufen.

Selbstständig bedeutet:

- die Tätigkeit wird nicht in einem Anstellungsverhältnis betrieben (daher sind Löhne und Gehälter nicht umsatzsteuerpflichtig)
- das Unternehmen ist eigenständig und nicht Teil eines anderen Unternehmens (Organschaft)
- Unternehmer sind demnach
- alle gewerblichen Anbieter, Produzenten und Dienstleister unabhängig von der Art des Unternehmens
- Freiberufler (z. B. Architekten, Ingenieure, Steuerberater, Künstler u.a.)

Generell gilt also auch ein Verein als Unternehmer, soweit die genannten Kriterien zutreffen. Vereine sind als eigenständige Körperschaften immer selbstständig. Es stellt sich bezüglich der Umsatzsteuerpflicht also nur noch die Frage, ob die Tätigkeit nachhaltig betrieben wird und auf dem Prinzip des Leistungstausches beruht.

Als unternehmerische Tätigkeiten gelten auch die steuerlich begünstigten Aktivitäten (Zweckbetriebe und Vermögensverwaltung) von gemeinnützigen, mildtätigen und kirchlichen Vereinen, also z. B. Eintrittsgelder bei Konzerten oder Sportveranstaltungen, Gebühren bei Seminaren usf., allerdings unterliegen sie in der Regel dem ermäßigten Umsatzsteuersatz von 7%.

Umsatzsteuerpflichtige Lieferungen und Leistungen eines Vereins sind z. B.:

- Verkauf von Speisen und Getränken (auch an Mitglieder)
- Eintrittsgelder oder Teilnahmegebühren bei kulturellen, sozialen, sportlichen, Bildungs- usw. Veranstaltungen
- Verkauf von handwerklichen, künstlerischen usf. Erzeugnissen
- Beratung gegen Bezahlung
- die Vermietung von Einrichtungsgegenständen und Betriebsvorrichtungen u.ä. (z. B. Sportgeräte, Kegelbahnen, Musikinstrumente)
- Werbeleistungen, z. B. Banden- und Trikotwerbung, Anzeigen in Vereinszeitschriften, Sponsoring

Nicht umsatzsteuerpflichtige Einnahmen sind:

- Mitgliedsbeiträge und Aufnahmegebühren, wenn keine konkrete einzelne Gegenleistung erfolgt (sog. echte Mitgliedsbeiträge)
- Schenkungen
- öffentliche Zuschüsse, soweit kein unmittelbarer Leistungstausch damit verbunden ist
- Spenden
- Aufnahmegebühren und Umlagen
- Schadenersatzleistungen von Versicherungen und Privatpersonen
- die Vermietung und Verpachtung von Räumen (nicht bei Beherbergung) und Grundstücken; nicht dazu gehören Fahrzeugstellplätze, Campingplätze und Bootsliegeplätze. Ist der Mieter/Pächter Unternehmer und nutzt er die Immobilie überwiegend unternehmerisch, hat der Vermieter bei der Umsatzsteuer ein Wahlrecht.

2.3.3 Leistungstausch

Eine Leistung ist nur steuerpflichtig, wenn ihr eine Gegenleistung (Entgelt) gegenübersteht. Dabei ist nicht entscheidend, ob Leistung und Gegenleistung gleichwertig sind. Auch überhöhte Entgelte sind in vollem Umfang umsatzsteuerpflichtig und können nicht in einen steuerpflichtigen und einen steuerfreien unentgeltlichen Teil aufgeteilt werden.

Mangels Leistungstausch keine Entgelte sind:

- echte Zuschüsse
- Spenden und Erbschaften
- echte Mitgliedsbeiträge

Ein Leistungstausch kann auch vorliegen, wenn das Entgelt nicht in Geld, sondern in einer Gegenleistung besteht. Dann muss der Sachwert der Leistung als Berechnungsgrundlage genommen werden. Ein Beispiel dafür ist vor allen die Überlassung von Sachmitteln, für die der Verein im Gegenzug Werbung erbringt. So etwa bei Trikots und Sportgeräten mit Werbeaufdruck oder Werbemobilen.

2.3.4 Leistung, die entgeltlichen gleichgestellt werden („Eigenverbrauch“)

Wie eine Lieferung gegen Entgelt wird behandelt, wenn ein Unternehmer Gegenstände aus seinem Unternehmen für nicht unternehmerische Zwecke entnimmt (§ 3 Abs. 1b UStG). Das gleiche gilt bei Verwendung für den privaten Bedarf seines Personals und bei Geschenken, die nicht von geringem Wert sind, oder Warenmuster.

Bei Vereinen betrifft das insbesondere die Nutzung von Gegenständen des unternehmerischen Bereichs im ideellen Bereich und unentgeltliche Leistungen an Mitglieder.

2.3.5 Steuerbefreiungen

Eine Vielzahl von Lieferungen und Leistungen ist umsatzsteuerbefreit. Die Befreiungen sind im § 4 UStG aufgelistet. Hier einige Beispiele, die auch für nicht gemeinnützige Vereine gelten:

- die Leistungen der Heilberufe (Ärzte, Apotheken, Hebammen, Heilpraktiker usf.)
- die Leistungen des Deutschen Jugendherbergwerkes
- Krankentransport mit speziellen Fahrzeugen
- Ersatzschulen und Kurse berufsvorbereitender Art
- Verkauf von Immobilien

Auf besondere Steuerbefreiungen, die ausschließlich oder typischerweise für gemeinnützige Einrichtungen gelten, wird unten näher eingegangen.

2.3.6 Vorsteuerabzug

Umsatzsteuerpflichtige Unternehmer sind berechtigt, die Umsatzsteuer, die ihnen andere Unternehmer auf Leistungen und Lieferungen berechnen (und auf Rechnungen und Barbelegen entsprechend ausweisen) – die sog. *Vorsteuer* – von der abzuführenden Umsatzsteuer abzuziehen. Für die ans Finanzamt abzuführende Umsatzsteuer ergibt sich also folgendes Berechnungsschema:

Umsatzsteuer auf eigene Leistungen/Lieferung

– Vorsteuer aus Fremdbelegen

= Umsatzsteuerzahllast

Beispiel:

		Bruttobetrag	enthaltene Umsatzsteuer bzw. Vorsteuer
1.	Nettoumsatzerlöse 19% USt.	66.000,00	10.537,82
2.	Abzugsfähige Rechnungen mit 7% USt.	2.345,00	153,41
3.	Abzugsfähige Rechnungen mit 19% USt.	25.100,00	4.007,56
	Umsatzsteuerzahllast (= 1.-2.-3.)		6.376,84

Dadurch wird die Umsatzsteuer für den Unternehmer zum durchlaufenden Posten, die Kosten-Ertrags-Kalkulation kann netto erfolgen. Das ist auch der Grund, warum die Umsatzsteuerpflicht für einen Verein durchaus von Vorteil sein kann. Es verbilligen sich alle Aufwendungen auf den Nettopreis. Allerdings verteuern sich – für nicht vorsteuerabzugsfähige „Kunden" – die berechneten Preise um die Umsatzsteuer.

Die Ermittlung der Umsatzsteuerzahllast – also die Saldierung von Umsatzsteuer und Vorsteuer und die Berechnung des Differenzbetrages – ist ein wesentlicher Teil der Buchhaltungsarbeit. Gängige Buchhaltungssoftware automatisiert diese Arbeit aber bis hin zur Erstellung der Umsatzsteuervoranmeldung per Knopfdruck.

Für den Vorsteuerabzug gilt grundsätzlich das gleiche wie für die Umsatzsteuerpflicht: Er ist nur im unternehmerischen Bereich möglich. Bei Aufwendungen, die dem ideellen Bereich zuzuordnen sind, kann kein Vorsteuerabzug erfolgen.

Ein Vorsteuerabzug kann also nur in den wirtschaftlichen Geschäftsbetrieben, in Zweckbetrieben und in der Vermögensverwaltung erfolgen.

2.3.7 Aufteilung der Vorsteuer

Häufig erfolgt in gemeinnützigen Vereinen eine gemischte Verwendung von Leistungen/Lieferungen; d. h. eine Rechnung oder ein Beleg ist verschiedenen steuerlichen Bereichen zuzuordnen. Die monatliche Telefonrechnung etwa dem ideellen Bereich (z. B. Sportbetrieb, Mitgliederverwaltung) und dem wirtschaftlichen Geschäftsbetrieb (z. B. Vereinsgaststätte).

Es muss dann eine Aufteilung vorgenommen werden und nur der entsprechende Teil der Vorsteuer ist abzugsfähig. Dies gilt aber nur, wenn die Lieferung/Leistung zu mindestens 10% dem unternehmerischen Bereich zugeordnet werden kann.

Für die Aufteilung gibt es zwei Verfahren:

1. eine genaue Trennung nach wirtschaftlicher Zuordnung
2. eine Aufteilung nach dem Verhältnis aller Einnahmen

Trennung nach wirtschaftlicher Zuordnung

Hier muss ein Aufteilungswert ermittelt werden. In der Regel sind (allerdings nachvollziehbare) Schätzwerte anzusetzen. Im Zweifelsfall sind die Aufteilungssätze mit dem Finanzamt abzustimmen oder werden von diesem im Rahmen von Betriebsprüfungen neu festgelegt.

Aufteilung nach dem Verhältnis aller Einnahmen

Hier wird das Verhältnis von umsatzsteuerpflichtigen und nicht umsatzsteuerpflichtigen Einnahmen ermittelt. Der Prozentsatz der umsatzsteuerpflichtigen Einnahmen ergibt den Anteil der abziehbaren Vorsteuer.

Stammen z. B. von den Gesamteinnahmen des Vereins in Höhe von 50.000 € 10.000 € (20%) auf dem ideellen Bereich (Spenden, Mitgliedsbeiträge) und 40.000 (80%) aus wirtschaftlichen Einnahmen (umsatzsteuerpflichtig) sind 80% der Vorsteuer aus einer nicht konkret einem Bereich zuordenbaren Leistung abzugsfähig.

2.3.8 Pauschaler Vorsteuerabzug

Vereine, die gemeinnützigen, mildtätigen oder kirchlichen Zwecken dienen, können nach § 23a Umsatzsteuergesetz (UStG) für den Vorsteuerabzug einen Durchschnittssatz von 7% ansetzen.

Das gilt nur,

- wenn der Verein nicht bilanzierungspflichtig ist und
- der Umsatz im Vorjahr nicht über 35.000 € lag.

Die Umsatzgrenze von 35.000 € bezieht sich dabei auf alle steuerpflichtigen Umsätze des Vereins. Nicht möglich ist die Pauschalierung für Einfuhr und innergemeinschaftlichen Erwerb.

Statt die Vorsteuer also wie gewohnt aus den Rechnungen an den Verein zu ermitteln, wird einfach ein Pauschalsatz unterlegt. Ein weiterer Vorsteuerabzug ist dann aber ausgeschlossen.

Beispiel:

		Nettoumsatz	Umsatzsteuer
1	Umsatz Zweckbetrieb (z. B. Eintrittsgelder, Kursgebühren) 7% Umsatzsteuer	15.000 €	1.050 €
2	Umsatz wirtschaftlicher Geschäftsbetrieb (z. B. Gaststätte, Werbeeinnahmen) 19% Umsatzsteuer	10.000 €	1.900 €
3	Gesamt	25.000 €	2.950 €
4	pauschale Vorsteuer	7% von 25.000	1.750 €
	Umsatzsteuerzahllast	= 3 - 4	1.200 €

Beantragung und Bindungsfrist

Die Berechnung nach Durchschnittssätzen muss bis zum 10. Tag nach Ablauf des ersten Voranmeldungszeitraums eines Kalenderjahres beim Finanzamt erklärt werden, also bis zum 10. Februar bei monatlicher Abgabe oder bis zum 10. April bei vierteljährlicher Abgabe der Voranmeldung. Der Antrag ist formfrei. Es genügt, wenn der Verein mit der ersten Umsatzsteuervoranmeldung des Jahres die Vorsteuer nach Durchschnittssätzen berechnet. Ein Bescheid des Finanzamtes erfolgt nicht.

Nimmt der Verein die Pauschalierungsregelung in Anspruch, ist er daran für 5 Jahre gebunden. Ein Widerruf ist nur zum Beginn des Kalenderjahres möglich – wiederum bis zum 10. Tag nach Ablauf des ersten Voranmeldungszeitraums.

Für wen ist die Vorsteuer-Pauschalierung sinnvoll?

Die Vorsteuerberechnung nach Durchschnittssätzen ist zunächst eine Vereinfachungsregelung; sie erleichtert also dem Verein die Buchhaltung. In gemeinnützigen Vereinen ist das auch deswegen von Vorteil, weil die Frage der Zuordnung der Rechnungen zu den steuerlichen Bereichen und damit die Frage, ob überhaupt ein Vorsteuerabzug möglich ist, entfällt.

Steuerlich von Vorteil ist die Pauschalierung, wenn die wirklichen abzugsfähigen Vorsteuerbeträge kleiner sind als 7% des Umsatzes. Das ist in Vereinen nicht untypisch, weil die (umsatzsteuerfreien) Personalaufwendungen oft einen großen Anteil der Gesamtkosten ausmachen.

Umgekehrt hat der Verein einen finanziellen Nachteil, wenn die Vorsteuerbeträge nach Belegen höher wären als 7%. Das ist z. B. bei hohen einmaligen Ausgaben für Investitionen (z. B. Bau einer Sportanlage) der Fall.

Problematisch ist vor allem die 5jährige Bindungsfrist. Was in einem Jahr vorteilhaft war, kann sich zwei Jahre später als nachteilig herausstellen. Hier gilt es also, genau zu kalkulieren und künftige Entwicklungen zu berücksichtigen.

Folge der Vorsteuerpauschalierung

Die Pauschalierung führt dazu, dass der Verein keine Umsatzsteuererstattungen von Finanzamt mehr erhält.

Für die Umsatzsteuerzahllast ergibt sich:

- eine Summe von 12% (bis zum ab 31.12.2007: 9%) der Umsätze, wenn ausschließlich Umsätze mit Regelsatz vorliegen
- keine Zahllast, wenn ausschließlich Umsätze mit 7% gemacht werden.

2.3.9 Steuersätze

Der allgemeine Umsatzsteuersatz beträgt seit dem 1. Januar 2007 19%.

Bestimmte Umsätze fallen unter den ermäßigten Steuersatz von 7% (allgemeine Ermäßigungstatbestände). Dazu gehören vor allem:

- Speisen, die nicht für den sofortigen Verzehr gedacht sind (Lebensmittelhandel, nicht aber Gastronomie)
- Leistungen von Orchestern, Chören, Museen und Theatern
- Filmvorführungen
- Zirkusvorführungen
- der Betrieb von Schwimmbädern
- der Verkauf von Druckerzeugnissen (Bücher, Zeitschriften, Noten, Landkarten u.ä.)
- der Verkauf von Nutztieren
- der Verkauf von Kunstgegenständen und Sammlungsstücken

Diese Sätze gelten generell auch für Vereine.

Eine Sonderregelung besteht für gemeinnützige, mildtätige und kirchliche Vereine. Sie werden nur mit 7% besteuert (§ 12 Abs. 2 Nr. 8 UStG), soweit die Umsätze nicht in den wirtschaftlichen Geschäftsbetrieb fallen. Das gilt vor allem für Zweckbetriebe, da der ideelle Bereich nicht und die Vermögensverwaltung nur zum Teil der Umsatzsteuer unterliegen.

2.3.10 Kleinunternehmerregelung

Diese Regelung dient der Steuervereinfachung für Kleinstunternehmer und Freiberufler.

Wenn die Umsätze des Vorjahres € 17.500, nicht überstiegen haben und im laufenden Jahr voraussichtlich 50.000 € nicht übersteigen, sind Unternehmer nach § 19 (1) des Umsatzsteuergesetzes von der Umsatzsteuerpflicht befreit. Sie haben jedoch die Möglichkeit, nach Abs. 2 auf diese Befreiung zu verzichten. Diese Option – also der Verzicht auf die Befreiung – ist allerdings für fünf Kalenderjahre bindend.

Wird von dieser Wahlmöglichkeit kein Gebrauch gemacht, darf auf Rechnungen keine Umsatzsteuer ausgewiesen werden. Ebenso ist aber auch kein Vorsteuerabzug möglich.

Da mit der Steuerbefreiung der Vorsteuerabzug ausgeschlossen ist, kann der Verzicht auf die Befreiung für Kleinunternehmer u. U. von Vorteil sein. Das gilt vor allem, wenn durch Investitionen (z. B. Bauvorhaben) hohe Vorsteuerbeträge anfallen.

2.3.11 Berechnung und Abführung der Steuer

Die erhobene Umsatzsteuer muss vom Unternehmer regelmäßig ans Finanzamt abgeführt werden. Dies geschieht je nach Höhe der Umsätze monatlich, vierteljährlich oder jährlich.

Umsatzsteuerpflichtige Unternehmen können von dieser abzuführenden Steuer die Umsatzsteuer (sog. Vorsteuer) abziehen, die sie selbst auf die Leistungen anderer Unternehmer bezahlt haben. Das gilt auch dann, wenn im entsprechenden Vorauszahlungszeitraum die Vorsteuerbeträge höher sind als die Umsatzsteuerbeträge

Dieser Vorsteuerabzug macht die Umsatzsteuer für Unternehmer zu einem neutralen Posten, der nicht in die Unternehmenskosten eingeht. Letztendlich zahlen also nur die Endverbraucher (die nicht vorsteuerabzugsfähig sind) die Umsatzsteuer.

Die Umsatzsteuervoranmeldung erfolgt in folgenden Zeiträumen:

- jeden Kalendermonat, wenn die Umsatzsteuer in Vorjahr höher als 7.500 € war
- jedes Quartal, wenn die Umsatzsteuer in Vorjahr höher als 1.000 € war
- jährlich, wenn die Umsatzsteuer in Vorjahr nicht höher als 1.000 € war

Der Verein berechnet die Umsatzsteuer selbst und führt sie ans Finanzamt ab, ohne dass ein Bescheid erlassen wird.

Unternehmer, die ihre berufliche oder gewerbliche Tätigkeit neu aufgenommen haben, sind gemäß § 18 Abs. 2 Satz 4 UStG für das Jahr der Neugründung und für das folgende Kalenderjahr zur monatlichen Abgabe von Umsatzsteuer-Voranmeldungen verpflichtet.

Die Anmeldung der Umsatzsteuer erfolgt mit dem amtlichen Vordruck jeweils bis zum 10. des Monats, der auf den Voranmeldungszeitraum folgt. Fällt der Anmeldetag auf einen Samstag, Sonntag oder Feiertag gilt der nachfolgende Werktag als Abgabetermin.

Ein eigener Bescheid folgt auf die Voranmeldung nicht. Die in der Buchhaltung ermittelte Umsatzsteuerzahllast (also vereinnahmte Umsatzsteuer abzgl. Vorsteuer) muss *mit der Anmeldung* an das Finanzamt bezahlt werden – in der Regel per Überweisung auf das mitgeteilte Konto der Finanzkasse.

Ergab sich aus der Umsatzsteuervoranmeldung ein Erstattungsbetrag wird dieser vom Finanzamt ohne weiteres an den Verein überwiesen. Stehen andere Steuern aus (z. B. Lohnsteuer) nimmt das Finanzamt in der Regel eine Verrechnung vor, die dann mitgeteilt wird. Offene Umsatzsteuerforderungen berechtigen aber nicht zur Zurückhaltung anderer Steuerbeträge.

2.3.12 Besteuerung nach vereinbarten oder vereinnahmten Entgelten

Generell gilt für die Erhebung der Umsatzsteuer die Sollbesteuerung (nach vereinbarten Entgelten), d. h. die Umsatzsteuer entsteht mit Ausführung der Leistung auf das vereinbarte Entgelt und ist im entsprechenden Zeitraum (Monat, Quartal) an das Finanzamt abzuführen, nicht erst dann, wenn die Rechnung bezahlt wird.

Davon ausgenommen sind Unternehmer, wenn

- der Gesamtumsatz im vorangegangenen Jahr nicht mehr als 500.000 € betrug oder
- keine Verpflichtung zur Buchführung mit Gewinnermittlung durch Bilanzierung besteht, also die Gewinnermittlung durch Einnahmen-Ausgaben-Rechnung erfolgt.

Beides wird für Vereine häufig zutreffen. Sie können dann die Istbesteuerung (nach vereinnahmten Entgelten) wählen. Die Umsatz- und Vorsteuerbeträge sind dann erst bei Zahlung der entsprechenden Rechnungen fällig. Sowohl für die Gewinnermittlung als auch für die Umsatzsteuer ist dann allein der Zahlungseingang von Belang. Der Vorteil dabei ist, dass der Verein erst dann mit den Umsatzsteuerbeträgen belastet ist, wenn der Kunde sie bezahlt hat.

Die Zulassung zur Istbesteuerung erfolgt auf formlosen Antrag beim Finanzamt. Das geschieht meist auf dem Erhebungsbogen des Finanzamts bei der steuerlichen Anmeldung.

Für den *Zeitpunkt des Vorsteuerabzuges* gilt: Die Vorsteuer kann abgezogen werden,

- wenn die Leistung ausgeführt ist und die Rechnung vorliegt oder
- wenn die Rechnung vorliegt und bezahlt ist, auch wenn die Leistung noch nicht erfolgt ist

In den meisten Fällen wird die Leistung vor Rechnungslegung erfolgen. Die Vorsteuer kann also mit Vorliegen der Rechnung abgezogen werden, d. h. die Buchung der Rechnung mit Vorsteuer erfolgen.

2.3.13 Angaben auf Rechnungen

Nur wenn die ausgestellten Rechnungen (das sind alle Dokumente, mit denen Leistungen abgerechnet werden, egal wie sie bezeichnet werden) formal korrekt sind, hat der Empfänger die Möglichkeit zum Vorsteuerabzug.

Auf den Rechnungen müssen folgenden Angaben gemacht werden:

- Ausstellungsdatum der Rechnung
- eine einmalige und fortlaufende Rechnungsnummer (Ziffern und/oder Buchstaben). Dabei können verschiedene Nummernkreise (z. B. für verschiedene Filialen, Regionen) verwendet werden. Bei Dauerleistungen (z. B. Gerätemiete in monatlichen Raten) können die Verträge eine einheitliche Nummer erhalten. Die einzelnen Zahlungsbelege müssen keine gesonderten fortlaufenden Nummern haben
- das nach Steuersätzen und einzelnen Steuerbefreiungen aufgeschlüsselte Entgelt für die Lieferung oder die sonstige Leistung. Darüber hinaus auch jede im Voraus vereinbarte Minderung des Entgelts (Skonto usf.).
- der Steuersatz und der auf das Entgelt entfallende Steuerbetrag
- der vollständige Name und die vollständige Anschrift von leistendem Unternehmer und Leistungsempfänger. Bei der Adresse genügt auch die Angabe eines Postfaches.
- die Steuernummer oder Umsatzsteuer-Identifikationsnummer des leistenden Unternehmers
- die Menge und die Art (handelsübliche Bezeichnung) der Ware bzw. Umfang und Art der sonstigen Leistung
- der Zeitpunkt der Lieferung oder der sonstigen Leistung; bei Anzahlungen ist die Vereinnahmung des Entgelts anzugeben, soweit dieses feststeht
- ein Hinweis auf die entsprechende Steuerbefreiungsregelung, soweit die Leistung steuerfrei ist

Rechnungen über Kleinbeträge (bis 250 €), müssen nur folgende Angaben enthalten:

- den vollständigen Namen und die vollständige Anschrift des leistenden Unternehmers,
- das Ausstellungsdatum,
- die Menge und die Art der gelieferten Gegenstände oder den Umfang und die Art der sonstigen Leistung
- das Entgelt und den darauf entfallenden Steuerbetrag für die Lieferung oder sonstige Leistung in einer Summe
- den anzuwendenden Steuersatz oder im Fall einer Steuerbefreiung einen Hinweis darauf, dass für die Lieferung oder sonstige Leistung eine Steuerbefreiung gilt.

Wenn der Verein als Unternehmer erhaltene Leistungen über Gutschriften (z. B. bei Provisionen) abrechnet, muss geklärt werden, ob der Empfänger der Gutschrift umsatzsteuerpflichtig ist. Nur dann darf die Umsatzsteuer auf der Gutschrift ausgewiesen werden.

Auf der Gutschrift muss die Steuernummer oder Umsatzsteuer-Identifikationsnummer des Empfängers (nicht Ihres Vereins) angegeben werden.

2.3.14 Aufzeichnungspflichten

Mit der Umsatzsteuerpflicht gehen bestimmte Aufzeichnungspflichten einher, die bei einem nicht umsatzsteuerpflichtigen Verein entfallen.

Die Buchhaltung des Vereins muss folgende Aufzeichnungen umfassen:

- das Nettoentgelt für die ausgeführten Umsätze, getrennt nach steuerfreien und steuerpflichtigen Umsätzen
- Die steuerpflichtigen Umsätze müssen getrennt nach Steuersätzen (7% und 19%) erfasst werden.
- Die Umsatzsteuer muss getrennt nach Steuersätzen aufgezeichnet werden.
- Die Nettobeträge der Eingangsumsätze müssen erfasst werden.
- Die Vorsteuerbeträge müssen aufgezeichnet werden. Hier ist eine Trennung nach Steuersätzen nicht erforderlich.

In der Buchhaltung schlägt sich das in entsprechenden „Konten“ nieder:

- Umsatzerlöse umsatzsteuerfrei
- Umsatzerlöse 7%
- Umsatzerlöse 19%
- Umsatzsteuer 7%
- Umsatzsteuer 19%
- Vorsteuer

Nicht berücksichtigt ist hier die Trennung nach steuerlichen Bereichen.

3 Buchführungspflichten im Verein

Umfang und Form der Buchführung, die einem Verein abverlangt wird, sind nicht in allen Fällen gleich. Ein Verein der weder gemeinnützig ist, noch sich wirtschaftlich betätigt, hat z. B. keine steuerliche Verpflichtung zur Buchhaltung, weil er keine Einnahmen hat oder diese (z. B. Mitgliedsbeiträge) in den nichtunternehmerischen Bereich fallen.

Grundsätzlich ergeben sich die Buchhaltungspflichten für Vereine aus drei Quellen:

- die Rechenschaftspflicht des Vorstands gegenüber der Mitgliederversammlung nach BGB (zivilrechtliche Buchführungspflicht)
- steuerrechtliche Pflichten (bei gemeinnützigen und wirtschaftlich tätigen Vereinen)
- förderrechtliche Aufzeichnungspflichten

Die förderrechtlichen Aufzeichnungspflichten lassen wir im Folgenden außer Acht. Sie ergeben sich aus den speziellen Anforderungen, die die Zuwendungsverträge festlegen. In der Regel erfüllt eine geordnete Buchhaltung (nach steuerrechtlichen Vorschriften) auch die förderrechtlichen Anforderungen. Meist wird aber eine von den anderen Geschäftsvorfällen getrennte Aufzeichnung nötig sein. Mit zusätzlichen Konten in der regulären Buchhaltung oder einer Kostenstellenrechnung kann das ohne übermäßigen Aufwand bewältigt werden.

Eine Pflicht zur Rechnungslegung gegenüber Spendern oder der Öffentlichkeit besteht – auch bei gemeinnützigen – Vereinen nicht.

3.1 Rechenschaftspflicht gegenüber der Mitgliederversammlung

Der Vorstand des Vereins unterliegt nach dem BGB einer Rechenschaftspflicht gegenüber der Mitgliederversammlung. Das ergibt sich aus § 27 (3) BGB, wonach die für den *Auftrag* geltenden Vorschriften des BGB (§§ 664-670) auf die Geschäftsführung des Vorstandes eines Vereins Anwendung finden.

§ 666 BGB regelt insoweit die Verpflichtung des Beauftragten zum Ablegen von Rechenschaft gegenüber dem Auftraggeber, im Falle des Vereins also der Mitgliederversammlung.

Der Umfang dieser Rechenschaftspflicht wiederum ergibt sich aus den §§ 259-260 BGB: § 259 (1) BGB verlangt eine geordnete Zusammenstellung der Einnahmen und Ausgaben und die Vorlage von Belegen.

Die Ansprüche an eine solche Buchhaltung sind mit einer einfachen Einnahmen-Ausgaben-Rechnung erfüllt. Die Einnahmen und Ausgaben müssen aber sinnvoll geordnet und vollständig sein. Die Anforderungen an die Buchhaltung hängen dabei nach aktueller Rechtsprechung von Größe und Tätigkeitsfeld des Vereins ab. Der ehrenamtliche Vorstand eines kleinen Idealvereins hat dabei nur beschränkte Anforderungen zu erfüllen (Brandenburgisches Oberlandesgericht, Urteil vom 28.05.2008, 7 U 176/07).

§ 260 (1) BGB fordert die Vorlage eines *Bestandsverzeichnisses* an Vermögensgegenständen. Das entspricht neben einer Aufstellung der Bank- und Kassenbestände dem *Anlagenverzeichnis* in gängigen Buchhaltungssystemen. Hinzu kommt eventuell eine Aufstellung über vorhandene Waren- und Verbrauchsgüterbestände. Ein solches Bestandsverzeichnis muss alle Aktiva und Passiva enthalten (BGH-Rechtsprechung).

Die Erfüllung dieser Vorschriften ist Voraussetzung für eine wirksame Entlastung des Vorstandes. Nach dem BGB müsste eine solche Rechenschaftslegung erst nach Beendigung des „Auftrages", d. h. nach Ablauf der Vorstandstätigkeit oder auf Anfrage erfolgen. Insoweit Vereinssatzungen dies festlegen, ist die Rechenschaftslegung jedoch Bestandteil periodischer Mitgliederversammlungen.

Nach § 42 (2) BGB hat der Vorstand hat im Fall der Zahlungsunfähigkeit oder der Überschuldung die Eröffnung des Insolvenzverfahrens zu beantragen. Daraus folgt, dass er jederzeit Kenntnis über die Vermögenslage des Vereins haben muss, um rechtzeitig seiner Verpflichtung zur Eröffnung eines Konkursverfahrens nachkommen zu können.

Die Einnahmen und Ausgaben müssen vollständig erfasst sein, eine Verrechnung von Ausgaben und Einnahmen ist nicht erlaubt (Saldierungsverbot).

Diese Buchführungspflichten nach BGB können aber durch die Satzung erweitert oder eingeschränkt werden. Es handelt sich um nachgiebiges Recht – grundsätzlich könnte die Satzung den Vorstand von seiner Rechenschaftspflicht freistellen. In jedem Fall gelten hier die Satzungsregelungen vor den Vorschriften des BGB.

3.2 Steuerrechtliche Aufzeichnungspflichten

Der Verein ist als **juristische Person** Steuersubjekt (= Steuerpflichtiger) und unterliegt somit den Vorschriften der verschiedenen Steuergesetze; insbesondere sind das:

- Abgabenordnung (AO)
- Körperschaftsteuergesetz (KStG)
- Einkommensteuergesetz (EStG)
- Umsatzsteuergesetz (UStG)
- Gewerbesteuergesetz (GewStG)

3.2.1 Aufzeichnungen nach den allgemeinen Vorschriften der Abgabenordnung

In § 140 AO ist geregelt, dass wer bereits nach anderen Gesetzen (in diesem Fall das BGB) zu Aufzeichnungen verpflichtet ist, dies auch zu steuerlichen Zwecken zu erfüllen hat. Die oben genannten Regelungen gelten also auch gegenüber dem Finanzamt.

Eine zwingende Buchführungspflicht nach Ertragssteuerrecht besteht aber nur, wenn der Verein tatsächlich steuerpflichtig wird (also zu versteuernde Erträge erwirtschaftet.) Das ist nicht unbedingt der Fall, z. B. wenn die Einnahmen des Vereins nur aus Mitgliedsbeiträgen bestehen.

Die folgenden Gesetzesverweise geben Auskunft darüber, wie solche Aufzeichnungen zu erfolgen haben:

§ 145 (2) AO	Aufzeichnungen ... sind so vorzunehmen, dass der Zweck, den sie für die Besteuerung erfüllen sollen, erreicht wird
§ 146 AO	Aufzeichnungen...sind vollständig, richtig, zeitgerecht und geordnet vorzunehmen
	Kasseneinnahmen und -ausgaben sollen täglich festgehalten werden
	Aufzeichnungen ... sind in einer lebenden Sprache vorzunehmen; Abkürzungen, Symbole u.ä. sind eindeutig zu verwenden
	Aufzeichnungen ... dürfen nicht in einer Weise verändert werden, dass der ursprüngliche Inhalt nicht mehr feststellbar ist; der Zeitpunkt von Veränderungen muss erkennbar sein

	Aufzeichnungen ... können in der geordneten Ablage von Belegen bestehen oder auf Datenträgern geführt werden
	die Ordnungsvorschriften gelten auch für freiwillig gemachte Aufzeichnungen
§ 147 AO	*Unterlagen* sind geordnet aufzubewahren:
	Jahresabschlüsse, Inventare, Organisationsunterlagen, Arbeitsanweisungen 10 Jahre
	Belege 10 Jahre
	Die Aufbewahrungsfrist beginnt mit Ablauf des Kalenderjahres, in dem die letzte Eintragung erfolgt ist

3.2.2 Aufzeichnungen nach dem Gemeinnützigkeitsrecht

Der Gesetzgeber gesteht dem *gemeinnützigen* Verein eine Reihe von Steuerbefreiungen bzw. Steuerbegünstigungen zu:

§ 5 (1), Nr. 9 KStG	Befreiung von der Körperschaftsteuer
§ 4 UStG	Befreiung von der Umsatzsteuer bei bestimmten Umsätzen
§ 12 (2), Nr. 8 UStG	Anwendung des ermäßigten Umsatzsteuersatzes
§ 3, Nr. 6 GewStG	Befreiung von der Gewerbesteuer

Als Voraussetzung für die Gewährung einer solchen Steuervergünstigung fordert § 59 AO, dass die *tatsächliche Geschäftsführung* auf die ausschließliche und unmittelbare Erfüllung der steuerbegünstigten Zwecke gerichtet ist und den diesbezüglichen Satzungsbestimmungen entsprechen muss.

§ 63 (3) AO regelt weitergehend, dass der Verein diesen Nachweis der tatsächlichen Gemeinnützigkeit durch ordnungsgemäße Aufzeichnungen über seine Einnahmen und Ausgaben zu führen hat.

Hinzu kommt der im § 63 (4) AO geforderte Nachweis der fristgemäßen Verwendung freier Mittel.

Da die vom Gesetzgeber in Aussicht gestellten Steuervergünstigungen i.d.R. auf einen wirtschaftlichen Geschäftsbetrieb keine Anwendung finden, ist es notwendig,

1. den ideellen Bereich des Vereins von seinem unternehmerischen Bereich abzugrenzen,
2. den wirtschaftlichen Geschäftsbetrieb aus dem unternehmerischen Bereich herauszustellen.

Verein			
ideeller Bereich	unternehmerischer Bereich		
eigentlicher ideeller Bereich	Vermögensverwaltung	Zweckbetrieb	wirtschaftlicher Geschäftsbetrieb

D. h., die Aufzeichnungen müssen auch ersichtlich machen, in welchen Bereichen sich der Verein betätigt, in welchem Verhältnis diese Bereiche zueinander stehen und inwieweit er letztlich den Anforderungen des Gemeinnützigkeitsrechts (Selbstlosigkeit, Ausschließlichkeit, Unmittelbarkeit) entspricht.

Konkret bedeutet das, jede Einnahme bzw. Ausgabe eindeutig einem Tätigkeitsbereich zuzuordnen. Ist dies nicht direkt möglich, sind die Einnahmen und Ausgaben im Wege der Schätzung auf die Tätigkeitsbereiche zu verteilen. Das betrifft auch die Wirtschaftsgüter des Anlagevermögens (Abschreibungen).

Wichtig: Die Nichteinhaltung von Aufzeichnungspflichten kann zum Verlust der Gemeinnützigkeit führen.

Im Einzelnen ergeben sich aus den gemeinnützigkeitsrechtlichen Regelungen (Nachweis der tatsächlichen Geschäftsführung)

- getrennte ordnungsgemäße Aufzeichnungen über die Einnahmen und Ausgaben für
  – ideellen Bereich
  – Vermögensverwaltung
  – Zweckbetrieben
  – steuerpflichtigen wirtschaftliche Geschäftsbetriebe
- Aufzeichnungen über Spenden (Aufbewahrung von Kopien der Spendenbescheinigung)
- Nachweise über die Bildung von Rücklagen (per Nebenrechnung oder Ausweis in der Bilanz (Gewinnrücklage/Eigenkapital)
- Aufstellung über das Vermögen
  – Nachweis der satzungsgemäßen Mittelverwendung/Mittelbindung
  – Nachweis der zeitnahen Mittelverwendung

3.2.3 Ertragsteuerliche Aufzeichnungspflichten

Im Teilbereich der Vermögensverwaltung liegen *Überschusseinkünfte* vor, insbesondere

- Einkünfte aus Kapitalvermögen sowie
- Einkünfte aus Vermietung und Verpachtung.

Der Überschuss wird durch Gegenüberstellung der Einnahmen (§ 8 EStG) mit den Werbungskosten (§ 9 EStG) ermittelt.

Da keine ertragsteuerlichen Regelungen über die Art der Aufzeichnungen bestehen, ist gemäß § 140 AO nach den zivilrechtlichen Regelungen des BGB zu verfahren.

In den Teilbereichen Zweckbetrieb und wirtschaftlicher Geschäftsbetrieb liegen *Gewinneinkünfte* vor, insbesondere Einkünfte aus Gewerbebetrieb.

Der Gewinn wird dabei entweder nach § 4 (3) EStG durch Überschuss der Betriebseinnahmen über die Betriebsausgaben oder nach § 5 (1) EStG durch Betriebsvermögensvergleich nach handelsrechtlichen Grundsätzen (Bilanzierung) ermittelt.

Für die Aufzeichnungspflichten gilt:

Entweder		**oder**	
Aufzeichnung der Betriebseinnahmen und -ausgaben		**(doppelte) Buchführung über alle Geschäftsfälle**	
im Rahmen einer Gewinnermittlung durch		im Rahmen einer Gewinnermittlung durch	
§ 4 (3) EStG	Einnahme-Ausgaben/ Überschuss-Rechnung (EAR oder EÜR)	§ 5 (1) EStG § 238 HGB ff.	Betriebsvermögensvergleich nach handelsrechtlichen Grundsätzen (Bilanzierung)
• ohne nähere Festlegungen zur Form, • in der Regel geordnet nach Einnahmen und Ausgaben entsprechend den zivilrechtlichen Regelungen		• in vorgeschriebener Form in Büchern (Grund- und Hauptbuch), • unter Verwendung von Konten, • unterteilt nach Soll und Haben	

Je nach Wahl der Gewinnermittlungsart können sich also für Vereine unterschiedliche Anforderungen hinsichtlich der Aufzeichnungen ergeben.

Da die überwiegende Mehrzahl der Vereine nicht zur doppelten Buchführung verpflichtet ist und auch nicht freiwillig zu ihr übergeht, ergeben sich aus ertragsteuerlicher Sicht vorerst keine weiteren Konsequenzen.

Durch die Orientierung am Zufluss/Abfluss von Geld und durch die Beschränkung der Aufzeichnungen auf ganz bestimmte Geschäftsfälle (Einnahmen und Ausgaben) sind die Aufzeichnungen im Rahmen der Einnahme-Überschuss-Rechnung einfacher zu führen als die doppelte Buchführung im Rahmen des Betriebsvermögensvergleiches.

Im Allgemeinen könnten diese Aufzeichnungen auch ohne besondere Buchführungskenntnisse bewältigt werden.

Es ist jedoch zu beachten, dass diese ertragssteuerlichen Festlegungen immer im Kontext mit den übrigen Aufzeichnungspflichten zu sehen sind, insbesondere im Zusammenhang mit den Aufzeichnungspflichten zum Nachweis der tatsächlichen Gemeinnützigkeit, die eine Aufteilung der Einnahmen und Ausgaben in die verschiedenen Tätigkeitsbereiche verlangen (Problem der Zuordnung von aufzuteilenden Ausgaben).

3.2.4 Umsatzsteuerliche Aufzeichnungspflichten

Eine Umsatzsteuerpflicht kann in folgenden Bereichen bestehen:

- Vermögensverwaltung
- Zweckbetrieb
- wirtschaftlicher Geschäftsbetrieb

Der *ideelle Bereich* fällt nicht in die unternehmerische Sphäre, die Einnahmen dort sind deshalb umsatzsteuerfrei.

Die umsatzsteuerlichen Aufzeichnungspflichten beinhalten die wohl kompliziertesten Regelungen.

Grundsätzlich sind Vereine ebenso umsatzsteuerpflichtig wie gewerbliche Unternehmen. Für gemeinnützige Vereine bestehen allerdings eine Reihe von Befreiungen oder Ermäßigungen.

Umsatzsteuer erheben und ans Finanzamt abführen muss der Verein grundsätzlich dann, wenn er Leistungen gegen Entgelt (oder Gegenleistung) erbringt.

Dazu gehören z. B.

- Verkauf von Eintrittskarten
- Kursgebühren
- Getränkeverkauf
- Vermietung von Anlagen und Geräten (nicht Immobilien)

Wie für gewerbliche Unternehmen gilt die Kleinunternehmerregelung:

Nach § 19 UStG kann (muss aber nicht) auf die Berechnung von Umsatzsteuer verzichtet werden, wenn der Umsatz zuzüglich der darauf entfallenden Steuer im vorangegangenen Kalenderjahr 17.500 € nicht überstiegen hat und im laufenden Kalenderjahr 50.000 € voraussichtlich nicht übersteigen wird.

Bei Vereinen, die nur in geringem Umfang wirtschaftlich tätig sind wird diese Regelung meist greifen. Wird auf die Kleinunternehmeroption verzichtet ist das für 5 Jahre bindend.

Nicht umsatzsteuerpflichtig sind Mitgliedsbeiträge und Spenden, da sie ohne individuelle Gegenleistung erfolgen.

Soweit der Verein unternehmerisch tätig wird hat er zur Feststellung der Umsatzsteuer und der Grundlagen ihrer Berechnung Aufzeichnungen gemäß § 22 UStG zu machen.

Die Aufzeichnungen müssen so beschaffen sein, dass es einem sachverständigen Dritten innerhalb einer angemessenen Zeit möglich ist, sich einen Überblick über die Umsätze des Unternehmens und die abziehbaren Vorsteuern zu erhalten und die Grundlagen für die Steuerberechnung festzustellen (§ 63 UStDV).

Die wesentlichsten Aufzeichnungspflichten sind:

a. Aufzeichnungen beim Leistungsausgang (Umsatzsteuer)

Die vereinbarten (bzw. vereinnahmten) Entgelte (=Netto) für die vom Verein ausgeführten Lieferungen und sonstigen Leistungen, getrennt nach:

- steuerfreien Umsätzen und
- steuerpflichtigen Umsätzen, wiederum getrennt nach Steuersätzen.

Die vereinnahmten Entgelte (=Netto) für die vom Verein noch nicht ausgeführten Lieferungen und sonstigen Leistungen (Anzahlungen), getrennt nach:

- steuerfreien Umsätzen und
- steuerpflichtigen Umsätzen, wiederum getrennt nach Steuersätzen

Die Umsatzsteuer gehört nicht zum Entgelt und braucht deshalb nicht aufgezeichnet werden.

Nach § 63 (3) UStDV kann der Verein das Entgelt und den Steuerbetrag in einer Summe (= Brutto) aufzeichnen, muss jedoch spätestens mit Ablauf des Voranmeldungszeitraumes das Entgelt für die Erstellung der Umsatzsteuervoranmeldung heraus rechnen.

b. Aufzeichnungen beim Leistungseingang (Vorsteuer)

Diese Aufzeichnungen erfassen Entgelte für empfangene Leistungen sowie die gezahlten Entgelte für noch nicht empfangene Leistungen (Anzahlungen) und die auf diese Entgelte entfallende Steuer (Vorsteuer).

Nach § 63 (5) UStDV kann der Verein das Entgelt und den Steuerbetrag in einer Summe (= Brutto) aufzeichnen, jedoch dann getrennt nach Steuersätzen. Spätestens mit Ablauf des Voranmeldungszeitraumes hat er das Entgelt und die Steuerbeträge für die Erstellung der Umsatzsteuervoranmeldung heraus zurechnen.

Da der Verein durch seinen zwangsläufig vorhandenen ideellen Bereich sowie durch steuerbefreite Umsätze nach § 4 UStG nur teilweise zum Vorsteuerabzug berechtigt ist, müssen aus den Aufzeichnungen die Vorsteuerbeträge eindeutig und leicht nachprüfbar zu ersehen sein, die den zum Vorsteuerabzug berechtigten Umsätzen ganz oder teilweise zuzurechnen sind.

Eine Komplikation in der Aufzeichnung der Umsatzsteuer ergibt sich durch das Formular *Anlage EÜR*: Wenn der Verein für den steuerpflichtigen wirtschaftlichen Geschäftsbetrieb die Gewinnermittlung in Form dieses Formulars beim Finanzamt vorlegen muss (das gilt immer bei Überschreitung der Umsatzfreigrenze von 35.000 €), muss er die Umsatzsteuer für diesen Bereich getrennt aufzeichnen, weil sich die Angaben in der Anlage EÜR nur hierauf beziehen. Das bedeutet:

- die getrennte Erfassung der Umsatzsteuer für die steuerpflichtigen wirtschaftlichen Geschäftsbetriebe und den steuerbegünstigten Bereich
- d. h. separate Konten für Umsatzsteuer, Vorsteuer, Umsatzsteuerzahlungen und -erstattungen

Der Verein ist gemäß § 66a UStDV von den Aufzeichnungspflichten beim Leistungseingang befreit, wenn er von der Möglichkeit Gebrauch macht, seine abziehbaren Vorsteuerbeträge nach einem Durchschnittssatz vom steuerpflichtigen Umsatz zu ermitteln (§ 23 a UStG).

Vereine, die von der Kleinunternehmerregelung nach § 19 UStG Gebrauch machen, müssen keine umsatzsteuerlichen Aufzeichnungspflichten erfüllen.

Sieht man von den letzten beiden Möglichkeiten ab, erschwert die Umsatzsteuererfassung die Aufzeichnungspflichten des Vereins immens.

War es bisher ausreichend, die Einnahmen und Ausgaben getrennt nach den Tätigkeitsbereichen des Vereins zu erfassen, ist jetzt innerhalb der Bereiche noch nach steuerfreien und steuerpflichtigen Umsätzen sowie nach abziehbarer und nichtabziehbarer Vorsteuer zu unterscheiden.

Die Buchführungskenntnisse für die Aufzeichnungen im Verein müssen also um nicht nur oberflächliche Umsatzsteuerkenntnisse erweitert werden.

3.2.5 Führung von Lohnkonten

Wenn der Verein Arbeitnehmer beschäftigt, muss er für jeden Beschäftigten ein Lohnkonto führen. Hier gelten die identischen Bestimmungen wie für alle Arbeitgeber.

Ebenfalls geführt werden müssen Aufzeichnungen zur Beschäftigung und zum Arbeitslohn geringfügig entlohnter (Minijob bis 450 € monatlich) oder kurzfristig beschäftigter Arbeitnehmer.

Die einzigen Sonderregelungen für gemeinnützige Vereine sind *Übungsleiterfreibetrag* und *Ehrenamtspauschale.*

3.2.6 Weitere steuerliche Aufzeichnungspflichten

In den Steuergesetzen werden zusätzlich eine Reihe spezieller Aufzeichnungspflichten formuliert, die vornehmlich für den unternehmerischen Bereich innerhalb des Vereins gelten.

Sie sind unabhängig von der gewählten Gewinnermittlungsart bzw. Umsatzversteuerung zu befolgen:

Aufzeichnung des Wareneingangs und -ausgangs

Während bei der Doppelten Buchführung ein separates Wareneingangskonto besteht, müssen die Vereine, die die Gewinnermittlung per Einnahme-Überschuss-Rechnung machen, ein Wareneingangs- und -ausgangsbuch führen. Dies allerdings nur, *wenn Waren gewerblich weiterveräußert werden.*

Aufgezeichnet werden müssen hier:

- der Tag des Warenerwerbs
- der Name des Lieferanten
- die Art der Waren

Analoges gilt für den Warenausgang. Er muss aber nur bei regelmäßigen Lieferungen an andere gewerbliche Unternehmen aufgezeichnet werden. Für Vereine dürfte das untypisch sein.

Anlageverzeichnis

Für Wirtschaftsgüter, die nicht unmittelbar verbraucht, sondern langfristig genutzt werden, muss ein Anlageverzeichnis geführt werden. Dazu gehören vor allem:

- Grundstücke und Gebäude
- abnutzbare bewegliche Wirtschaftsgüter (z. B. Maschinen, Geräte und Anlagen, Möbel)
- geringwertige Wirtschaftsgüter (s. u.), wenn ihr Wert nicht aus der Buchführung ersichtlich ist)

In einem gesonderten Verzeichnis erfasst werden müssen Wirtschaftsgüter, bei denen erhöhte Absetzungen oder Sonderabschreibungen vorgenommen werden.

Das Anlageverzeichnis muss umfassen:

- Bezeichnung des Gegenstandes
- Anschaffungs- oder Herstellungszeitpunkt
- Höhe der Kosten
- betriebsgewöhnliche Nutzungsdauer (Abschreibungszeitraum)
- Name des Lieferanten oder Herstellers
- die jährlich vorgenommene Abschreibung (Prozentsatz und Höhe)
- den aktuellen Buchwert (Restwert)

Das Anlageverzeichnis muss für die steuerlichen Bereiche

- ideeller Bereich
- Vermögensverwaltung
- Zweckbetrieb
- wirtschaftlicher Geschäftsbetrieb

getrennt geführt werden, bzw. aus den Anlageverzeichnis muss die Zuordnung zu diesen Bereichen hervorgehen. Das ist erforderlich um die Abschreibungen für die steuerlichen Bereiche zu ermitteln.

Weitere Aufzeichnungspflichten

Gesondert aufgezeichnet werden müssen bestimmte Betriebsausgaben zur Aufrechterhaltung ihrer Abzugsfähigkeit bei der Gewinnermittlung [§ 4 (5) EStG]. Das sind vor allem:

- Geschenke
- Bewirtungskosten

Spendensammlung

Gesetzliche Regelungen für eine Nachweispflicht für Spenden gegenüber Spender und Öffentlichkeit existieren nicht.

Steuerlich besteht bei der Vereinnahmung von Spenden nach § 50 EStDV (4) eine gesonderte Aufzeichnungspflicht. Es muss:

- eine Kopie der Zuwendungsbestätigung aufbewahrt werden
- bei Sachspenden und beim Verzicht auf die Erstattung von Aufwand (Aufwandsspenden) aus den Aufzeichnungen die Grundlage für den bestätigten Wert der Zuwendung ersichtlich sein.

3.3 Gewinnermittlungsarten und Aufzeichnungspflichten

Wie bereits erwähnt, entscheidet die gesetzlich vorgeschriebene bzw. freiwillig gewählte Gewinnermittlungsart über die Wahl des geeigneten Aufzeichnungs- bzw. Buchführungssystems.

Nach dem Einkommensteuerrecht sind vier verschiedene Gewinnermittlungsarten bekannt:

§ 4 (1) EStG	Allgemeiner Betriebsvermögensvergleich nach steuerrechtlichen Vorschriften für buchführungspflichtige Land- und Forstwirte sowie selbständig Tätige
§ 5 (1) EStG	Betriebsvermögensvergleich bei (buchführungspflichtigen) Kaufleuten und bestimmten anderen Gewerbetreibenden nach handelsrechtlichen Grundsätzen ordnungsgemäßer Buchführung
§ 4 (3) EStG	Einnahmen-Überschuss-Rechnung für nicht buchführungspflichtige Steuerpflichtige

§ 13 a EStG	Gewinnermittlung nach Durchschnittssätzen für nicht buchführungspflichtige Land- und Forstwirte

Für Vereine kommen davon in Frage

- der Betriebsvermögensvergleich nach handelsrechtlichen Grundsätzen [§ 5 (1) EStG] sowie
- die Einnahmen-Überschuss-Rechnung nach § 4 (3) EStG

Das entscheidende Kriterium für die Wahl der einen oder anderen Gewinnermittlungsart ist die Frage der Buchführungspflicht.

Daher ist zunächst die Frage, unter welchen Umständen für den Verein eine Buchführungspflicht begründet wird. Auskunft darüber gibt die Abgabenordnung.

3.3.1 Buchführungspflicht versus Aufzeichnungspflichten

Die steuerrechtlichen Vorschriften zur Buchführungspflicht sind in den §§ 140, 141 der Abgabenordnung verankert.

§ 140 AO	**§ 141 AO**
abgeleitete steuerliche Buchführungspflicht	*originäre steuerliche Buchführungspflicht*
Buchführungspflichtig sind jene Steuerpflichtige, die bereits nach anderen Gesetzen (insbesondere dem HGB) ohnehin Bücher zu führen haben (originäre handelsrechtliche Buchführungspflicht).	Buchführungspflichtig sind gewerbliche Unternehmer (dazu gehören auch Vereine mit ihrem wirtschaftlichen Geschäftsbetrieb) sowie Land- und Forstwirte dann, wenn sie folgende Grenzen überschreiten: ▪ Umsätze größer als 600.000 € im Kalenderjahr (ab 2016) ▪ oder Gewinn größer als 60.000 € im Wirtschaftsjahr
Nur wenn ein „in kaufmännischer Weise eingerichteter Geschäftsbetrieb“ erforderlich ist. Sie kann aber freiwillig gewählt werden (Kannkaufmann nach § 2 HGB). Lediglich bei Vereinen, die nach anderen Gesetzen als dem HGB zur Buchführung verpflichtet sind, kann sich aus dieser Vorschrift eine auch steuerliche Buchführungspflicht ergeben z. B. – Lohnsteuerhilfevereine – Pflegeeinrichtungen	Bei nicht gemeinnützigen Vereinen beziehen sich die genannten Grenzen auf den gesamten wirtschaftlichen Geschäftsbetrieb des Vereins. Bei gemeinnützigen Vereinen beziehen sich die Grenzen lediglich auf den Bereich des steuerpflichtigen wirtschaftlichen Geschäftsbetriebes, der Bereich des Zweckbetriebes bleibt unberücksichtigt. In aller Regel werden neu gegründete Vereine unter den genannten Grenzen bleiben. Die Buchführungspflicht beginnt erst bei Überschreitung der Grenzen und zwar, wenn das Finanzamt es fordert. Bei nur gelegentlicher Überschreitung o.g. Grenzen kann die Finanzbehörde nach § 148 AO eine Befreiung bewilligen.

Nicht unerwähnt soll bleiben, dass ein Verein natürlich auch freiwillig Bücher führen und damit die Gewinnermittlungsart Betriebsvermögensvergleich nach § 5 (1) EStG wählen kann.

Da ein solcher Entschluss begründet sein sollte, werden im nachfolgenden Abschnitt die wesentlichsten Unterschiede zwischen diesen beiden Gewinnermittlungsarten aufgezeigt.

Nach folgendem Schema lassen sich die Aufzeichnungs- bzw. Buchführungspflichten zusammenfassen:

Zivilrechtliche Aufzeichnungspflichten	
§ 259 BGB	Einnahmen und Ausgaben
§ 260 BGB	Bestandsverzeichnis der Vermögensgegenstände
steuerrechtliche Aufzeichnungspflichten	
§ 63 AO	zum Nachweis der Gemeinnützigkeit getrennt nach Tätigkeitsbereichen
§ 140 AO	zivilrechtliche Aufzeichnungen auch für steuerliche Zwecke
§§ 145-147 AO	Einhaltung allgemeiner Ordnungsvorschriften
förderrechtliche Aufzeichnungspflichten	
	Verwendungsnachweise
	Inventare

kein freiwilliger Entschluss zur Buchführung		bei Überschreitung bestimmter Umsatz- oder Gewinngrenzen infolge Mitteilung oder freiwilligem Entschluss zur Buchführung	
Aufzeichnung der Betriebseinnahmen und -ausgaben		Buchführung über alle Geschäftsfälle	
im Rahmen einer Gewinnermittlung durch		im Rahmen einer Gewinnermittlung durch	
§ 4 (3) EStG	Einnahmen-Ausgaben-Rechnung	§ 5 (1) EStG § 238 HGB ff	Betriebsvermögensvergleich nach handelsrechtlichen Grundsätzen

3.3.2 Gegenüberstellung von Einnahmen-Ausgaben-Rechnung (EÜR) und Betriebsvermögensvergleich (Bilanzierung)

Inhaltliche Unterscheidungsmerkmale (Auswahl)

Kriterium	**Einnahmen-Ausgaben-Rechnung (auch: Einnahme-Überschuss-Rechnung E-Ü-R)**	**Betriebsvermögensvergleich (Bilanzierung)**
Inventur	keine Inventur	Inventur gemäß § 240, 241 HGB
Bilanz	keine Bilanz, lediglich im Sinne eines Bestandsverzeichnisses der Vermögensgegenstände	Bilanz in Anlehnung an Gliederungsvorschriften § 266 HGB, Aktivierung bzw. Passivierung der Vermögensgegenstände
Gewinn- und Verlustrechnung (GuV)	keine GuV, lediglich eine Gegenüberstellung von Einnahmen und Ausgaben als EÜR	GuV in Anlehnung an Gliederungsvorschriften § 275 HGB, Ausweis v. Aufwendungen und Erträgen im Sinne der nachfolgenden Feststellungen

Behandlung der Wirtschaftsgüter des Umlaufvermögens (UV)	Die Anschaffungskosten der Wirtschaftsgüter des UV (z. B. Waren) sind im Zeitpunkt ihrer Bezahlung als Betriebsausgabe zu behandeln	Die Anschaffungskosten der Wirtschaftsgüter des UV (z. B. Waren) sind erst beim Ausscheiden aus dem Betriebsvermögen (z. B. Verkauf) als Aufwand zu behandeln
Zeitpunkt der Erfolgswirksamkeit sonstiger Einnahmen/Ausgaben	Zufluss-/Abflussprinzip, entscheidend ist der Zeitpunkt der Zahlung (§ 11 EStG)	Prinzip der wirtschaftlichen Zugehörigkeit, der Zeitpunkt der Zahlung ist unerheblich (§ 252 HGB)
Ausweis von Forderungen und Verbindlichkeiten	nicht notwendig, lediglich zum Zwecke einer Vermögensübersicht	Forderungen und Verbindlichkeiten sind bei allen Kreditgeschäften mit ihrer Entstehung auszuweisen
Notwendigkeit zeitlicher Erfolgsabgrenzung	keine, da Erfolgswirksamkeit in dem Jahr bewirkt wird, in dem die Zahlung erfolgt	Aktive und passive Rechnungsabgrenzung sowie sonstige Forderungen und Verbindlichkeiten, wenn das Jahr der Zahlung vom Jahr der wirtschaftlichen Zugehörigkeit abweicht [§ 250 HGB, § 5 (5) EStG]
Bildung von Rückstellungen	keine, da sich die Frage nach der wirtschaftlichen Zugehörigkeit von Aufwendungen nicht stellt	notwendig bzw. möglich in Abhängigkeit handelsrechtlicher und steuerrechtlicher Einzelregelungen [§ 249 HGB, § 5 (3),(4) EStG]
Behandlung der Umsatzsteuer	Vereinnahmte Umsatzsteuer stellen Betriebseinnahmen, verauslagte Vorsteuer stellen Betriebsausgaben dar	Umsatzsteuer und abzugsfähige Vorsteuer stellen keine Erträge oder Aufwendungen dar, sondern durchlaufende Posten
Zusatz: Behandlung der Wirtschaftsgüter des Anlagevermögens (AV)	Die Anschaffung von Wirtschaftsgütern des Anlagevermögens ist bei beiden Gewinnermittlungsarten ohne Auswirkung auf den Erfolg. Erfolgswirksam werden diese Anschaffungen erst mit der zeitanteiligen Abschreibung der Wirtschaftsgüter entsprechend ihrer Nutzung.	
	Die Regeln über die Abschreibungen von Wirtschaftsgütern des Anlagevermögens einschließlich der nach dem Steuerrecht möglichen Sofortabschreibung für sogenannte geringwertige Wirtschaftsgüter gelten für beide Gewinnermittlungsarten	

Formelle Unterscheidungsmerkmale

Kriterium	**Einnahmen-Ausgaben-Rechnung (auch: Einnahme-Überschuss-Rechnung E-Ü-R)** **§ 4 (3) EStG**	**Betriebsvermögensvergleich (Bilanzierung)** **§ 5 (1) EStG**
Umfang der Aufzeichnungen	Aufzeichnung lediglich bestimmter Arten und Gruppen von Geschäftsfällen	Buchführung über alle Geschäftsfälle, die im Unternehmen (Verein) anfallen Darüber hinaus beispielsweise:

	Beispielsweise: Betriebseinnahmen und Betriebsausgaben	• Darlehensgeschäfte • Kreditgeschäfte im Waren- und Dienstleistungsverkehr
Qualität der Aufzeichnungen	vgl. § 146 AO	Darüber hinaus: § 145 (1) AO bzw. § 238 (1) HGB Forderung nach Überschaubarkeit der Buchführung für einen sachverständigen Dritten innerhalb einer angemessenen Zeit Forderung nach Verfolgbarkeit der Geschäftsfälle in ihrer Entstehung und Abwicklung
Form der Aufzeichnungen	ohne nähere Festlegungen, in der Regel geordnet nach Einnahmen und Ausgaben	in vorgeschriebener Form in Büchern (Grund- und Hauptbuch), unter Verwendung von Konten, unterteilt nach Soll und Haben

3.4 Haftung des Vorstands

Die Pflicht zur Buchhaltung und Abgabe von Steuererklärungen liegt generell beim Vorstand als gesetzlichem Vertreter des Vereins.

Die *Mitgliederversammlung* hat gegenüber dem Vorstand die Möglichkeit zivilrechtlich vorzugehen, wenn die Rechnungslegungspflichten nicht erfüllt werden.

Dem *Finanzamt* steht eine Reihe von Mitteln zur Verfügung, um auf eine Vernachlässigung der steuerlichen Pflichten zu reagieren:

- die Schätzung der Besteuerungsgrundlagen
- die Erhebung von Säumniszuschlägen

Hinzu kommen strafrechtliche Konsequenzen und eine private Inhaftungnahme der Vorstandsmitglieder.

Für *Steuerverkürzung* durch unrichtige oder unvollständige Angaben kann eine Freiheitsstrafe bis zu 5 Jahren verhängt werden. Leichtfertige Steuerverkürzung wird als Ordnungswidrigkeit behandelt.

Straf- und ordnungsrechtlich relevant sind folgende steuerlichen Pflichten:

- Abgabe der Unsatzsteuervoranmeldungen (soweit Umsatzsteuerpflicht besteht)
- Steuererklärungen (Körperschaftsteuer, Umsatzsteuer, Gewerbesteuer)
- Abführung der Lohnsteuer bei Zahlung von Arbeitslohn

Bei vorsätzlicher oder grob fahrlässiger Verletzung der Steuerpflichten kann der Vorstand persönlich in Haftung genommen werden, d. h. Steuerschulden können aus seinem Privatvermögen eingetrieben werden.

Das gilt auch für zurückliegende Amtsperioden, wenn das Vorstandsamt inzwischen niedergelegt wurde und auch, wenn der Vorstand nur ehrenamtlich tätig ist.

4 Anforderungen an die Buchführung im Verein

Da wie ausgeführt ein Verein nicht nach handelsrechtlichen Vorschriften buchhaltungspflichtig ist und die Regelungen des BGB sehr weit gefasst sind, ergeben sich die gesetzlichen Anforderungen vor allem aus dem Steuerrecht. Die allgemeinen Regelungen dazu finden sich in der AO § 140 ff.

Hier gelten für den Verein – wie für andere Unternehmen die *Grundsätze ordnungsgemäßer Buchführung* (145 bis 147 AO).

Diese Grundsätze beinhalten im Einzelnen folgende Anforderungen:

Richtigkeit

Die Geschäftsvorfälle müssen ihrem tatsächlichen Inhalt entsprechend erfasst werden. Das bezieht sich auf Beträge ebenso wie auf die sachliche und Personenzuordnung.

Eine Buchung darf nicht nachträglich so verändert werden, dass ihr ursprünglicher Inhalt nicht mehr erkennbar ist. In einer papierbasierten Buchführung sind deshalb Radierungen, Löschen, Überkleben usw. unzulässig; in der EDV-gestützten das Überschreiben oder Löschen auf dem Datenträger.

Änderungen an ursprünglichen Buchungen werden deshalb immer in Form von *Stornobuchungen* gemacht, d. h. der erfasste Wert wird durch eine entgegengesetzte Buchung neutralisiert, die ursprüngliche Buchung bleibt erhalten.

Aus diesem Grund lassen EDV-Programme keine Löschungen vorhandener Buchungen zu.

Vollständigkeit

Alle Geschäftsvorfälle müssen lückenlos erfasst werden.

Klarheit und Nachprüfbarkeit

Die Buchführung soll so beschaffen sein, dass sie einem sachkundigen Dritten in kurzer Zeit einen Überblick über die Geschäftsvorfälle und die Geschäftsergebnisse ermöglicht. Die Geschäftsvorfälle müssen nachvollziehbar sein.

Das bedeutet u.a.:

- verwendete Kürzel müssen aufgeschlüsselt sein und einheitlich eingesetzt werden
- analoge Geschäftsvorfälle sollten in gleicher Weise erfasst werden
- die Belege müssen den Buchungen zuordenbar sein, die Erfassung muss ein leichtes Auffinden der zugehörigen Belege ermöglichen

Vor allem aber gilt: Keine Buchung ohne Beleg!

Insbesondere verbietet sich das Saldieren von Ausgaben und Einnahmen, so dürfen z. B. Zu- und Abgänge aus der Kasse nicht einfach in der Summe der Tageslosung verschwinden.

Aus der Forderung nach Klarheit und Nachprüfbarkeit ergibt sich auch, dass die Aufzeichnungen mit wachsendem Geschäftsvolumen differenzierter werden sollten.

In der Regel ist diese Anforderung mit einem ausreichend differenzierten Kontenplan gelöst.

Sammelkonten wie „Sonstige betriebliche Aufwendungen" sollten nur in geringem Umfang angesprochen werden; für häufig vorkommenden Ausgaben und Einnahmetypen sollten eigene Konten benutzt werden.

Für gemeinnützige Vereine gilt hier zusätzlich die Pflicht zur Trennung der Geschäftsvorfälle nach den steuerlichen Bereichen. D. h. für

- den ideellen Bereich
- die Vermögensverwaltung
- den Zweckbetrieb und
- die wirtschaftliche Geschäftsbetriebe

müssen die Zahlungsein- und -ausgänge getrennt geführt werden.

Hier liegt das besondere Problem der Vereinsbuchführung: Aufwendungen und Erträge müssen den steuerlichen Bereichen zugewiesen werden und analoge Konten werden für die Bereiche getrennt geführt.

Zeitfolge

Die Buchungen sollen zeitnah und in der zeitlichen Abfolge der zugrunde liegenden Geschäftsvorfälle gemacht werden.

Von diesem Grundsatz wird in der Praxis wohl am häufigsten abgewichen, indem z. B. die Buchhaltung für ganze Wirtschaftsjahre erst im Nachhinein erfolgt.

Schon aus Gründen der Rechenschaftspflicht ist das aber nicht zu empfehlen. Für fehlerhafte Belege ist nach Ablauf einer zu langen Frist nur noch schwer Ersatz zu bekommen, unklare Geschäftsvorfälle können ungleich schwerer rekonstruiert werden.

Periodengerechte Abgrenzung

Die Geschäftsvorfälle müssen in der Buchhaltung den Zeiträumen zugeordnet werden, in die sie wirtschaftlich gehören.

In aller Regel bedeutet das, dass nach Belegdatum gebucht wird. Insbesondere die falsche Zuordnung zu Wirtschaftsjahren ist zu vermeiden.

Die Grundsätze der ordnungsgemäßen Buchhaltung gelten nicht nur für ein bestimmtes Buchhaltungssystem (doppelte Buchführung), sondern für alle Buchführungssysteme und -formen.

Belege

Zu jedem Vorgang muss ein Beleg vorhanden sein. Belege sind Rechnungen, Quittungen, Tageskassenabrechnungen, Kontoauszüge usw.

Unterschieden werden

- Fremdbelege (externe Belege), also eingegangene Rechnungen, Quittungen usf. von Anderen und
- Eigenbelege (interne Belege): Ausgangsrechnungen, Kassenbelege, Gehaltslisten, Umbuchungsbelege u.a.

Dabei gilt: Fremdbelege müssen immer vom Zahlungsempfänger ausgestellt sein. Bei Fremdbelegen muss also das Original des Rechnungstellers vorhanden sein, nur in Ausnahmefällen dürfen Ersatzbelege verwendet werden.

Einfacher verhält es sich natürlich mit Eigenbelegen, die vom Verein für Dritte ausgestellt werden (z. B. Quittungen über bar bezahlte Mitgliedsbeiträge, Rechnungen für Seminargebühren usf.). Hier muss immer eine Kopie aufbewahrt und als Grundlage für die Buchhaltung verwendet werden. Natürlich dürfen solche Eigenbelege nicht nachträglich verändert werden.

Belege müssen geordnet aufbewahrt werden. In der Regel bedeutet das:

- eine Sortierung nach Datum oder nach Belegnummern, die sie über die Buchführungslisten (Kontenblätter) wieder auffindbar macht
- nach Barbelegen (Kasse) und Rechnungen getrennt
- nach Eingängen und Fremdbelegen getrennt

Gängig und sinnvoll ist folgendes Ablagesystem:

- ein eigener Ordner für eingegangene Rechnungen, nach Datum sortiert
- ein eigener Ordner für Rechnungsausgang, nach Datum sortiert
- Ordner mit Kassenbelegen, nach Datum sortiert, hier können Eigen- und Fremdbelege auch gemischt abgelegt werden
- Ordner für Kontoauszüge und Überweisungsbelege
- Anlegen mindestens eines Ordners für jedes Wirtschaftsjahr
- Trennblätter für die Kalendermonate mit entsprechender Beschriftung

Elektronische Belege

Grundsätzlich gelten für elektronische Rechnungen dieselben Aufbewahrungspflichten wie für Papierrechnungen. Auch elektronische Rechnungen müssen 10 Jahre lang aufbewahrt werden. Ihre Belege sind für die Dauer der Aufbewahrungsfrist zu archivieren.

Die Dokumente müssen während der gesamten Aufbewahrungszeit (in der Regel 10 Jahre) jederzeit verfügbar sein und unverzüglich lesbar gemacht werden können. Sie sind vor Verlust und Verfälschung zu schützen. Die Originale dürfen z. B. erst vernichtet werden, nachdem eine Datensicherung der neu archivierten Dokumente erfolgt ist.

Das gesamte Archivierungsverfahren muss ordnungsmäßig sein, also den Grundsätzen ordnungsmäßiger Buchführung entsprechen. Das bezieht sich sowohl auf die eingesetzte Technik wie auch auf die Organisation der Archivierung beim Anwender. Zur Ordnungsmäßigkeit gehört insbesondere auch eine Verfahrensdokumentation, die die Technik und die Abläufe nachvollziehbar beschreibt.

Elektronische Rechnungen müssen zwingend in dem Format archiviert werden, in dem sie eingegangen sind. Es genügt nicht, nur einen Ausdruck aufzubewahren. Die elektronischen Belege müssen während der Aufbewahrungsfrist zudem jederzeit lesbar und maschinell auswertbar sein.

Werden elektronische Rechnungen in ein betriebsinternes Format umgewandelt, sind beide Dateien miteinander zu verknüpfen und aufzubewahren.

Umsatzsteuer

Vorsteuer kann nur abgezogen werden, wenn die Umsatzsteuer in Belegen gesondert ausgewiesen ist. Der Aussteller muss auf Verlangen diesen Steuernachweis erbringen.

Eine Veränderung des Belegs durch den Empfänger ist grundsätzlich nicht zulässig.

Bei Beträgen bis 250 € (Kleinbeträge) genügt die Angabe des Steuersatzes.

Darüber hinaus sind folgenden Angaben auf Belegen zwingend erforderlich:

- Ausstellungsdatum der Rechnung
- eine einmalige und fortlaufende Rechnungsnummer (Ziffern und/oder Buchstaben). Dabei können verschiedene Nummernkreise (z. B. für verschiedene Filialen, Regionen) verwendet werden. Bei Dauerleistungen (z. B. Gerätemiete in monatlichen

Raten) können die Verträge eine einheitliche Nummer erhalten. Die einzelnen Zahlungsbelege müssen keine gesonderten fortlaufenden Nummern haben

- das nach Steuersätzen und einzelnen Steuerbefreiungen aufgeschlüsselte Entgelt für die Lieferung oder die sonstige Leistung ist anzugeben. Darüber hinaus auch jede im Voraus vereinbarte Minderung des Entgelts (Skonto usf.)
- der Steuersatz und der auf das Entgelt entfallende Steuerbetrag
- der vollständigen Name und die vollständige Anschrift von leistendem Unternehmer und Leistungsempfänger. Bei der Adresse genügt auch die Angabe eines Postfaches.
- die Steuernummer oder Umsatzsteuer-Identifikationsnummer des leistenden Unternehmers
- die Menge und die Art (handelsübliche Bezeichnung) der Ware bzw. Umfang und Art der sonstigen Leistung
- der Zeitpunkt der Lieferung oder der sonstigen Leistung; bei Anzahlungen ist die Vereinnahmung des Entgelts anzugeben, soweit dieses feststeht
- soweit die Leistung steuerfrei ist, ist auf die Steuerbefreiung hinzuweisen

Rechnungen über Kleinbeträge (bis 250 €) müssen nur folgende Angaben enthalten:

- den vollständigen Namen und die vollständige Anschrift des leistenden Unternehmers,
- das Ausstellungsdatum,
- die Menge und die Art der gelieferten Gegenstände oder den Umfang und die Art der sonstigen Leistung
- das Entgelt und den darauf entfallenden Steuerbetrag für die Lieferung oder sonstige Leistung in einer Summe
- den anzuwendenden Steuersatz oder im Fall einer Steuerbefreiung einen Hinweis darauf, dass für die Lieferung oder sonstige Leistung eine Steuerbefreiung gilt.

Der Verein sollte nur ordnungsgemäß ausgestellte Rechnungen akzeptieren und begleichen. Gebucht werden können natürlich nur Rechnungen, die an den Verein adressiert sind.

Aufbewahrungsfristen

Die Länge der Aufbewahrungsfristen hängt von der Art der Unterlagen ab. Es gelten folgende Fristen:

10 Jahre für:

- Bücher und Aufzeichnungen,
- Inventare
- Jahresabschlüsse
- Lageberichte, Tätigkeitsberichte
- die Eröffnungsbilanz
- Arbeitsanweisungen und sonstige Organisationsunterlagen
- Buchungsbelege

6 Jahre für:

- empfangene Handels- oder Geschäftsbriefe (soweit nicht Buchungsbelege)
- Wiedergaben der abgesandten Handels- oder Geschäftsbriefe (soweit nicht Buchungsbelege)

Mit Ausnahme der Jahresabschlüsse und der Eröffnungsbilanz können Unterlagen auch als Wiedergabe auf einem Bildträger oder auf anderen Datenträgern aufbewahrt werden, wenn dies den Grundsätzen ordnungsmäßiger Buchführung entspricht und sichergestellt ist, dass die Wiedergabe oder die Daten

- mit den empfangenen Handels- oder Geschäftsbriefen und den Buchungsbelegen bildlich und mit den anderen Unterlagen inhaltlich übereinstimmen, wenn sie lesbar gemacht werden,
- während der Dauer der Aufbewahrungsfrist jederzeit verfügbar sind, unverzüglich lesbar gemacht und maschinell ausgewertet werden können.

Die Aufbewahrungsfrist beginnt mit dem Schluss des jeweiligen Kalenderjahres.

Bei Außenprüfungen überprüft das Finanzamt in der Regel die zurückliegenden drei Jahre. In bestimmten Fällen wird der Prüfumfang auf fünf Jahre erweitert. Die Buchhaltungsunterlagen der letzten fünf Jahre sollten also ohne Umstände zugänglich sein.

Aufteilung von Einzelbelegen auf verschiedene steuerliche Bereiche

Wie gezeigt unterscheidet sich die Buchhaltung im gemeinnützigen Verein vor allem dadurch von der Buchhaltung gewerblicher Unternehmen, dass eine Aufteilung aller Einnahmen und Ausgaben in die steuerlichen Bereiche vorgenommen werden muss. Das bedeutet nicht nur, dass die Aufwands- und Ertragsposten diesen Bereichen zugewiesen werden müssen, sondern dass zum Teil eine Aufteilung einzelner Belege erforderlich ist. Der Betrag eines Einnahme- oder Ausgabepostens muss also bei der buchhalterischen Erfassung aufgeteilt werden.

Das gilt typischerweise vor allem für Ausgaben – die Einnahmen lassen sich in der Regel klar einem Bereich zuordnen. Aufzuteilende Posten sind vor allem:

- Mieten und Mietnebenkosten
- Büromaterial, Telefon
- Personalkosten
- Versicherungen
- Kfz-Kosten
- Betriebskosten für spezielle Anlagen

Grundsätzlich erfolgt die Aufteilung auf die steuerlichen Bereiche nach der tatsächlichen Nutzung. Soweit sich diese (wie bei Verbrauchsmaterial) nicht mengenmäßig bestimmen lässt, erfolgt sie nach Zeitanteilen. Bei Mieten und Raumkosten wird die Aufteilung – soweit möglich – nach Flächenanteilen (Quadratmetern) vorgenommen. Soweit keine genauen Nutzungsanteile ermittelt werden können, ist eine Schätzung möglich. Die so zustande gekommenen Aufteilungssätze müssen natürlich plausibel und dem Finanzamt gegenüber argumentativ zu vertreten sein.

Die Aufteilung gilt anlog für die abzugsfähige Vorsteuer. Da die Umsatzsteuer ohnehin mit der EDV-Buchung der Belege erfasst wird, entsteht hier kein zusätzlicher Aufwand. Es muss lediglich der für die Aufteilungskonten geltende Umsatzsteuer-/Vorsteuersatz (Steuerschlüssel, siehe dazu unten) eingegeben werden. Der nicht abzugsfähige Anteil der Vorsteuer wird so mit der Aufteilungsbuchung bereits berücksichtigt.

Für die auf eigene Leistungen berechnete Umsatzsteuer stellt sich das Aufteilungsproblem nicht, da die Umsätze in aller Regel eindeutig einem Bereich zugewiesen werden können. Umsatzsteuerpflicht und der Umsatzsteuersatz ergeben sich daraus eindeutig.

5 Doppelte Buchhaltung – eine Einführung

Professionelle Buchhaltung bedeutet Doppelte Buchhaltung. Zwar kommen die meisten Vereine mit einer einfachen Buchhaltung aus, alle professionellen Buchhaltungsprogramme arbeiten aber mit dem Grundverfahren der doppelten Buchhaltung – dem Buchungssatzverfahren „Soll an Haben“.

Da heute eine andere als eine EDV-gestützte Buchhaltung nicht mehr denkbar ist und moderne Buchhaltungsprogramme den Buchungsaufwand enorm reduzieren, spricht auch alles für das gängige und sehr flexible System der Doppelten Buchhaltung

Grundsätzlich besteht dieses Verfahren darin, dass die Erfassung von Geschäftsvorfällen und die Gewinnermittlung parallel auf zwei Weisen erfolgt:

- durch die Erfassung und die Saldierung von Ausgaben und Einnahmen und
- über die Erfassung (der Veränderung) der Bestände an Finanz-, Sachmitteln und Forderungen/Verbindlichkeiten.

Beispiel:

Die Zahlung eines Mitgliedsbeitrages wird sowohl über die Erfassung der Mitgliedsbeiträge (Einnahmen) als auch über die Bank (Bestand) erfasst.

Daraus ergibt sich für die Buchungen (also die Erfassung einzelner Geschäftsvorfällen), dass jeweils zwei Konten (Verzeichnisse) berührt werden. Das geschieht mit dem Buchungssatzverfahren (Soll an Haben, im obigen Fall z. B. Bank an Mitgliedsbeiträge)

Dieses Buchungssatzverfahren der Doppelten Buchführung ist für den Einsteiger zweifellos das größte Hindernis bei der Arbeit mit professioneller Buchhaltungssoftware. Die Notierung *„Soll an Haben“* (z. B. Kasse an Bank für die Buchung einer Barabhebung vom Konto) ist zunächst verwirrend und irreführend. (Warum steht die Kasse im Soll, wo doch der Kassenbestand sich erhöht?)

Wir werden aber zeigen, dass von einer für Laien zunächst recht verwirrenden Begrifflichkeit abgesehen, die Doppelte Buchführung sich schlüssig aus den Mängeln einfacher Buchhaltungssysteme ergibt und das Grundverfahren – die Erfassung der Geschäftsvorfälle auf einzelnen Konten das denkbar flexibelste und eleganteste Verfahren darstellt. Dabei gilt: Die Vorteile der Doppelten Buchhaltung zeigen sich umso deutlicher, je größer die Zahl der Buchungen und der verschiedenen Geschäftsvorfälle ist.

Das denkbar einfachste praktikable Buchführungsverfahren hätte etwa folgende Form – eine einfache tabellarische Aufzeichnung der Einnahmen und Ausgaben:

Nr.	Datum	Geschäftsvorfall	Zugang	Abgang
1	21.03.2018	Mitgliedsbeitrag Müller	55,00	
2	22.03.2018	Büromaterial		29,98
3	24.03.2018	Spende Schulze	100,00	
4	26.03.2018	Telefonrechnung März		123,86
5	28.03.2018	Mitgliedsbeitrag Meier	55,00	
6	29.03.2018	Trainerhonorar Köpke		580,00
7	30.03.2018	Miete April		1.500,00
		Summen	**210,00**	**2.233,84**

Die tabellarische Form ergibt sich aus der einheitlichen Struktur der Geschäftsvorfälle (Datum, Gegenstand, Betrag usf.), der erforderlichen Übersichtlichkeit und der Notwendigkeit, Beträge saldieren zu müssen. Damit haben wir bereits die Grundform auch der Doppelten Buchhaltung: die tabellarische Erfassung von Beträgen auf Kontenblättern.

Nach Möglichkeit würde eine solche Tabelle natürlich nicht auf Papier, sondern mit Hilfe eines Tabellenkalkulationsprogramms geführt werden.

In Form von Kassenbüchern sind solche Aufzeichnungen durchaus sinnvoll. Die Mängel dieses Verfahrens liegen aber auf der Hand:

Alle Einnahmen und Ausgaben werden zusammen erfasst; eine summarische Auswertung nach Mittelherkunfts- und Verwendungsarten ist damit nicht möglich (Die steuerlichen Vorschriften verbieten zudem wie gezeigt eine Saldierung von Ausgaben und Einnahmen bei der Erfassung).

Selbst für eine minimale Unterscheidung der Einnahmen, Kosten und Erträge reicht das nicht aus.

Wir brauchen also ein Verfahren in dem Einnahmen (Erlöse) und Ausgaben (Kosten) nach sachlichen Kriterien getrennt erfasst werden. Dazu können wir in der obigen Tabelle weitere Spalten (jeweils getrennt nach Einnahmen und Ausgaben) einfügen. Das könnte so aussehen:

			Spenden		**Beiträge**		**Bürokosten**		**Gehälter**	
Nr.	Datum	Geschäftsvorfall	Zugang	Abgang	Zugang	Abgang	Zugang	Abgang	Zugang	Abgang
1	21.03.2018	Mitgliedsbeitrag Müller			55,--					
2	22.03.2018	Büromaterial						29,98		
3	24.03.2018	Spende Schulze	100,00							
4	26.03.2018	Telefonrechnung						123,86		
5	28.03.2018	Mitgliedsbeitrag Meier								
6	29.03.2018	Trainerhonorar Köpke								580,00
7	30.03.2018	Miete April								
		Summen	**100,00**		**55,00**			**153,84**		**580,00**

Diese Form der Aufzeichnung war bis zur Einführung der EDV-Buchhaltung wirklich gängig. Sie wird als „Amerikanisches Journal“ bezeichnet.

Die Mängel sind auch hier schnell klar: Eine halbwegs sinnvolle Unterscheidung nach Kosten und Ertragsarten erfordert mehrere Dutzend Spalten. So wird das System bald völlig unübersichtlich.

Zudem haben wir hier noch nicht danach unterschieden, ob die Einnahmen und Ausgaben bar (Kasse) oder unbar (Bank) erfolgen. Es wird also lediglich nach Einnahmen (Erträgen) und Ausgaben (Aufwand) unterschieden. Bestände (Kasse, Bank oder z. B. offene Forderungen) werden nicht erfasst.

Zwar könnte das in der obigen Tabelle durch Einfügen weiterer Spalten bewältigt werden, damit wäre das System aber vollends unpraktikabel.

Aus diesem Grund hat sich folgendes System durchgesetzt, das auch in modernen EDV-Finanzbuchhaltungsprogrammen verwendet wird:

Alle Einnahmen- und Ausgabenarten werden in getrennten Tabellen erfasst und zwar sowohl nach der Art der Ausgaben oder Einnahmen, also auch nach der Art des Zu- oder Abflusses (hier zunächst über Kasse und Bank).

Diese einzelnen Tabellen werden als *Konten* bezeichnet. Ein Konto ist in der Buchhaltung also ein Verzeichnis identischer oder zumindest ähnlicher Geschäftsvorfälle.

Einträge in die jeweiligen Konten nennt man *Buchungen.*

Es gäbe also z. B. ein Konto Mitgliedsbeiträge, Spenden aber auch Büromaterial oder Honorare, ein Konto Kasse, natürlich auch ein Konto Bank, evtl. sogar mehrere, wenn unser Verein über mehr als ein Bankkonto verfügt, usw.

Dabei werden zwei Kontenarten unterschieden:

Erfolgskonten: hier werden Kosten und Erträge erfasst. Unterteilt werden sie in

- Aufwandskonten für Kosten, also z. B. Verbrauchsmaterial, Gehälter, Mieten usf.
- Ertragskonten also Einnahmen wie Spenden, Mitgliedsbeiträge usf.

Bestandskonten: z. B. Finanzbestände wie Kasse und Bank oder Darlehen, aber auch Betriebsausstattung (Sachanlagen) oder Warenbestände u.a.m.

Dabei wird noch unterschieden zwischen

- aktiven Bestandskonten: Bestände die eigenes (auch evtl. noch ausstehendes) Vermögen darstellen z. B. Kasse, Bank, Wertpapiere, Gebäude, Betriebsausstattung, Forderungen an Kunden oder Mitglieder usf.
- passiven Bestandskonten: Bestände die fremdes (zu zahlendes) Vermögen darstellen, z. B. offene Forderungen von Lieferanten, Bank- und andere Kredite, Steuerrückstände

In Papierform ist das oben dargestellte Verfahren natürlich auch nicht gerade übersichtlich, bis zur Einführung der EDV-gestützten Buchhaltung wurde aber in der Tat so gearbeitet – die dafür nötige Akribie prägt bis heute das Bild eines typischen Buchhalters.

In der EDV-Buchhaltung nimmt uns die Software das Verwalten hunderter oder sogar tausender Kontentabellen ab, die im Kontenrahmen (der Auflistung der einzelnen Kontentabellen) organisiert sind.

Zurück zu unseren Kontentabellen.

Am Beispiel des Kontos „Mitgliedsbeiträge“ sieht die Erfassung des Geschäftsvorfalls „Zahlung des Mitgliedsbeitrages“ so aus:

Mitgliedsbeiträge

Belegdatum	Belegnr.	Buchungstext	Zugang	Abgang
21.03.2010	55	Mitgliedsbeitrag Schulze 2010	55,00	
21.03.2010	56	Mitgliedsbeitrag Müller 2010	45,00	

Zusätzlich zu den Sachbezeichnungen werden die Konten mit Nummern versehen – aus dem einfachen Grund, dass Nummern in die EDV einfacher eingegeben werden können als Wörter.

Das Konto „Mitgliedsbeiträge" z. B. hat im für Vereine gängigen Kontenplan (SKR 49 der DATEV, dazu später Näheres) die Nummer 2110.

Noch nicht erfasst haben wir, wohin das Geld floss (Kasse oder Bank).

Gehen wir davon aus, dass die Beiträge per Banküberweisung erfolgten, sähe unser Konto Bank (die Kontonummer ist 945) so aus:

Bank (945)

Belegdatum	Belegnr.	Buchungstext	Zugang	Abgang
21.03.2010	55	Mitgliedsbeitrag Schulze 2010	55,00	
21.03.2010	56	Mitgliedsbeitrag Müller 2010	45,00	

Wir haben also neben der Art der Einnahme (Mitgliedsbeitrag) auch erfasst, wohin das Geld floss (Bank). Sowohl der Ertrag als auch die Bestandsänderung wurde verbucht.

Jede Buchung wird also auf zwei Konten erfasst.

Damit haben wir – von einigen Begrifflichkeiten abgesehen – das Prinzip der Doppelten Buchhaltung erfasst.

Es werden – daher die Bezeichnung doppelt – die Geschäftsvorfälle auf zwei Konten erfasst. Wobei nicht immer Erfolgs- und Bestandskonten berührt werden müssen, es können auch Buchungen zwischen zwei Bestands- oder Erfolgskonten vorgenommen werden; z. B. bei einer Barabhebung vom Bankkonto für die Kasse.

Das ermöglicht zum einen eine laufende Übersicht über das vorhandene Vermögen (in Geld- oder Sachform), bietet daneben aber eine zweifache Ermittlung des Betriebsergebnisses (Gewinn oder Verlust).

Summiert man nämlich die Bestandsänderungen, muss sich der gleiche Wert ergeben wie beim Vergleich von Aufwand und Ertrag.

Wir müssen aber – um zur in der Buchhaltung gängigen Begrifflichkeit zu kommen – etwas Verwirrung stiften:

Statt der Spalten Zugang und Abgang werden in der Doppelten Buchhaltung die Begriffe Soll und Haben verwendet – leider ganz anders als im Alltag.

An die Konventionen der Buchhalter angepasst sieht unser Konto Bank so aus:

Bank (945)

Belegdatum	Belegnr.	Buchungstext	Gegenkonto	Soll	Haben
21.03.2010	55	Mitgliedsbeitrag Schulze 2018	2110	55,00	
21.03.2010	56	Mitgliedsbeitrag Müller 2018	2110	45,00	

Zunächst haben wir noch eine Spalte „Gegenkonto" eingefügt. Das ist sinnvoll, denn so ist sofort ersichtlich, wie die Zahlungen auf der Ertrags- und Aufwandsseite zugeordnet wurde, ohne dass das im Buchungstext beschrieben werden müsste. Jede Buchung ist aus *einem* Kontenblatt rekonstruierbar.

Aufgefallen ist Ihnen aber sicher, dass entgegen dem Alltagsgebrauch der Begriffe die Spalte „Zugang" in „Soll" und die Spalte „Abgang" in Haben umbenannt wurde – das ist kein Fehler.

Leider lässt sich mit gesundem Menschenverstand nur schwer erklären, warum diese Benennung so benutzt wird. Wir verzichten auf eine Erklärung und belassen es bei einer simplen aber wichtigen Merkregel:

Auf aktiven Bestandskonten werden Zugänge im Soll gebucht, Abgänge im Haben.

Die Notierung der Buchung erfolgt dabei immer nach dem Schema *Soll an Haben*. Das Konto, auf dem im Soll gebucht wurde, steht immer vorn.

„Bank an Mitgliedsbeiträge" bedeutet also: Auf den Bankkonto wurde im Soll gebucht auf Mitgliedsbeiträgen im Haben – also ein Geldzufluss auf dem Bankkonto.

Das Gegenkonto (Mitgliedsbeiträge) hat dann folgendes Aussehen:

Mitgliedsbeiträge (2110)

Belegdatum	**Belegnr.**	**Buchungstext**	**Gegenkonto**	**Soll**	**Haben**
21.03.2018	55	Mitgliedsbeitrag Schulze 2018	945		55,00
21.03.2018	56	Mitgliedsbeitrag Müller 2018	945		45,00

Wir haben es hier mit einem Ertragskonto zu tun. Hier gilt eine entsprechende Merkregel:

Auf Ertragskonten werden Zugänge (Ertragsmehrungen) im Haben gebucht, Abgänge (Ertragsminderungen) im Soll.

Um die Liste der Buchungsmerkregeln zu komplettieren, fehlen uns nur noch Buchungen auf passiven Bestandskonten und Aufwandskonten

Zunächst zu den Aufwandskonten:

Wir kaufen für unseren Verein in bar Büromaterial für 24,50 €. Das Buchungsverfahren auf der Kassenseite kennen wir schon: Der Abgang steht im Haben (!).

Die Kasse trägt in unserem Kontenplan die Kontennummer 1000. Der Buchungssatz lautet:

Büromaterial (2701) an Kasse (1000)

Kasse (920)

Belegdatum	**Belegnr.**	**Buchungstext**	**Gegenkonto**	**Soll**	**Haben**
21.03.2018	56	Büromaterial	2701		24,50

Die Gegenseite sieht demzufolge so aus:

Büromaterial (2701)

Belegdatum	**Belegnr.**	**Buchungstext**	**Gegenkonto**	**Soll**	**Haben**
21.03.2018	56	Büromaterial	920	24,50	

Die Zuweisung zu Soll und Haben auf dem Konto Büromaterial ist zwingend, da das Bestandskonto Kasse im Haben stehen musste, steht Büromaterial im Soll.

Es ergibt sich folgende Merkregel:

Auf Aufwandskonten werden Zugänge (Aufwandsmehrungen) im Soll gebucht, Abgänge (Aufwandsminderungen) im Haben.

Fehlen zu guter Letzt noch Buchungen auf passive Bestandskonten. Ein solches wäre z. B. Verbindlichkeiten gegenüber Kreditinstituten.

Unser Verein nimmt bei der Bank einen Kredit über 5.000 € auf, um eine EDV-Ausstattung zu kaufen.

Der Buchungssatz lautet: Bank (945) an Darlehen (1320)

Das Kontenblatt Bank sieht hier so aus

Bank (945)

Belegdatum	Belegnr.	Buchungstext	Gegenkonto	Soll	Haben
28.03.2018	57	Bankdarlehen	1320	5,000,00	

Das Gegenkonto Darlehen entsprechend: *Darlehen (1320)*

Belegdatum	Belegnr.	Buchungstext	Gegenkonto	Soll	Haben
28.03.2018	57	Bankdarlehen	945		5,000,00

Unsere letzte Merkregel lautet entsprechend:

Auf passiven Bestandskonten werden Zugänge im Haben gebucht, Abgänge im Soll.

Wir haben damit alle Grundregeln zusammengestellt, die wir für den Buchungsalltag benötigen. Eine Vielzahl von Geschäftsvorfällen lässt sich damit bereits verbuchen. Spezielle Fälle werden wir im praktischen Teil dieses Buches gesondert behandeln.

Noch einmal die Buchungsregeln in der Übersicht:

Kontenart	**Buchen von**		**Beispiel**
	Zugängen	**Abgängen**	**Soll an Haben**
aktives Bestandskonto z. B. Bank, Kasse	Soll	Haben	Barabhebung vom Konto Kasse an Bank
passives Bestandskonto z. B. erhaltene Darlehen	Haben	Soll	Auszahlung eines Darlehens Bank an Darlehen
Aufwandskonto z. B. Gehälter	Soll	Haben	Überweisung des Nettogehaltes Löhne und Gehälter an Bank
Ertragskonto z. B. Spenden	Haben	Soll	Spendeneinzahlung auf Bankkonto Bank an Spenden

Tipp:

Die meisten Buchungen haben Bank oder Kasse als ein Gegenkonto. Es genügt also meist, wenn Sie sich die Buchungsregel für aktive Bestandskonten merken, ob also Bank/Kasse im Soll oder Haben stehen, das Gegenkonto ist dann automatisch richtig platziert.

Hier liegt übrigens ein großer Vorteil der EDV-Buchhaltung: Unzulässige Buchungen sind technisch nicht möglich, es können also nur Fehler bei der Auswahl der Konten und bei der Zuweisung zu Soll und Haben gemacht werden.

Das Arbeiten mit dem Buchungssatzverfahren wird zunächst sicher noch Schwierigkeiten bereiten. Wir haben deshalb zur Erleichterung des Einstiegs und der täglichen Buchungsarbeit im Anhang eine Kontierungsliste für die wichtigsten Buchungen zusammengestellt

6 Der Kontenrahmen

Eine sachgerechte Erfassung und sinnvolle Auswertung der zu buchenden Geschäftsvorfälle erfordert eine Vielzahl von Konten. Kontenrahmen dienen dazu, die Konten systematisch zu ordnen.

Es gibt zwar keine steuerrechtliche Verpflichtung zur Nutzung bestimmter Kontenrahmen, vorgeschrieben ist lediglich, die Aufzeichnungen geordnet vorzunehmen. Dabei wird sich aber der Kontenplan (also die konkrete Aufteilung und Ordnung der Konten in einem bestimmten Verein) nicht nach den steuerlichen Mindesterfordernissen, sondern nach den Informations- und Organisationsbedürfnissen des Vereins richten.

Kontenrahmen schaffen Ordnung in der Buchführung: Sie legen fest, wie die Geschäftsvorfälle verbucht werden und nehmen dazu eine Einteilung der Konten in Kontenklassen vor. In jeder Kontenklasse finden sich Kontengruppen und einzelne Konten.

Die DATEV e.G. stellt über 20 Spezialkontenrahmen zur Verfügung, um branchenspezifischen Erfordernissen gerecht zu werden. Diese standardisierten Kontenrahmen können natürlich geändert oder durch individuelle Konten bzw. Kontennamen erweitert oder ergänzt werden. So wird aus dem Kontenrahmen der Kontenplan.

Es gilt in der Regel: Je genauer ein Kontenrahmen auf die Belange einer Organisation zugeschnitten ist, desto besser sind die Informationen, die die Buchführung liefert. Bei der DATEV ist eine Reihe von Kontenrahmen verfügbar.

Der Kontenrahmen sollte vor allem als Orientierungshilfe verstanden werden. Kein Verein wird alle Konten – oder auch nur alle Kontenklassen – benötigen. Der Sportbereich ist im DATEV-Kontenrahmen mit zwei Kontenklassen überproportional stark abgebildet. Der Grund dafür ist natürlich, dass Sportvereine das Gros der deutschen Vereine – vor allem der Großvereine ausmachen.

In gemeinnützigen Organisationen stellt die getrennte Erfolgsrechnung – also die Aufteilung aller Einnahmen und Ausgaben auf ideellen Bereich, Vermögensverwaltung, Zweckbetriebe und steuerpflichtige wirtschaftliche Geschäftsbetriebe besondere Anforderungen an die Kontierung. Der Kontenplan muss das widerspiegeln. Grundsätzlich gibt es für die systematische Aufteilung in die steuerlichen Bereiche durch den Kontenplan zwei Möglichkeiten:

1. Die Konten werden zunächst nach den steuerlichen Bereichen in Klassen gegliedert und dort finden sich jeweils analoge Konten für zusammengehörige Ausgaben und Einnahmen. Diesem Prinzip folgt der DATEV-Kontenrahmen SKR 49.

2. Die Kontenklassen werden (wie das bei der Kontierung im gewerblichen Bereich üblich ist) nach Aufwands- und Ertragsarten getrennt. Für die steuerlichen Bereiche werden dann jeweils gleiche Sachkonten „nebeneinander" gestellt.

Für die Bestandskonten (Finanzkonten, Anlagevermögen, Verbindlichkeiten usf.) ist eine Trennung nach steuerlichen Bereichen nicht erforderlich.

Für Vereine und gemeinnützige Körperschaften bietet die DATEV den SKR (Sonderkontenrahmen) 49 (Branchenlösung für Vereine/Stiftungen) an. Er hat sich mittlerweile zu Quasistandard entwickelt (Der SKR 99 (Spezialkontenrahmen zur Gemeinnützigkeit) wird seit 2005 nicht mehr gepflegt.)

Der SKR 49 nimmt die steuerlichen Bereiche als Grundgliederung (Kontenklassen). Die entsprechenden Aufwands- und Ertragskonten wiederholen sich in den Kontenklassen, wie im Folgenden am Beispiel der Verbuchung von Ausgaben für Büromaterial gezeigt wird:

Aufbau des DATEV-Vereinskontenrahmens SKR 49	
Kontenklasse	Kontenarten
0	Bestandskonten Aktiva
1	Bestandskonten Passiva
2	ideeller Bereich *2701 Büromaterial*
3	ertragsneutrale Posten
4	Vermögensverwaltung *4901 Sonst. Kosten*
5	Zweckbetrieb Sport *5575 Verwaltungskosten*
6	andere Zweckbetriebe *6340 Verwaltungskosten*
7	wirtschaftlicher Geschäftsbetrieb Sport *7404 Verwaltungskosten*
8	übrige wirtschaftliche Geschäftsbetriebe *8310 Büromaterial*
9	Vortragskonten, statistische Konten
10000 - 69999	Personenkonten: Debitoren
70000 - 99999	Personenkonten: Kreditoren

Eigens ausgewiesen sind im SKR 49 die Bereiche *Zweckbetrieb Sport* und *wirtschaftlicher Geschäftsbetrieb Sport*, weil die steuerliche Einordnung von Amateur- und Profisport unterschiedlich ist und nach § 67a AO eine Wahlmöglichkeit für die Zweckbetriebszuordnung besteht. Die Einhaltung der 45.000-€-Grenze beim Einsatz bezahlter Sportler muss dann eigens (durch getrennte Verbuchung) nachgewiesen werden.

Der gravierende Nachteil des SKR 49 ist, dass unabhängig davon, ob ein Verein wirklich in allen steuerlichen Bereichen Einnahmen und Ausgaben hat, ein großer Überhang an Konten mitgeschleppt wird. Die meisten Vereine z. B. werden im Bereich der Vermögensverwaltung nur Zinseinnahmen zu verbuchen haben. Die Einrichtung einer eigenen Kontenklasse rechtfertigt das kaum. Hinzu kommt, dass Sportvereine in beiden Kontenrahmen schwerpunktmäßig berücksichtigt sind. Das ist angesichts der Tatsache, dass mehr als die Hälfte der eingetragenen Vereine in Deutschland Sportvereine sind, angemessen, nützt aber z. B. einem Tierschutzverein bei seiner Buchhaltung nicht.

Eine alternative Lösung ist hier die Verwendung eines "klassischen" Kontenrahmens aus dem gewerblichen Bereich, z. B. des sehr häufig benutzten SKR 03. Das hat zudem den Vorteil, dass buchhalterisch bereits erfahrene Vereinsmitarbeiter/innen sich bei der Kontierung nicht völlig umstellen müssen.

Die Spezifik eines Vereinskontenrahmens

Worin unterscheiden sich die Anforderungen an einen Kontenrahmen für einen Verein von Kontenrahmen für gewerbliche Unternehmen?

Zum einen natürlich in einer Reihe von Einzelkonten (z. B. Mitgliedsbeiträge, Spenden) die andere Organisationen nicht benötigen.

Dazu kommt vor allem, dass in gemeinnützigen Vereinen die Aufteilung der Einnahmen und Ausgaben auf die steuerlichen Bereiche erfolgen muss. Das führt dazu, dass viele Konten (z. B. Lohn und Gehalt, Büromaterial, Porto, Mieten usf.) mehrfach vorkommen, nämlich jeweils separat für jeden steuerlichen Bereich.

Hinzu kommen Aufteilungsposten: Bestimmte Aufwendungen und Einnahmen müssen zwischen steuerlichen Bereichen aufgeteilt werden. Das lässt sich so lösen, dass sie zunächst auf gesonderten Konten erfasst werden und später (oft nach einem erst nachträglich festgelegten Aufteilungsschlüssel) den Sachkonten der jeweiligen steuerlichen Bereiche zugewiesen werden. Da Aufteilungskonten nicht für jede Art von Aufwendung und Einnahme geführt werden können, werden Sammelkonten eingesetzt. Das kann freilich dazu führen, dass viele einzelne Buchungen nachträglich aufgeteilt werden müssen.

Die Aufteilung zwischen steuerlichen Bereichen ist auch für die Umsatzsteuer erforderlich. Es müssen also nicht nur für die beiden Umsatzsteuer- und Vorsteuersätze (7% und 19%) Konten vorhanden sein, sondern diese werden noch einmal unterteilt für die verschiedenen steuerlichen Bereiche. Da der ideelle Bereich als nichtunternehmerischer Bereich nicht umsatzsteuerpflichtig ist, müssen also für

- die Vermögensverwaltung
- die Zweckbetriebe und
- die wirtschaftlichen Geschäftsbetriebe

jeweils Umsatzsteuerkonten und Vorsteuerkonten vorhanden sein.

Teilweise sind die Umsätze der Zweckbetriebe in (gemeinnützigen) Vereinen umsatzsteuerbefreit. Es kommt dadurch zu einem nebeneinander von steuerbefreiten und steuerpflichtigen Einnahmen und demzufolge zu einer nur teilweisen Vorsteuerabzugsberechtigung. Der SKR 49 bildet dass in einer Doppelung der Kontenbereiche im Zweckbetriebsbereich (6000 = Sonstige Zweckbetriebe) ab. Im Bereich 6000-6499 werden die steuerpflichtigen im Bereich 6500-6999 die steuerpflichtigen Einnahmen und Ausgaben erfasst.

Personenkonten

Personenkonten dienen dazu, offene Rechnungen von und an bestimmte Personen/-Unternehmen zu verwalten. Eine Pflicht zur Führung von Personenkonten besteht für Vereine nicht. Üblich ist das Verfahren vor allem in bilanzierenden Organisationen.

Unterschieden werden *Debitoren* (= Schuldner), die also offene Rechnungen bei unserem Verein haben und *Kreditoren* (= Gläubiger), denen unser Verein die Bezahlung von Rechnungen schuldet.

Der Vorteil von Personenkonten ist folgender: Offene Forderungen und Verbindlichkeiten werden andernfalls – bei direkter Buchung auf die Konten kurzfristige Verbindlichkeiten und Forderungen – nur gesammelt erfasst. Wie hoch die Außenstände bei einzelnen Kunden bzw. die Verbindlichkeiten an einzelne Gläubiger sind, kann so nicht ermittelt werden. Auch ist das Ausbuchen auf solchen Sammelkonten mühsamer, da die einzelnen Posten in der Vielzahl der Buchungen schwerer auffindbar sind

Mit Hilfe der Personenkonten werden Forderungen und Verbindlichkeiten nach einzelnen Debitoren bzw. Kreditoren getrennt. Der Vorteil der EDV-Buchhaltung ist dabei, dass die gesammelte Erfassung der Forderungen und Verbindlichkeiten beim Buchen auf Personenkonten automatisch erfolgt, also kein zusätzlicher Buchungsaufwand erforderlich ist.

Kontenrahmen und Auswertungen

Der Vorteil der EDV-gestützten Buchhaltung besteht nicht nur in der vereinfachten Erfassung von Geschäftsvorfällen und der automatischen Saldierung, sondern vor allem in der automatischen *Auswertung* der erfassten Daten.

Auswertung bedeutet hier die Zusammenfassung der Salden der einzelnen Konten in:

- Einnahme-Überschuss-Rechnung (bei einfacher Buchhaltung)
- Gewinn- und Verlust-Rechnung
- Bilanz
- Umsatzsteuervoranmeldung, und -jahreserklärung.

Diese Auswertungen sind für die Steuerklärungen bzw. den handelsrechtlichen Jahresabschluss erforderlich.

Dazu kommen je nach Ausstattung der Software weitere Auswertungen wie

- BWA (betriebswirtschaftliche Auswertung)
- betriebliche Kennziffern
- Kostenstellenrechnung/Kostenstatistik
- Bewegungsbilanz,

die wir hier beiseitelassen, weil sie steuer- und handelsrechtlich nicht erforderlich sind, sondern lediglich betrieblichen Informationsbedürfnissen dienen.

Das Prinzip der Auswertungen in der Buchhaltungssoftware ist im Grunde recht einfach: Jedes Konto wird einem Posten in den entsprechenden Auswertungen zugewiesen. Der Saldo des jeweiligen Kontos wird dann in der Auswertung erfasst und summiert. Das Problem bei der Einrichtung von Software und Kontenrahmen liegt lediglich bei der Zuordnung der Konten zu den Auswertungen. Ist die Einrichtung gemacht, erfolgen die Auswertungen automatisch.

Anpassen des Kontenrahmens

Da Tätigkeitsfelder und Geschäftsbereiche von Vereinen sehr unterschiedlich sind, kommt man nur in wenigen Fällen ohne eine Anpassung des Kontenrahmens aus. Am ehesten dürften Sportvereine ohne nennenswerte Änderungen den Kontenrahmen der DATEV übernehmen können. Für andere Vereinssparten wird meist eine Anpassung erforderlich sein.

7 Aufbau der Einnahmen-Überschuss-Rechnung

Für gemeinnützige Körperschaften gilt nach § 63 Abs. 3 AO eine besondere Aufzeichnungspflicht – unabhängig von sonstigen Rechnungslegungspflichten. Sie müssen durch „durch ordnungsmäßige Aufzeichnungen über ihre Einnahmen und Ausgaben" nachweisen, dass ihre tatsächliche Geschäftsführung „auf die ausschließliche und unmittelbare Erfüllung der steuerbegünstigten Zwecke gerichtet" ist.

Grundsätzlich wird diese Anforderung durch eine Einnahmen-Überschuss-Rechnung (EÜR) erfüllt. Da steuerpflichtige wirtschaftliche Geschäftsbetriebe und die Vermögensverwaltung nicht unmittelbar den steuerbegünstigten Zwecken dienen, müssen sie schon wegen dieser Abgrenzung in der Ergebnisrechnung getrennt geführt werden. In der Praxis werden zudem die Einnahmen und Ausgaben der Zweckbetriebe getrennt dargestellt.

Bilanzierende Vereine bzw. gemeinnützige GmbH sind an die Gliederungsvorgaben der Gewinn- und Verlustrechnung gebunden. Die gemeinnützigkeitsrechtlichen Nachweispflichten (Gliederung in die steuerlichen Sphären) müssen dann in einer Nebenrechnung ergänzt werden oder die GuV-Posten werden jeweils in die steuerlichen Bereiche unterteilt.

Beispiel für eine Einnahmen-Ausgaben-Rechnung nach gemeinnützigkeitsrechtlichen Kriterien

	ideeller Bereich	**Vermögens-verwaltung**	**Zweck-betrieb**	**wirtschaftlicher Geschäftsbetrieb**
Einnahmen				
Mitgliedsbeiträge	5.000,00			
Spenden	4.000,00			
Eintrittsgelder			41.000,00	
Zuschüsse	5.000,00			
Verkauf von Speisen und Getränken				27.000,00
Zinserträge		450,00		
vereinnahmte Umsatzsteuer				5.130,00
Summe	*14.000,00*	*450,00*	*41.000,00*	*27.000,00*
Aufwendungen				
Mitgliederverwaltung	600,00			
Kulturbetrieb			14000	
Wareneinkauf				4.500,00
Personalkosten	3.000,00		9000	4.500,0
Beiträge und Versicherungen	250,00		500	250,00
Bürobedarf, Porto, Telefon	1.200,00		2100	400,00
Mieten	2.000,00		6000	5.000,00
Abschreibungen				
sonst. Aufwendungen	500,00		650	680,00
verauslagte Vorsteuer				1.320,00
Umsatzsteuervorauszahlungen				3.810,00
Summe	*7.550,00*		*32.250,00*	*20.460,00*
Überschuss/Fehlbetrag	**6.450,00**	**450,00**	**8.750,00**	**6.540,00**

Einnahmen-Überschuss-Rechnung – ausführliches Schema

A. Ideeller Bereich

Einnahmen aus ideellem Bereich
- Beiträge
- Aufnahmegebühren
- Spenden
- Zuschüsse
- Schenkungen, Erbschaften
- sonst. Einnahmen

Ausgaben ideeller Bereich
- Materialaufwand und Aufwendungen für bezogene Leistungen
- Personalkosten
- Beiträge und Versicherungen
- Raumkosten
- Mieten für Einrichtungen
- Bürobedarf, Porto, Telefon
- Abschreibungen
- sonstige Aufwendungen

Überschuss/Verlust ideeller Bereich

B. Vermögensverwaltung

Einnahmen der Vermögensverwaltung
- Zinseinnahmen
- Miet-/Pachteinnahmen
- Erträge aus Wertpapieren
- Verkaufserlöse
- Sonstige Einnahmen

Ausgaben Vermögensverwaltung
- Nebenkosten des Geldverkehrs
- Kosten Gebäude
- Kosten Finanzanlagen
- sonstige Ausgaben

vereinnahmte Umsatzsteuer Vermögensverwaltung
verauslagte Vorsteuer Vermögensverwaltung
Umsatzsteuerzahlungen Vermögensverwaltung
Überschuss/Verlust Vermögensverwaltung

C. Zweckbetriebe

I. Zweckbetrieb sportliche Veranstaltungen

Einnahmen
- Eintrittsgelder
- Teilnehmergebühren/Startgelder
- Einnahmen aus Sportreisen
- Platzgebühren/Hallengebühren
- Sonstige Einnahmen

Ausgaben
- Personalkosten
- Raumkosten
- Kosten der Sportanlagen u. Sportstätten
- Kosten der Sportveranstaltungen
- Fahrzeug-Kosten
- Betriebskosten für Ausstattungen
- Mieten für Einrichtungen
- Bürobedarf, Porto, Telefon
- Abschreibungen
- Sonstige Kosten

II. Zweckbetrieb kulturelle Veranstaltungen/Einrichtungen

Einnahmen
- Eintrittsgelder
- Teilnehmergebühren
- Veräußerungserlöse
- Einnahmen aus Unterricht
- Sonstige Einnahmen

Ausgaben
- Personalkosten
- Materialaufwand und Aufwendungen für bezogene Leistungen
- Raumkosten
- Mieten für Einrichtungen
- Beiträge, Gebühren, Versicherungen
- Fahrzeug-Kosten
- Betriebskosten für Ausstattungen
- Mieten für Einrichtungen
- Bürobedarf, Porto, Telefon
- Abschreibungen
- sonstige Aufwendungen

III. Zweckbetrieb kurzfristige Vermietung von Anlagen/Geräten an Mitglieder

Einnahmen
- Einnahmen Vermietung Sportstätten an Mitglieder auf kurze Zeit
- Sonstige Einnahmen

Ausgaben

IV. Sonstige Zweckbetriebe

Einnahmen
 Einnahmen aus belehrenden Veranstaltungen
 Einnahmen aus Lotterien/Tombolen
 Sonstige Einnahmen
Ausgaben
 Ausgaben Lotterien/Tombolen
 Ausgaben sonstige Zweckbetriebe
vereinnahmte Umsatzsteuer Zweckbetriebe
verauslagte Vorsteuer Zweckbetriebe
Umsatzsteuerzahlungen Zweckbetriebe
Überschuss/Verlust Zweckbetriebe

D. Wirtschaftlicher Geschäftsbetriebe

I. Wirtschaftlicher Geschäftsbetrieb Sport

Einnahmen
 Eintrittsgelder
 Teilnehmergebühren/Startgelder
 Einnahmen aus Ablösesummen
 Einnahmen aus Fußballspielen mit Lizenzspielern
 Werbeeinnahmen
 Vermietung von Sportstätten und Geräten
 Sonstige Einnahmen
Ausgaben
 Hilfs- und Betriebsstoffe
 Fremdleistungen
 Personalkosten
 Raumkosten
 Kosten der Sportanlagen u. Sportstätten
 Kosten der Sportveranstaltungen
 Fahrzeug-Kosten
 Betriebskosten für Ausstattungen
 Mieten für Einrichtungen
 Bürobedarf, Porto, Telefon
 Abschreibungen
 Betriebliche Steuern
 Sonstige Kosten

II. Sonstige wirtschaftliche Geschäftsbetriebe

Einnahmen
 Eintrittsgelder aus geselligen Veranstaltungen
 Erlöse aus Handelswaren
 Sonstige Einnahmen wirtschaftlicher Geschäftsbetrieb
Ausgaben
 Waren
 Personalkosten
 Raumkosten

Mieten für Einrichtungen
Fahrzeug-Kosten
Abschreibungen
Betriebliche Steuern
Sonstige Kosten

vereinnahmte Umsatzsteuer wirtschaftliche Geschäftsbetriebe
verauslagte Vorsteuer wirtschaftliche Geschäftsbetriebe
Umsatzsteuerzahlungen wirtschaftliche Geschäftsbetriebe
Überschuss/Verlust Zweckbetriebe

Jahresüberschuss/-fehlbetrag

8 Besonderheiten der Buchhaltung in gemeinnützigen Organisationen

8.1 Spenden

Der Verein muss die erhaltenen Spenden in seinen Aufzeichnungen getrennt nachweisen. Das kann z. B. über ein „Spendenbuch“ geschehen, in dem Datum, Art der Spende, Höhe des Betrages und der Spender verzeichnet sind. Ausreichend ist aber auch ein entsprechendes Sachkonto in der EDV-Buchhaltung, das ausreichend detailliert geführt wird.

Wegen der Besonderheiten – besonders bei den Nachweispflichten – ist unbedingt zu empfehlen Geldspenden, Sachspenden und Aufwandsspenden getrennt zu verbuchen. Der DATEV-Kontenrahmen nimmt dazu in den Konten 3220 bis 3232 eine entsprechende Aufteilung vor.

Außerdem empfiehlt es sich Spenden gegen Zuwendungsbestätigung („Spendenbescheinigung“) getrennt zu erfassen. Da hier nicht nur beim Verein, sondern auch beim Spender ein steuerlicher Vorteil entsteht, werden Spenden gegen Zuwendungsbestätigung vom Finanzamt eher geprüft als Spenden ohne Bestätigung. Die getrennte Erfassung erleichtert die Separierung der „kritischen“ Fälle.

Die Verbuchung von Sachspenden

Bei Sachspenden muss der Verein in dem Bestätigungsmuster für Sachzuwendungen genaue Angaben über den zugewendeten Gegenstand aufnehmen und die Grundlagen der Wertermittlung gesondert darzustellen. Die erforderlichen Nachweise und Unterlagen müssen aufbewahrt werden.

Aus der Spendenbescheinigung müssen sich der Wert und die genaue Bezeichnung der gespendeten Sache ergeben. Wird eine Spendenbescheinigung über einen runden Betrag ausgestellt, lässt dies auf eine unzulässige pauschale Bewertung der Spende schließen (OFD Hannover, 30.12.1997, S 2223 - 212 - StO 242/S 2223 - 308 - StH 215).

Die Finanzbehörden bewerten die Wertangaben bei Sachspenden durch den Empfänger grundsätzlich kritisch: Bei der Berücksichtigung von Sachspenden – so die OFD München – ist den Spendenbestätigungen der Empfänger nicht ohne Weiteres zu folgen, insbesondere dann nicht, wenn die Formulierung der Spendenbestätigung bereits eine Distanzierung zur Wertangabe des Spenders erkennen lässt. Bei fehlendem Nachweis der tatsächlichen Anschaffungskosten des zugewandten Wirtschaftsguts soll jeglicher Abzug abgelehnt werden (OFD München, 31.10.1996, S 2223 - 117 St 413).

Sachspenden verursachen keine Anschaffungskosten. Bei der Bilanzierung besteht aber ein Wahlrecht. Die Sachspenden können mit fiktiven Anschaffungskosten angesetzt werden. Wurden Zuwendungsbestätigungen ausgestellt, wäre das mit dem dort angegebenen Wert vorzunehmen.

Verbrauchsmaterial und Sachspenden, die weitergegeben werden (z. B. Altkleidung für Kleiderkammern) wären unter „Beständen aus Waren/Material aus Sachspenden“ zu erfassen.

Wird die Sachspende dauerhaft im Verein genutzt wird sie im Anlagevermögen ausgewiesen. Das gälte z. B. für gespendete Sportgeräte oder Fahrzeuge.

Preisnachlass als Spende

Wie bei Aufwandsspenden handelt es sich auch bei Preisnachlässen auf Lieferungen um Geldspenden. Das gilt auch für Nachlässe auf gelieferte Sachen. Es liegt hier keine Sachspende vor. Als Spende kann der Preisnachlass aber nur behandelt werden, wenn zunächst der volle Betrag in Rechnung gestellt wurde und dann auf einen Teil der Zahlung verzichtet wird.

Es handelt sich dann eine Geldzuwendung mit abgekürztem Zahlungsweg. Es wird ja nicht ein Wirtschaftsgut gespendet, sondern auf einen Teil des in Rechnung gestellten Geldbetrages verzichtet. Das wird so behandelt, als hätte der Lieferant den Rechnungsbetrag zunächst erhalten und dann einen Teil davon zurück gespendet.

Steuerlich und buchhalterisch handelt es sich also um zwei getrennte Vorgänge. Es ist deswegen auch nicht von Belang, in welchem steuerlichen Bereich das Gerät verwendet wird.

Buchhalterisch wird zunächst die Anschaffung des Gerätes wie bei einem Kauf – ohne Preiskürzung erfasst, also Anschaffungskosten in ungekürzter Höhe. Auf der Gegenseite verringern sich Bankkonto oder Kasse um den Betrag der Zahlung. Es liegt also eine Einnahme (Geldzuwendung gegen Quittung) in Höhe des gewährten Bruttonachlasses (inklusive der darin enthaltenen Mehrwertsteuer) vor.

Der Zugang beim Sachvermögen wird also zum einen durch den Abgang bei Bankkonto oder Kasse ausgeglichen. Der als Nachlass gewährte Restbetrag zum anderen als Einnahme aus Spenden. Wobei die „Einnahme“ in diesem Fall genau genommen eine verminderte Ausgabe ist.

Aufbewahrungspflichten

Wie alle Belege müssen Kopien der Zuwendungsbestätigungen 10 Jahre aufbewahrt werden. Das gilt auch für die beigefügten Wertnachweise für Sach- und Aufwandsspenden. Bei Aufwandspenden muss auch eine Erklärung über den Verzicht auf die Erstattung der entsprechenden Beträge zu den Unterlagen genommen werden.

8.2 Gemeinnützigkeitsrechtliche Rücklagen

Gemeinnützigkeitsrechtliche Rücklagen sind eine Besonderheit bei steuerbegünstigten Organisationen, die nicht nur bei der Berechnung, sondern auch bei der buchhalterischen Darstellung regelmäßig zu Unsicherheiten führt. Unser Beitrag zeigt, wie Rücklagen korrekt verbucht und im Jahresabschluss ausgewiesen werden.

Gemeinnützigkeitsrechtlich ist die Zulässigkeit der Bildung von Rücklagen in § 62 AO geregelt. Die Finanzverwaltung fordert, dass die Körperschaft der Steuererklärung eine Vermögensübersicht mit Nachweisen über die Bildung und Entwicklung der Rücklagen beifügt (Anwendungserlass zu § 63 AO).

Sofern gemeinnützige Organisationen freiwillig Bücher führen und einen Jahresabschluss mit Bilanz und Gewinn- und Verlustrechnung erstellen, gelten die Vorgaben des Handelsgesetzbuches. Bei einer Prüfungspflicht des Vereins – sei es aufgrund einer Satzungsvorgabe oder auf Anforderung eines Zuschussgebers – müssen die Stellungnahmen des Instituts der Wirtschaftsprüfer zur Rechnungslegung beachtet werden.

Zulässige Rücklagen im Gemeinnützigkeitsrecht

Eine gemeinnützige Organisation muss ihre Mittel grundsätzlich zeitnah für ihre steuerbegünstigten satzungsmäßigen Zwecke verwenden. Eine zeitnahe Mittelverwendung ist gegeben, wenn die Mittel spätestens in dem auf den Zufluss folgenden Kalender- oder Wirtschaftsjahr für die steuerbegünstigten satzungsmäßigen Zwecke verwendet werden (§ 55 Abs. 1 Nr. 5 AO). Soweit Mittel einer zulässigen Rücklage im Sinne von § 62 AO zugeführt werden, ist diese Verwendungspflicht aufgehoben. Voraussetzung für die Bildung einer Rücklage ist im Allgemeinen, dass ohne sie die steuerbegünstigten satzungsmäßigen Zwecke nachhaltig nicht erfüllt werden können (Projektrücklage). Daneben ist die Bildung einer Betriebsmittelrücklage zur Aufrechterhaltung der Zahlungsfähigkeit zulässig und eine Wiederbeschaffungsrücklagen für Anlagevermögen (§ 62 Abs. 1 Nr. 2 AO). Daneben ist die Bildung von Freien Rücklagen gemäß § 62 Abs. 1 Nr. 3 AO mit speziellen Zuführungsregelungen zulässig. Wenn der Verein nicht bilanziert, sondern sein Ergebnis mittels Einnahmen-Überschuss-Rechnung ermittelt, können auch Beträgen, die handelsrechtlich als Rückstellungen (ungewisse Verbindlichkeiten) auszuweisen sind, als Rücklagen ausgewiesen werden.

Buchhalterische Darstellung der Rücklagen am Beispiel des DATEV-Kontenrahmens (SKR 49)

Dic Zuführung und Verwendung von Rücklagen müssen in der Buchführung einzeln verfolgt werden können, unabhängig von der Art der Gewinnermittlung.

Der DATEV-Kontenplan bietet zur buchhalterischen Behandlung von Rücklagen Gliederung an:

Nach der Überschrift „Vermögen / Eigenkapital“ weist der Kontenrahmen ein Sammelkonto 1000 „Gebundene Rücklagen § 62 Abs. 1 Nr. 1 AO aus.

Zusätzlich werden Konten angeboten, in denen die Rücklagen nach den ertragsteuerlichen Bereichen der Mittelherkunft sowie nach dem Zeitpunkt der geplanten Auflösung gegliedert werden.

Die Konten mit der Nummernfolge 1010 bis 1019 sollen die Rücklagen des ideellen Bereichs mit den Jahreszahlen 2020 aufnehmen. Dabei bezeichnen die Jahreszahlen das geplante Verwendungsjahr der Rücklagenbeträge.

Das gleiche gilt für die Konten

- 1020 bis 1029 Rücklagen Vermögensverwaltung,
- 1030 bis 1039 Rücklage Zweckbetriebe
- 1040 bis 1049 Rücklage Geschäftsbetriebe

Mit der Aufteilung der Rücklagen in Fälligkeiten bzw. Ablaufjahre ergibt sich eine schematische Kontrolle der Verwendung. Der Vorstand muss aber in jedem Jahr die bereits gebildeten Rücklagen auf ihre Zulässigkeit und Angemessenheit überprüfen. Zusätzlich müssen die verschiedenen Rücklagen entsprechend ihrer Zweckbindung in einen Rücklagenspiegel aufgenommen werden.

Für die Freien Rücklagen sind folgende Konten vorgegeben:

- 1070 Freie Rücklagen
- 1074 Rücklage aus Vermögensverwaltung
- 1075 Rücklage aus sonstigen zeitnah zu verwendenden Mitteln
- 1076 Rücklage zum Erwerb von Gesellschaftsrechten gem. § 62 Abs. 1 Nr. 4 AO

Die Unterscheidung der Freien Rücklage 1070 in den Konten 1074 und 1075 macht in der Praxis aber keinen Sinn, da zwar die Berechnung unterschiedlich ist, nicht jedoch die Verwendung der Rücklagen. Auf die Konten 1074 bis 1076 kann also verzichtet werden.

Für die 2012 von der Finanzverwaltung neu zugelassene Wiederbeschaffungsrücklage hat die DATEV das Konto 1004 vorgesehen. Die automatische Jahresfortschreibung ist hierfür nicht sinnvoll, weil sich die Rücklagen für die Wiederbeschaffung von Anlagevermögen regelmäßig nicht in einen 10-Jahres-Schema einfügen lassen, sondern längerfristig aufgebaut werden.

Die weiteren Rücklagenkonten im DATEV Kontenrahmen (1080 bis 1195) beziehen sich nicht auf gemeinnützigkeitsrechtliche Rücklagen, sondern werden im Wesentlichen von Stiftungen oder gemeinnützigen Kapitalgesellschaften benötigt.

Buchhalterische Darstellung der Veränderung von Rücklagen am Beispiel des DATEV-Kontenrahmens (SKR 49)

Auf den Rücklagenkonten dürfen auf keinen Fall die für den gebildeten Zweck angefallenen Aufwendungen unmittelbar gebucht werden. Rücklagenkonten werden also niemals gegen Aufwands- oder Ertragskonten gebucht. Stattdessen kommen nur die Buchungen „Einstellungen in Rücklagen" bzw. „Entnahmen aus Rücklagen" in Frage.

Beispiel:

Der Verein hat für die Erneuerung des Daches des Vereinsgebäudes eine Rücklage von 20.000 € gebildet.

Die Aufwendungen der in diesem Jahr durchgeführten Dachsanierung sind auf dem entsprechenden Aufwandskonto zu buchen. Nach Durchführung der Dachsanierung, spätestens am Jahresende, ist der Saldo der für diese Maßnahme gebildeten Rücklage durch eine Entnahmebuchung aufzulösen.

Der DATEV-Kontenrahmen benennt für die Veränderung der Rücklagen standardmäßig folgende Konten:

- 3950 Ergebnisvortrag aus dem Vorjahr
- 3953 Entnahmen aus gebundenen Ergebnisrücklagen
- 3955 Entnahmen aus freien Rücklagen gem. § 62 Abs. 1 Nr. 3 AO
- 3956 Entnahmen aus freien Rücklagen gem. § 62 Abs. 1 Nr. 4 AO
- 3957 Entnahmen aus sonstigen Rücklagen
- 3963 Einstellung in die gebundenen Ergebnisrücklagen
- 3965 Einstellung in die freien Rücklagen gem. § 62 Abs. 1 Nr. 3 AO
- 3966 Einstellung in die freien Rücklagen gem. § 62 Abs. 1 Nr. 4 AO
- 3967 Einstellung in die sonstigen Rücklagen

Daneben enthält der Kontenrahmen spezielle Konten für Entnahmen und Einstellungen aus bzw. in Rücklagenkonten für Stiftungen und gemeinnützige GmbHs.

Für Vereine sind noch aufgeführt:

- 3994 Entnahmen aus dem Vereinskapital
- 3996 Einstellungen in das Vereinskapital

Auf diesen Konten werden die Veränderungen des Kontos 1170 Vereinskapitals § 62 Abs. 3 AO gebucht:

a) wie die Zuwendungen von Todes wegen (§ 62 Abs. 3 Nr. 1 AO),
b) bestimmungsgemäße Ausstattung des Vermögens durch den Zuwendenden § 62 Abs. 3 Nr. 2 AO),
c) Vermögenszuführung durch einen entsprechenden Spendenaufruf (§ 62 Abs. 3 Nr. 3 AO),
d) Sachzuwendungen (§ 62 Abs. 3 Nr. 4 AO).

Beispiel:

Der Verein erbt ein unbebautes Grundstück. Die Buchungen für diesen Vorgang lauten:

	Soll		Haben
0050	*Grundstück*	*3211*	*Einnahmen aus Erbschaften*
3996	*Einstellungen in das Vereinskapital*	*1170*	*Vereinskapital*

Auf Rücklagen-Konten dürfen niemals unmittelbar Erträge oder Aufwendungen gebucht werden. Eine Veränderung des Rücklagen-Saldos erfolgt immer und allein durch die Buchung Entnahme aus der Rücklage bzw. Einstellung in die Rücklage.

Beispiel:

Der Verein plant den Bau eines Vereinsheims im Jahre 2015 mit einem Ausgabenvolumen von etwa 100.000 €. Die Kommune hat sich bereit erklärt, einen Zuschuss von 30.000 € zu gewähren, wenn der Verein Eigenmittel von 40.000 der Investitionssumme aufbringt. Die restlichen Mittel sollen durch eine Kreditaufnahme gedeckt werden.

Daraufhin organisiert der Vorstand einen Spendenaufruf.

Bereits 2011 hatte der Verein für das geplante Bauvorhaben eine Projektrücklage von 10.000 € gebildet und gebucht:

	Soll		Haben
3967	*Einstellung in sonstige Ergebnisrücklagen*	*1000*	*Gebundene Rücklagen § 62 Abs. 1 Nr. 1 AO*

Auch wenn die vereinnahmten Spendenbeträge zweckgebunden für das Bauprojekt zu verwenden sind, werden sie nicht unmittelbar auf dem Rücklagenkonto gebucht. Vielmehr werden die Geldeingänge auf dem Konto 3221 Geldzuwendungen gegen Zuwendungsbestätigung gebucht.

Im Jahr 2017 sind 15.000 € gespendet worden.

Am Jahresende führt der Vorstand die Spendeneinnahmen von 15.000 € und eigene Vereinsmittel von 5.000 € der Rücklage zu, insgesamt also 20.000 € und bucht:

	Soll		Haben
3967	*Einstellung in sonstige Ergebnisrücklagen*	*1000*	*Gebundene Rücklagen § 62 Abs. 1 Nr. 1 AO*

Damit beträgt der Saldo des Rücklagenkontos 30.000 €.

Es ist nicht erforderlich, dass für das Bauvorhaben ein gesondertes Bankkonto bzw. Festgeldkonto mit einem Betrag von 30.000 € eingerichtet wird. Unabhängig von der Höhe der Rücklagen ist der Vorstand immer verpflichtet, verfügbare Mittel auf dem Bankkonto zinsgünstig anzulegen.

Im Jahr 2018 wird das Vereinsheim gebaut. Die Stadt überweist den Zuschuss von 30.000 €. Es wird ein Bankkredit von 35.000 € aufgenommen.

Die Buchungen lauten:

	Soll		Haben
0945	*Bank 30.000 €*	*2300*	*Erhaltene Zuschüsse 30.000 €*

0945	*Bank 35.000 €*	*1320*	*Verbindlichkeiten gegen Kreditinstitute 35.000 €*
0110	*Vereinsheim 100.000 €*	*0945*	*Bank 100.000 €*
1000	*Gebunde Rücklagen 30.000 €*	*3957*	*Entnahme aus sonstigen Rücklagen 30.000 €*

Unabhängig von der Form des Jahresabschluss wird dabei als Anlage angefügt:

- eine Mittelverwendungsrechnung und ein Rücklagenspiegel
- die Beschlussfassung über die Rücklagenbildung.

Im Fall der Einnahme-Überschuss-Rechnung kann – wie gezeigt wird – die rechnerische Aufstellung entsprechend ergänzt werden. Besonderheiten gelten für die Darstellung im Fall der Bilanzierung. Wird der Verein durch einen Wirtschaftsprüfer geprüft, müssen zusätzlich die Vorgaben des Instituts der Wirtschaftsprüfer (IDW) beachtet werden.

Mittelverwendungsrechnung und Rücklagenspiegel

Wie vorstehend beschrieben, sind die Zuführungen und der Verbrauch von Rücklagen buchhalterisch als Einstellungen bzw. Entnahmen auf den Rücklagenkonten zu buchen. Dieses erfolgt regelmäßig im Rahmen der Erstellung des Jahresabschlusses.

Beispiele für die Darstellung der Rücklagenentwicklungen:

Rücklage § 62 Abs. 1 Nr. 1 AO	Stand am 01.01.2017	Verbrauch 2017	Auflösung 2017	Zuführung 2017	Stand am 31.12.17
Bau Vereinshaus	10.000			20.000	30.000
Jubiläum 2012	25.000	20.000	5.000		0
Dachsanierung	20.000	20.000			
Projekt Jugend	3.000	2.000	1.000	2.500	2.500
Umsatzsteuer-NZ	1.000	1.000		2.000	2.000
Summen	59.000	- 43.000	- 6.000	+ 24.500	34.500

Betriebsmittelrücklagen	Stand am 01.01.2017	Verbrauch 2017	Auflösung 2017	Zuführung 2017	Stand am 31.12.17
Ideeller Bereich und Zweckbetrieb	19.000	19.000		24.000	24.000
Wirtsch. GB	2.064	2.064		2.064	2.064
Summen	21.064	- 21.064		+ 26.064	26.064

Freie Rücklage § 62 Abs. 1 Nr. 3 AO	Stand am 01.01.2017	Verbrauch 2017	Auflösung 2017	Zuführung 2017	Stand am 31.12.17
	12.800			2.500	15.300
Summen	12.800			+ 2.500	15.300

Beschlussfassung

Voraussetzung für die Bildung von Rücklagen ist ein Beschluss des Vorstands. Nach Abstimmung der Konten und der Zuordnung bzw. Aufteilung von gemischt veranlassten Ausgaben zu den steuerlichen Bereichen, wird der Abschluss vom Vorstand festgestellt. Im Rahmen dieser Feststellung wird der Beschluss über die Ergebnisverwendung gefasst. Die Bildung und Auflösung von Rücklagen ist Teil des Verwendungsbeschlusses.

Über die Höhe der Rücklagen und zur zeitlichen Umsetzung von Maßnahmen sind Aufzeichnungen und Plausibilitätsrechnungen zu den Jahresabschlussunterlagen zu nehmen.

Dem Finanzamt sind im Rahmen der Steuererklärungen der Grund für die Bildung jeder Rücklage, der Beschluss über die Höhe der Zuführung und die geplante zeitliche Verwendung nachzuweisen.

Darstellung der Rücklagen bei Einnahme-Überschuss-Rechnern

Es gibt keine steuerrechtlichen bzw. gemeinnützigkeitsrechtlichen Vorgaben über die Form des Ausweises der Rücklagen. Auch in der Vereinsliteratur gibt es keine einheitliche Vorgabe.

Wenn der Verein sein Jahresergebnis mittels Einnahmen-Überschuss-Rechnung ermittelt, können die Rücklagen wie folgt dargestellt werden:

Anfangsvermögen	
Geldkonten (Kasse, Bank)	115.000
Einnahmen	
Mitgliedsbeiträge	160.000
Spenden	17.500
Zuschüsse	20.000
Andere Einnahmen	50.000
Summe der Einnahmen	**247.500**
Aufwendungen	
Personalkosten, Übungsleiter	90.000
Betriebskosten	20.000
Verwaltung	15.000
Jubiläum	20.000
Dachsanierung	20.000
Projekt Jugend	2.000
Umsatzsteuer-Zahlungen	3.000
Andere Aufwendungen	85.000
Summe der Aufwendungen	**255.000**
Jahresergebnis	**-7.500**
Geldkonten (Kasse, Bank) am 31.12.	77.500
Anlage: Rücklagenspiegel	75.864

Darstellung der Rücklagen in Bilanz und Gewinn- und Verlustrechnung

Wenn der Verein seinen Gewinn mittels Vermögensvergleich nach § 4 Abs: 1 EStG ermittelt, muss jährlich eine Bilanz mit Gewinn- und Verlustrechnung, ergänzt um einen erläuternden Anhang, aufgestellt werden.

Die Rücklagen haben Eigenkapital-Charakter und werden daher in der Bilanz auf der Passivseite in der Rubrik A. Eigenkapital ausgewiesen. Der Ausweis der Rücklagen in der Bilanz wird folgendermaßen vorgenommen:

Passivseite		Geschäftsjahr	Vorjahr
A.	**Eigenkapital**		
I.	Vereinskapital	100.000	100.000
II.	Ergebnisrücklagen		
	1. Gebundene Ergebnisrücklagen	60.564	100.064
	2. Freie Ergebnisrücklagen	15.300	12.800
III.	Ergebnisvorträge	5.636	2.136

Das Vereinskapital resultiert aus Vermögenszuführungen gemäß § 62 Abs. 3 AO.

In der Gewinn- und Verlustrechnung sind die Veränderungen der Rücklagen wie folgt auszuweisen:

Gewinn- und Verlustrechnung		Geschäftsjahr	Vorjahr
15..	**Jahresfehlbetrag**	-7.500	4.636
16..	Gewinnvortrag aus dem Vorjahr	2.136	0
17..	Entnahme aus den gebundenen Ergebnisrücklagen	84.064	50.000
18..	Einstellung in die gebundenen Ergebnisrücklagen	- 70.564	- 50.000
19..	Einstellung in die freie Ergebnisrücklage	- 2.500	- 2.500
Ergebnisvortrag lfd. Jahr		**5.636**	**2.136**

Im Anhang sind die Rücklagenspiegel auszuweisen.

Rechnungslegung von Vereinen nach HFA 14 des Instituts der Wirtschaftsprüfer

Das Institut der Wirtschaftsprüfer (IDW) gibt fachliche Stellungnahmen heraus mit der Zielsetzung der einheitlichen Behandlung von Fragen der Rechnungslegung durch den Berufsstand. Für gemeinnützige Organisationen spielen diese Vorgaben aber nur dann eine Rolle, wenn sie (meist freiwillig oder wegen einer Satzungsvorgabe) von einem Wirtschaftsprüfer geprüft werden. Die Verlautbarung des Hauptfachausschusses (HFA) Nr. 14 behandelt die Rechnungslegung von Vereinen. Dort wird unter anderen zur bilanziellen Behandlung von Rücklagen ausgeführt:

Das Eigenkapital des Vereins sollte in der Bilanz wie folgt gegliedert werden:

A. Eigenkapital
- I. Vereinskapital
- II. Rücklagen
- III. Ergebnisvortrag

Die Abgrenzung zwischen Vereinskapital und Rücklagen sollte sich nach der Dauer des Verbleibs des Kapitals im Verein richten. Bei Vereinskapital wird es sich eher um dauerhaft dem Verein zur Verfügung gestelltes Kapital handeln, während Rücklagen einer zeitlichen Begrenzung hinsichtlich ihrer künftigen Verwendung unterliegen. Grundsätzlich sind für derartige Abgrenzungen die Regelungen in der Satzung maßgeblich. Gibt es dazu keine Regelungen, ist im Zweifel der Vorstand zuständig.

Das Institut der Wirtschaftsprüfer ist stark handelsrechtlich orientiert und argumentiert dementsprechend. In HFA 14 heißt es weiter: Da es sich bei Rücklagen um Kapitalbestandteile handelt, werden sie in Analogie zu den satzungsmäßigen Gewinnrücklagen nach § 272 Abs. 3 HGB aus dem Ergebnis gebildet. Die Höhe der Rücklagenzuführung ist begrenzt auf den handelsrechtlichen Überschuss der Rechnungsperiode sowie einen gegebenenfalls vorhandenen Ergebnisvortrag des Vorjahres. Vorschriften der Abgabenordnung (insbesondere § 62 AO) sind für die Rücklagenbildung aus Sicht der an das Handelsrecht angelehnten Rechnungslegung grundsätzlich unbeachtlich. Die Zusammensetzung der Rücklagen aus steuerlicher Sicht soll in eine erläuternde Anlage aufgenommen werden.

Die Gewinn- und Verlust-Rechnung soll um eine Darstellung der Ergebnisverwendung ergänzt werden, die wie folgt zu gliedern ist:

Jahresergebnis

Ergebnisvortrag aus dem Vorjahr

\- Entnahmen aus dem Vereinskapital

\- Entnahmen aus den Rücklagen

\+ Einstellungen in das Vereinskapital

\+ Einstellungen in die Rücklagen

Ergebnisvortrag

8.3 Aufteilungsposten

Wie dargestellt müssen alle Einnahmen und Ausgaben den steuerlichen Bereichen zugeordnet werden. Für bestimmte Aufwendungen – typischerweise sogenannte Gemeinkosten – liegt aber meist nur ein Beleg vor, obwohl die entsprechenden Kosten verschiedenen Bereichen zuzuordnen sind. Teilweise ist das jedoch nicht möglich, da zum Zeitpunkt des Verbuchens von Geschäftsvorfällen nicht immer alle Informationen über den zu Grunde liegenden Sachverhalt – und damit der korrekte Aufteilungsschlüssel – bekannt sind. In diesen Fällen ist es nötig, diese Umsätze auf Sammelkonten zu buchen und später eine Aufteilung vorzunehmen.

Allgemeine Sammelkonten sind im SKR 49 z. B. die Konten 885 und 890. Für die einzelnen Bereiche existieren ebenfalls Sammelkonten („Aufteilungsposten“). Diese können dann bebucht werden, wenn zwar der Bereich bekannt ist, dem der Umsatz zuzuordnen ist, nicht jedoch der Teilbereich.

Beispiel:

„Allgemeine Personalkosten“ werden zunächst auf Konto 885 („Sammelkonto aufzuteilende Ausgaben“) gebucht. Später kann dieser Betrag z. B. auf die Konten 2550ff, 5305 oder 7402 umgebucht werden. Aufteilungsmaßstab könnten die anteilig geleisteten Stunden sein.

Die Buchhaltungssoftware bietet für das Aufteilungsproblem in der Regel ein eigenes Feature („Splittbuchung“) an. Die Aufteilung kann aber auch durch mehrere Buchungen erfolgen.

Einnahmen müssen in aller Regel nicht aufgeteilt werden. Soweit es in Einzelfällen erforderlich ist, können entsprechenden Sammelkonten angelegt werden.

Zu beachten ist dabei insbesondere, dass auch die Vorsteuer aufgeteilt werden muss, wenn die entsprechenden Ausgaben teilweise in einen umsatzsteuerfreien Bereich fallen. Der SKR 49 sieht hier entsprechende Konten vor (825 bis 845). Wegen der laufenden Umsatzsteuervoranmeldung sollte nach Möglichkeit eine sofortige Aufteilung vorgenommen werden. Eine nachträgliche Aufteilung oder deren Änderung erfordert eine entsprechende Korrektur der Umsatzsatzvoranmeldungen, bzw. muss dann in der Umsatzsteuererklärung berücksichtigt werden.

8.4 Pauschaler Vorsteuerabzug

Vereine, die gemeinnützigen, mildtätigen oder kirchlichen Zwecken dienen, können nach § 23a UStG für den Vorsteuerabzug einen Durchschnittssatz von 7% ansetzen.

Das gilt nur,

- wenn der Verein nicht bilanzierungspflichtig ist und
- der Umsatz im Vorjahr nicht über 35.000 € lag.

Die Umsatzgrenze von 35.000 € bezieht sich dabei alle steuerpflichtigen Umsätze des Vereins. Nicht möglich ist die Pauschalierung für Einfuhr und innergemeinschaftlichen Erwerb.

Statt die Vorsteuer also wie gewohnt aus den Rechnungen an den Verein zu ermitteln, wird einfach ein Pauschalsatz unterlegt. Ein weiterer Vorsteuerabzug ist dann aber ausgeschlossen.

Beispiel:

		Nettoumsatz	**Umsatzsteuer**
1	Umsatz Zweckbetrieb (z.B. Eintrittsgelder, Kursgebühren) 7% Umsatzsteuer	15.000 €	1.050 €
2	Umsatz wirtschaftlicher Geschäftsbetrieb (z.B. Gaststätte, Werbeeinnahmen) 19% Umsatzsteuer	10.000 €	1.900 €
3	Gesamt	25.000 €	2.950 €
4	pauschale Vorsteuer	7% von 25.000	1.750 €
	Umsatzsteuerzahllast	= 3 - 4	1.200 €

Die Berechnung nach Durchschnittssätzen muss bis zum 10. Tag nach Ablauf des ersten Voranmeldungszeitraums eines Kalenderjahres beim Finanzamt erklärt werden, also bis zum 10. Februar bei monatlicher Abgabe oder bis zum 10. April bei vierteljährlicher Abgabe der Voranmeldung. Der Antrag ist formfrei. Es genügt, wenn der Verein mit der ersten Umsatzsteuervoranmeldung des Jahres die Vorsteuer nach Durchschnittssätzen berechnet. Ein Bescheid des Finanzamtes erfolgt nicht.

Nimmt der Verein die Pauschalierungsregelung in Anspruch, ist er daran für 5 Jahre gebunden. Ein Widerruf ist nur zum Beginn des Kalenderjahres möglich – wiederum bis zum 10. Tag nach Ablauf des ersten Voranmeldungszeitraums.

Die Vorsteuerberechnung nach Durchschnittssätzen ist zunächst eine Vereinfachungsregelung; sie erleichtert also dem Verein die Buchhaltung. In gemeinnützigen Vereinen ist das auch deswegen von Vorteil, weil die Frage der Zuordnung der Rechnungen zu den steuerlichen Bereichen und damit die Frage, ob überhaupt ein Vorsteuerabzug möglich ist, entfällt.

Steuerlich von Vorteil ist die Pauschalierung, wenn die wirklichen abzugsfähigen Vorsteuerbeträge kleiner sind als 7% des Umsatzes.

Buchhalterisch kann der pauschale Vorsteuerabzug folgendermaßen gelöst werden:

- Die Ausgangsumsätze werden wie gewohnt erfasst und die Umsatzsteuer gebucht.
- Die Ausgaben (Eingangsumsätze) werden ohne Vorsteuerabzug gebucht.
- 7% der Ausgangsumsätze (netto) werden für den jeweiligen Voranmeldungszeitraum auf das Konto 0865 (Vorsteuer nach allgemeinen Durchschnittssätzen) gebucht. Gegenkonto ist ein statistisches Konto (z.B. 9690)

9 Mittelverwendungsrechnung und Vermögensaufstellung

Eine Mittelverwendungsrechnung fordern die Finanzämter in der Praxis meist nur an, wenn Unklarheiten über die Mittelverwendung bestehen. Das gilt besonders bei nennenswerten Überschüssen über mehrere Jahre weg. Ergibt sich aus den Jahresnachweisen, dass kein Mittelüberhang besteht, also die Mittel laufend zeitnah verwendet wurden, ist eine Mittelverwendungsrechnung nicht erforderlich. Das ist vor allem dann der Fall, wenn keine nennenswerten Überschüsse entstanden oder Überschüsse eines Jahres durch Verluste des Folgejahres aufgezehrt werden.

Zur Mittelverwendungsrechnung gibt es weder gesetzliche Vorgaben noch verbindliche Aussagen der Finanzverwaltung. Meist wird sie zusammen mit einer Vermögensaufstellung angefordert. Die Notwendigkeit, die zeitnahe und zweckgebundene Mittelverwendung in einer eigenen Rechnung nachzuweisen, ergibt sich vor allem bei nicht bilanzierenden Vereinen.

Rechtliche Grundlagen

Eine spezielle rechtliche Grundlage für die Erstellung einer Mittelverwendungsrechnung gibt es nicht. Sie ergibt sich aber aus den allgemeinen Nachweispflichten im Rahmen der Gemeinnützigkeit. Demnach muss eine gemeinnützige Körperschaft den Nachweis, dass ihre tatsächliche Geschäftsführung den Erfordernissen für die Steuerbegünstigung entspricht, durch ordnungsmäßige Aufzeichnungen über ihre Einnahmen und Ausgaben zu führen (§ 63 Abs. 3 AO).

Dazu gehört auch der Nachweis, dass alle Mittel zeitnah verwendet wurden, bzw. die Ausnahmen davon durch die Rücklagenregelungen des § 62 AO gedeckt sind.

Die Finanzverwaltung präzisiert diese Vorschrift, indem sie verlangt, eine „Vermögensübersicht mit Nachweisen über die Bildung und Entwicklung der Rücklagen zu führen" (AEAO, Ziffer 1 zu § 63 AO).

Eine einheitliche Verwaltungspraxis bezüglich der Mittelverwendungsnachweise gibt es nicht. In der Regel verlangen Finanzämter eine Mittelverwendungsrechnung nur, wenn über mehrere Jahre nennenswerte Überschüsse erzielt wurden, deren zweckgebundene Verwendung nicht ersichtlich ist. Üblicherweise wird dann auch eine Vermögensaufstellung verlangt.

Vorgaben zu Aufbau und Umfang einer Mittelverwendungsrechnung hat die Finanzverwaltung bisher nicht gemacht. Auch in der Literatur gibt es keine einheitliche Auffassung, sondern nur eine Reihe von Vorschlägen, wie eine solche Aufstellung aussehen müsste.

Mittelverwendungsrechnung und Ertragsrechnung

Die ordnungsgemäße Mittelverwendung richtet sich nach dem Zufluss- und Abflussprinzip. Die im Übrigen steuerlich erforderliche Rechnungslegung (Einnahmen-Überschuss-Rechnung bzw. Bilanz und Gewinn- und Verlustrechnung) bildet das nicht hinreichend ab, weil es sich dabei um eine Ertrags- keine Liquiditätsrechnung handelt.

Ebenfalls nicht ausreichend ist eine bloße Vermögensaufstellung, weil aus ihr nicht – zumindest nicht durchgehend – hervorgeht, ob die verzeichneten Vermögensposten zeitnah und zweckgebunden verwendet werden.

Es ist also erforderlich, die Mittelverwendungsrechnung neben der laufenden Gewinnermittlung zu erstellen. Das ist nur möglich, wenn ergänzende Aufzeichnungen für die Verwendung des Anlagevermögens und eine systematische Erfassung der Auflösung und Neubildung von Rücklagen (Rücklagenspiegel) vorliegen.

Anlagenverzeichnis

Die zweckgebundene Verwendung des Anlagevermögens lässt sich am einfachsten dadurch nachweisen, dass jeder Eintrag im Anlageverzeichnis um eine Zuordnung zu den steuerlichen Bereichen ergänzt wird. Zwischen ideellem Bereich und Zweckbetriebe muss dabei nicht unterschieden werden, weil in beiden Fällen eine zweckgebundene Verwendung vorliegt.

Gemischt genutzte Anlagegüter werden dem steuerlichen Bereich zugeordnet, in dem sie überwiegend genutzt werden. Bei Gebäuden kann dabei auch eine Aufteilung erforderlich sein, wenn ein Teil der Flächen für nicht steuerbegünstigte Zwecke (etwas Vermietung oder gastronomische Eirichtungen) genutzt wird.

Rücklagenspiegel

Unbedingt erfolgen sollten akribische Aufzeichnungen über die Bildung und Auflösung von Rücklagen. Das ist allein schon für die Steuererklärung (Formular Gem 1) erforderlich. Außerdem kann nur so nachgewiesen werden, dass für eine nicht zweckgebundene Verwendung entsprechende freie Mittel verfügbar sind.

Der Nachweis erfolgt am besten in Form eines Rücklagespiegels – etwa nach folgendem Schema.

Art der Rücklage	Zweck der Bildung	Bestand zum 1.1.2017	Verwendete Mittel	Zugeführte Mittel	Bestand zum 31.12.2017
§ 62 Abs. 1 Nr. 1 AO	Bauvorhaben Sporthalle	50.000 €		15.000 €	65.000 €
§ 62 Abs. 1 Nr. 2 AO	Wiederbeschaffung Kleintransporter			5.000 €	5.000 €
§ 62 Abs. 1 Nr. 1	Betriebsmittelrücklage	12.000 €	12.000 €	12.000 €	12.000 €
§ 62 Abs. 1 Nr. 3 AO	Freie Rücklage	24.000 €		3.000 €	27.000 €
§ 62 Abs. 3 AO	Vermögenszuführungen	0 €		2.000 €	2.000 €

Werden eine größere Zahl von zweckgebundenen und Wiederbeschaffungsrücklagen gebildet, empfiehlt sich eventuell eine getrennte Darstellung der verschiedenen Rücklagearten.

Für den Rücklagennachweis sind entsprechende Belege erforderlich. Das ist in jedem Fall ein Beschluss des Vorstands.

Bei freien Rücklagen kommt dazu der Nachweis der entsprechenden Bemessungsgrundlage (Einnahmen bzw. Überschüsse der jeweiligen steuerlichen Bereiche).

Bei Vermögenszuführungen nach § 62 Abs. 3 AO muss die Herkunft der Mittel nachgewiesen werden (Spenden, Erbschaften). Dazu gehören z.B. entsprechende Erklärungen des Spenders bzw. der entsprechenden Spendenaufruf der gemeinnützigen Einrichtung.

Anforderungen an die Mittelverwendungsrechnung

Die Mittelverwendungsrechnung hat die Aufgabe nachzuweisen, dass die gemeinnützige Einrichtung in keinem Punkt gegen das Gebot der zeitnahen Mittelverwendung verstößt.

Der Nachweis über die Mittelverwendung beschränkt sich dabei nicht auf Geldmittel. Er muss auch für Sachmittel – insbesondere Gegenstände des Anlagevermögens – erfolgen. Während bei Geldmittel nachgewiesen werden muss, dass sie (noch) nicht verwendet werden müssen, geht es bei Sachmitteln um die zweckgebundene Verwendung bzw. um den Nachweis, dass sie nicht für steuerbegünstigte Zwecke verwendet werden müssen, weil sie auch nicht zeitnah zu verwendenden Mitteln finanziert wurden.

Bezüglich der Zweckbindung und zeitnahen Verwendung müssen alle Mittel einer gemeinnützigen Körperschaft einem der folgenden Posten zugewiesen werden können:

Posten	Zuordnung/Verwendung	Art
noch nicht zeitnah zu verwendende Mittel	Zuflüsse innerhalb der Mittelverwendungsfrist, also des laufenden und Vorjahres	Geldmittel, Sachspenden
bereits zeitnah verwendet	nutzungsgebundenes Anlagevermögen; im Sonderfall auch Darlehen im Rahmen der Satzungszwecke	Sachanlagen in ideellem Bereich und Zweckbetrieb
Ausnahmeregelungen des § 62 AO	gemeinnützigkeitsrechtliche Rücklagen und Vermögenszuführungen	Geldmittel oder daraus angeschafftes Sachvermögen in Vermögensverwaltung und steuerpflichtigem wirtschaftlichen Geschäftsbetrieb
sonstige nicht zeitnah zu verwendende Mittel	Stammkapital und anderes Ausstattungsvermögen, erhaltene Darlehen	Geldmittel oder Anlagevermögen

Bei allen anderen hier nicht zuordenbaren Mittel handelt es sich um unzulässige Verwendungsüberhänge.

Unterschiede bei EÜR und Bilanz

Die Gewinnermittlung per Einnahme-Überschuss-Rechnung und durch Bilanzierung unterscheiden sich wesentlich bei der Behandlung nicht zahlungswirksame Aufwendungen und Erträge – also bei Erfassung von Geschäftsvorfällen und bei Jahresabschlussbuchungen, die sich zwar das Betriebsergebnis auswirken, aber keinen tatsächlichen Mittelzu- oder Abfluss darstellen. Das sind:

- Abschreibungen
- Forderungen und Verbindlichkeiten
- Rechnungsabgrenzungsposten
- Rückstellungen

Die Mittelverwendungsrechnung im Rahmen der Einnahmen-Überschuss-Rechnung

Für einen vollständigen Nachweis über die zeitnahe und zweckgebundene Verwendung aller Mittel bietet sich eine Gegenüberstellung der vorhandenen Vermögensposten einerseits und ihrer steuerlichen und zeitlichen Zuordnung andererseits an.

Auf der linken Seite werden die Vermögensposten aufgelistet, über die die gemeinnützige Einrichtung unmittelbar verfügt – die sie also verwenden kann und muss. Rechts aufgeführt wird betragsmäßig, in welcher Weise die vorhandenen Mittel zeitnah verwendet sind (nutzungsgebundenen Anlagevermögen). bzw. warum sie (noch) nicht zeitnah verwendet werden müssen (alle anderen Posten).

Mittelverwendungsrechnung für 2017

	EUR		*EUR*
1. Sachanlagen		1. Ausstattungskapital	25.000
a. Grundstücke	20.000		
b. Gebäude	50.000	2. Nutzungsgebundenes Anlagevermögen	80.000
c. Anlagen, Betriebs- und Geschäftsausstattung	15.000		
c. Fahrzeuge	0	3. gemeinnützigkeitsrechtliche Rücklagen	
		a. zweckgebundene Rücklagen	12.000
2. immaterielle Wirtschaftsgüter	1.000	b. Wiederbeschaffungsrücklagen	4.500
		c. freie Rücklagen	10.000
3. Sammelposten aus Poolabschreibung		d. Vermögenszuführungen	0
		e. Betriebsmittelrücklage	0
4. Bankguthaben	17.000	f. Rücklagen zum Erwerb von Gesellschaftsrechten	0
5. Kasse	500	4. erhaltene Darlehen	0
6. Finanzanlagen	27.000	5. Mittelzufluss aus 2013	6.000
		6. Mittelzufluss aus 2014	8.000
7. gegebene Darlehen	5.000		
		7. Verwendungsüberhang	0
Summe	**145.500**	**Summe**	**145.500**

Erläuterungen

Die Vermögensposten auf der linken Seite der Mittelverwendungsaufstellung ergeben sich aus dem Anlageverzeichnis

Das Schema ist der Übersichtlichkeit halber vereinfacht – insbesondere, um den Bedürfnissen der Einrichtungen Rechnung zu tragen, die nur eine Einnahme-Überschuss-Rechnung machen. Große – zumal bilanzierende – gemeinnützige Einrichtungen können die Posten entsprechend ihrer Bilanzgliederung umstellen oder weiter unterteilen.

Die benötigen Zahlen können der EÜR und der Vermögensaufstellung sowie dem Rücklagenspiegel entnommen werden

Darlehen und andere Ausleihungen müssen erfasst werden, weil hier Mittel eingesetzt werden, deren zeitnahe Verwendung zu überprüfen ist.

Die Erfassung der Vermögensposten erfolgt jeweils zum Buchwert.

Sachanlagen. Sammelposten und immaterielle Wirtschaftsgüter

Bei Sachanlagen und immaterielle Wirtschaftsgüter kann es sich um nutzungsgebundene Wirtschaftsgüter handeln, die also schon für steuerbegünstigte Zwecke verwendet werden. Das gilt, wenn sie (überwiegend) im ideellen Bereich oder Zweckbetrieb genutzt werden.

Liegt keine solche Bindung vor, müssen sie sich betragsmäßig in den freien Rücklagen und Vermögenszuführungen wieder finden. Es handelt sich also um freie Mittel, die in Sachanlagen umgeschichtet wurden.

Erfasst werden müssen auch die geringwertigen Wirtschaftsgüter, die jährlich zu einem Sammelposten (Pool) zusammengefasst abgeschrieben werden.

Immaterielle Vermögensgegenstände dürften bei gemeinnützigen Körperschaften – sieht man von Softwarelizenzen ab – nur eine geringe Rolle spielen.

Hinweis: Waren, Vorräte sind müssen als Sachvermögensposten des Umlaufvermögens nicht erfasst werden. Bei Einnahmen-Überschuss-Rechnern ist die Anschaffung von Vorräten (Waren und anderem Verbrauchsmaterial) in vollem Umfang ertragswirksam und damit in der EÜR abgebildet.

Finanzanlagen und Geldbestände

Finanzanlagen, Wertpapiere, Konto- und Kassenbestände müssen nicht nach ihrer Verwendung unterschieden werden. Soweit es sich nicht um zeitnah zu verwendende Mittel handelt, muss es sich um ausgewiesene Rücklagen handeln. Das sind z.B. Geldanlagen, die dem steuerlichen Bereich der Vermögensverwaltung zugeordnet sind.

Gegebene Darlehen

Gegebene Darlehen müssen in die Mittelverwendungsrechnung eingehen, weil nachzuweisen ist, dass sie nicht aus zeitnah zu verwendenden Mittel stammen, bzw. dass die Darlehen so kurzfristig vergeben wurden, dass sie Rahmen der Mittelverwendungsfrist zurückfließen.

Erhaltene Darlehen und ähnliche Verbindlichkeiten

Hat die gemeinnützige Körperschaft einen Kredit aufgenommen, so ist der empfangene Wert durch die Verpflichtung zur Darlehensrückzahlung gebunden. Mittel im Nominalwert der Verbindlichkeit brauchen also nicht zeitnah verwendet zu werden. Da zugegangene Darlehen zu einer entsprechenden Erhöhung beim Umlauf- oder Anlagevermögen (linke Seite) führen, müssen sie auch auf der rechten Seite dargestellt werden.

Ausstattungskapital

Nicht zeitnah verwendet werden müssen gebundene Mittel. Dazu gehören in erster Linie das zur Erhaltung des Stammkapitals einer gemeinnützigen Kapitalgesellschaft erforderliche Vermögen, die Gewinnrücklage bei der Unternehmergesellschaft („Mini-GmbH") und das Stiftungsvermögen. Die Bindung beruht hier auf dem Gesetz bzw. auf der Erklärung des Stifters, dass die gemeinnützige Körperschaft den ihr zugewendeten Betrag oder Gegenstand in ihrem Vermögen behalten soll.

Bei Vereinen gibt es dagegen kein aufgrund gesellschaftsrechtlicher Vorschriften gebundenes Kapital. Zweckgebundene Zuwendungen ins Vermögen wären hier nur als Vermögenszuführungen nach § 62 Abs. 3 AO möglich. Diese sind aber im Rahmen der gemeinnützigkeitsrechtlich zulässigen Rücklagen auszuweisen.

Nutzungsgebundenes Anlagevermögen

Anlagevermögen, das im ideellen Bereich oder Zweckbetrieb genutzt wird, ist bereits zeitnah verwendet. Die Sachanlageposten auf der linken Seite der Aufstellung finden sich deswegen – zumindest teilweise – im nutzungsgebundenes Anlagevermögen auf der rechten Seite wieder.

Sachanlagevermögen, das in Vermögensverwaltung und steuerpflichtigen wirtschaftlichen Geschäftsbetrieben verwendet wird, ist nicht zeitnah für die Satzungszwecke eingesetzt. Es muss auf freien Mitteln finanziert werden, die sich betragsmäßig in Rücklagen und Vermögenszuführungen (rechts) finden.

Mittelzufluss

Der Mittelzufluss aus dem laufenden und dem Vorjahr fällt noch nicht unter die zweijährige Frist zu Mittelverwendung (§ 55 Abs. 1 Nr. 5 AO). Er wird aufgeführt um eine vollständige Darstellung der Mittel zu erhalten, die nicht zweckgebunden verwendet sein müssen. Das hat den Vorteil, dass ein sich eventueller ergebender Verwendungsüberhang nur Mittel ausweist, die tatsächlich ein Versäumnis bei der zeitnahen Mittelverwendung darstellen.

Der Mittelzufluss ist der um nicht zahlungswirksame Aufwendungen korrigierte Gewinn oder Überschuss. Er entspricht also im Grunde der betrieblichen Kennzahl Cashflow.

Bei Einnahme-Überschussrechnung ist das der Überschuss laut EÜR zuzüglich der Abschreibungen:

Überschuss/Fehlbetrag

\+ Abschreibungen

= Mittelzufluss

Verwendungsüberhang

Der Verwendungsüberhang ergibt sich aus der Differenz der Summen beider Seiten der Aufstellung. Bei korrekter Mittelverwendung besteht kein Verwendungsüberhang. Ein positiver Betrag steht demnach für ein Versäumnis bei der Mittelverwendung oder dem Rücklagenausweis.

Der Verwendungsüberhang kann negativ sein, wenn Mittel, ohne dass das zwingend erforderlich wäre, zeitnah verwendet werden. Das gilt insbesondere, wenn der Mittelzuflusses aus dem Vorjahr bereits im laufenden Jahr verwendet wurde. Weil das meist der Fall ist, wird ein negativer Verwendungsüberhang der Regelfall sein.

Praxishinweis: In aller Regel wird es genügen, wenn die Mittelverwendungsrechnung nachweist, dass kein nennenswerter Verwendungsüberhang besteht. Man darf davon ausgehen, dass das hier vorgestellte Schema deutlich über das hinausgeht, was das Finanzamt erwarten wird.

Die Bilanz als Basis der Mittelverwendungsrechnung

Grundsätzlich liefert der Jahresabschluss bei bilanzierenden Organisationen eine bessere Grundlage für die Mittelverwendungsrechnung als die Einnahmen-Überschuss-Rechnung (EÜR), weil die Bilanz eine lückenlose Vermögensverwendung darstellt. Insbesondere können in der Bilanz auch die gemeinnützigkeitsrechtlichen Rücklagen (im Eigenkapitalbereich) mit aufgeführt werden.

Vereinfachtes Bilanzschema mit Berücksichtigung der gemeinnützigkeitsrechtlichen Rücklagen

AKTIVA		PASSIVA	
A. Anlagevermögen		**A. Eigenkapital**	
I. Immaterielle Vermögensgegenstände	1.000	I. Gezeichnetes Kapital	50.000
II. Sachanlagen		II. Ergebnisrücklagen	
1. Grundstücke	50.000	Freie Rücklagen	15.000
2. Anlagen, Betriebs- und Geschäftsausstattung	45.000	Gebundene Rücklagen	30.500
III. Finanzanlagen		III. Gewinnvortrag/Verlustvortrag	5.000
Wertpapiere des Anlagevermögens	27.000		
		IV. Jahresüberschuss/Jahresfehlbetrag	12.000
B. Umlaufvermögen			
		B. Rückstellungen	10.000
I. Vorräte	2.500		
		C. Verbindlichkeiten	
II. Forderungen und sonstige Vermögensgegenstände		Verbindlichkeiten aus Lieferungen und Leistungen	5.000
1. Forderungen	1.500	Sonstige Verbindlichkeiten	25.000
2. Sonstige Vermögensgegenstände			
		D. Rechnungsabgrenzungsposten	
III. Wertpapiere	-		
IV. Kassenbestand, Guthaben bei Kreditinstituten und Schecks	24.000		
C. Rechnungsabgrenzungsposten	1.500		
Summe	**152.500**	**Summe**	**152.500**

Die Vermögensaufstellung in der Bilanz ist allerdings ertrags- nicht liquiditätsbasiert. Zwar werden anders als in der EÜR auch Zahlungsflüsse erfasst, die nicht ertragswirksam sind (z.B. die Aufnahme und Tilgung von Darlehen). Im Gegenzug führt aber die Periodenabgrenzung zu weiteren Veränderungen gegenüber einer rein liquiditätsbezogenen Betrachtung, wie sie bei der Mittelverwendungsrechnung erforderlich ist.

Dafür ist ergänzend zur bilanziellen Vermögensaufstellung eine Zuordnung der Anlagevermögensgegenstände zu den steuerlichen Bereichen erforderlich. Es muss also auch hier ein Anlageverzeichnis geführt werden, aus dem die Zuordnung zu den steuerlichen Bereichen hervorgeht.

Die Ermittlung des Mittelzuflusses der letzten beiden Jahre muss aber anders erfolgen, weil zusätzlich zu den Abschreibungen auch die Periodenabgrenzung berücksichtigt werden muss sowie die ertrags-, aber nicht liquiditätswirksamen Änderungen bei Forderungen und Verbindlichkeiten (insbesondere aus Lieferungen und Leistungen).

Der Mittelzufluss errechnet sich dann folgendermaßen:

Gewinn/Verlust

+ Abschreibungen

+ aktive Rechnungsabgrenzungsposten

./. passive Rechnungsabgrenzungsposten

+ Erhöhungen und Verminderungen der Rückstellungen

– Erhöhungen und Verminderungen der Forderung und Verbindlichkeiten

= Mittelzufluss

Vereinfachte Mittelverwendungsrechnung

Auf Basis der Bilanz kann auch ein vereinfachtes Schema zur Mittelverwendungsrechnung eingesetzt werden (in Anlehnung an Buchna/Seeger/Brox, Gemeinnützigkeit im Steuerrecht).

Zunächst werden die in der Bilanz ausgewiesenen Sachvermögensbestände in nutzungsgebundene und nicht nutzungsgebundene aufgeteilt. Hinzugenommen werden die Bestände an Finanzmitteln (Bank, Kasse, Wertpapiere)

Mittelverwendungsrechnung 2017

		davon nutzungsgebunden verwendet	davon nicht nutzungsgebunden verwendet
Immaterielle Wirtschaftsgüter	1.000	1.000	
Grundstücke	50.000	50.000	
Anlagen, Betriebs- und Geschäftsausstattung	45.000	30.000	15.000
Vorräte	2.500		2.000
Zwischensumme	**98.500**	**81.500**	**17.000**
Bank, Kasse, Wertpapiere	51.000		

Von der Summe dieser (noch) nicht zweckgebunden verwendeten Mittel, werden die Rücklagen und Rückstellungen abgezogen.

Summe des nicht nutzungsgebunden verwendeten Anlagevermögens	17.000
+ Bank, Kasse, Wertpapiere	51.000
- Rückstellungen	- 10.000
- Rücklagen	- 45.500
= Verwendungsrückstand/-überhang	12.500

Der sich so ergebende Verwendungsüberhang muss dann um die Mittel gekürzt werden, die in den letzten beiden Jahre zugeflossen sind und deswegen noch nicht zweckgebunden verwendet sein müssen. Statt durch die obige Berechnung des Mittelzuflusses kann das auch überschlägig geschehen.

Erläuterungen zu den Bilanzposten

Rückstellungen

Bilanzielle Rückstellungen sind gebundene Mittel. Das gilt auch für Rücklagen in Vermögensverwaltung und steuerpflichtigen wirtschaftlichen Geschäftsbetrieben (z.B. für die Instandhaltung von Gebäuden der Vermögensverwaltung).

Teilweise könnten Rückstellungen auch als gemeinnützigkeitsrechtliche Rücklagen, insbesondere zweckgebundene Rücklagen, ausgewiesen werden.

Rechnungsabgrenzungsposten

Nicht erfasst werden Bilanzposten, die nur eine Abgrenzungsfunktion haben (aktive und passive Rechnungsabgrenzung). Mit Ihnen ist keine Mittelverwendung verbunden, sondern sie dienen nur der Periodenabgrenzung. Die hier ausgewiesenen Beträge sind bereits zu oder abgeflossen.

Forderungen und Verbindlichkeiten aus Lieferungen und Leistungen

Bei der Einnahmen-Überschuss-Rechnung werden Aufwand- und Ertrag (mit Ausnahme der Abschreibungen) zum Zeitpunkt des Geldzuflusses erfasst. Bei der bilanziellen Gewinnermittlung kann das auch durch eine Erhöhung bzw. Verminderung der Forderungen und Verbindlichkeiten geschehen. Die Forderungen und Verbindlichkeiten werden in der Darstellung der Mittelverwendungsrechnung nicht eigens aufgeführt. Die Veränderungen im Bestand der Forderungen und Verbindlichkeiten gehen aber wie gezeigt in die Berechnung des Mittelzuflusses ein.

Sonstige Verbindlichkeiten

Sonstige Verbindlichkeiten (vor allem aufgenommene Darlehen) stellen einen Mittelzufluss dar, der sich auf der Aktivseite der Bilanz in einer Zunahme der Sach- oder Geldmittel niederschlägt.

Diese werden entweder zweckgebunden verwendet, dann sind weitere Nachweise nicht erforderlich. Lediglich, wenn Sachanlagen (Betriebsausstattung oder Immobilien), die nicht zweckgebunden genutzt werden, aus Darlehen finanziert werden, müssen die Darlehensbeträge zusätzlich in die Verwendungsrechnung aufgenommen werden.

Eine solche Finanzierung ist unschädlich, wenn Zins und Tilgung aus Einnahmen der steuerlichen Bereiche (Vermögensverwaltung oder steuerpflichtige wirtschaftliche Geschäftsbetriebe) erfolgen, für die die Darlehen verwendet werden.

Waren und Vorräte

Im Rahmen des Jahresabschlusses wird der Aufwand für Material- und Wareneinkauf auf Basis der Inventur um die Bestandveränderung korrigiert. In der Bilanz sind also die tatsächlich vorhanden Bestände erfasst. Für den Mittelverwendungsnachweis ist lediglich erforderlich, den zweckgebunden verwendeten Anteil dieses Umlaufvermögensteils anzugeben.

Fazit

Grundsätzlich dürfen die Anforderungen an eine Mittelverwendungsrechnung – auch bei Bilanzierern – nicht zu hoch angesetzt werden. Die Finanzverwaltung hat hier bisher keinerlei Vorgaben gemacht. Auch in der Literatur findet sich nur wenig zu dieser besonderen Thematik.

Man darf davon ausgehen, dass sich die Finanzämter mit einer überschlägigen Darstellung zufrieden geben. Es genügt also in aller Regel ein grober summarischer Nachweis, dass den über die Mittelverwendungsfrist hinaus nicht zweckgebunden verwendeten Vermögensgegenständen entsprechende Rücklagen und Vermögenszuführungen gegenüber stehen. Mittel die nicht zweckgebunden verwendet wurden, weil die Verwendungsfrist (das übernächste auf den Zufluss folgende Jahr) noch abgelaufen ist, werden bei der Nachprüfung außen vor bleiben dürfen, weil ihre Höhe meist überschaubar ist und mit Bezug auf den Vorjahresabschluss ungefähr abgeschätzt werden kann.

Vermögensaufstellung

Die Vermögensaufstellung ist nur bei Einnahmen-Überschuss-Rechnung erforderlich. Bei bilanzierenden Vereinen ergibt sie sich aus der Bilanz, die eventuell um eine Zuordnung bestimmter Vermögensgegenstände zu den steuerlichen Bereichen ergänzt werden muss.

Die Notwendigkeit einer Vermögensaufstellung ergibt sich aus den Unzulänglichkeiten der Einnahmen-Überschuss-Rechnung. Dort nämlich

- werden nur Erträge und Kosten erfasst, nicht aber Mittelzu- und -abflüsse, die sich nicht auf das Betriebsergebnis auswirken (z. B. Aufnahme und Tilgung von Darlehen)
- wird die Anschaffung von abschreibungspflichtigen langlebigen Wirtschaftsgütern nicht erfasst; lediglich über die Abschreibungen gehen diese in das Betriebsergebnis ein. Das aber nur anteilig bezogen auf die betriebsgewöhnliche Nutzungsdauer und damit erst in späteren Perioden.
- bleibt die Verwendung der Überschüsse/Gewinne ungeklärt. Das gilt zum einen für eine eventuelle Mittelfehlverwendung und vor allem für die Frage der zeitnahen Mittelverwendung.

Für die Form der Vermögensaufstellung gibt es keine gesetzlichen Vorgaben. Zu beachten ist, dass es sich hier um keine handelsrechtliche Aufstellung handelt, sondern um einen Verwendungsnachweis nach gemeinnützigkeitsrechtlichen Gesichtspunkten.

	Bestände am 1.01.	Bestände am 31.12.	Bestandsveränderung
Hauptkasse			
Nebenkasse			
Bankkonto			
Sparkonto			
Finanzanlagen (z. B. Wertpapiere) und Beteiligungen**			
Sachanlagen und Vorräte ideeller Bereich und Zweckbetrieb (nutzungsgebundenes Sachvermögen)*			
Sachanlagen Vermögensverwaltung			
Sachanlagen und Vorräte steuerpflichtiger wirtschaftlicher Geschäftsbetrieb			
Immaterielle Vermögensgegenstände (Konzessionen, Lizenzen, geleistete Anzahlungen)**			
gegebene Darlehen und andere Förderungen			
erhaltene Darlehen und andere Verbindlichkeiten***			

Erläuterungen

* Eventuell aufgeteilt in: Grundstücke und Bauten, Technische Anlagen/Maschinen, Betriebs- und Geschäftsausstattung und Bauten

** eventuell getrennt nach Verwendung in den steuerlichen Bereichen

*** Kurzfristige Verbindlichkeiten aus Lieferungen und Leistungen wären hier nicht zu berücksichtigen. Nachdem Zufluss-/Abfluss-Prinzip werden sie in der EÜR nicht erfasst. Umgekehrt werden Vorräte an Waren und Verbrauchsmaterial nicht verzeichnet, weil sie bereits zum Anschaffungszeitpunkt in die Überschussermittlung eingehen.

Möglich wäre auch eine bilanzförmige Vermögensaufstellung – im Folgenden (auf Basis der EÜR) ohne Rückstellungen und Periodenabgrenzung. Auf die Darstellung kurzfristiger Forderungen und Verbindlichkeiten (offenen Posten aus Lieferungen und Leistungen) kann verzichtet werden, wenn diese buchhalterisch nicht erfasst werden.

Bei bilanzierenden Organisationen bietet sich an, die Bilanz entsprechend zu ergänzen. Das betrifft zum einen die Darstellung der gemeinnützigkeitsrechtlichen Rücklagen, soweit diese nicht ohnehin im Eigenkapitalbereich erfasst werden. Zum anderen liefert eine Aufstellung der Ergebnisvorträge aus den steuerlichen Bereichen die Grundlage für einen Nachweis der zeitnahen Mittelverwendung. Werden die Vorjahreswerte mit aufgelistet, kann damit die oben dargestellte Mittelverwendungsrechnung in den meisten Fällen ersetzt werden.

Vermögensübersicht	
AKTIVA	**PASSIVA**
A. ANLAGEVERMÖGEN I. Immaterielle Vermögensgegenstände II. Sachanlagen 1. Grundstücke, grundstücksgleiche Rechte und Bauten, einschließlich der Bauten auf fremden Grundstücken Grundstücke, grundstücksgleiche Rechte, Gebäude 2. Technische Anlagen und Maschinen 3. Andere Anlagen, Betriebs- und Geschäftsausstattung 4. Fahrzeuge, Transportmittel 5. Vereinsausstattung III. Finanzanlagen B. UMLAUFVERMÖGEN I. Vorräte II. Forderungen, sonstige Vermögensgegenstände III. Wertpapiere IV. Kasse, Bank	A. VEREINSVERMÖGEN I. Gewinnrücklagen 1. Zweckgebundene Rücklagen 2. Freie Rücklagen II. Ergebnisvorträge 1. Ideeller Bereich 2. Vermögensverwaltung 3. Ertragssteuerfreie Zweckbetriebe Sport 4. Andere ertragsteuerfreie Zweckbetriebe 5. Ertragsteuerpflichtige Geschäftsbetriebe Sport 6. Andere ertragsteuerpflichtige wirtschaftliche Geschäftsbetriebe 7. Ergebnisvorträge allgemein B. VERBINDLICHKEITEN 1. Verbindlichkeiten gegenüber Kreditinstituten 2. Verbindlichkeiten aus Wechseln 3. Sonstige Verbindlichkeiten
Summe	**Summe**

10 Steuer- und Kontierungslexikon zur Gemeinnützigkeit

10.1 Einführung/Hinweise

Das Kontierungslexikon bezieht sich auf den Kontenrahmen der **DATEV SKR** (Sonderkontenrahmen) **49** (Branchenlösung für Vereine, Stiftungen, Gemeinnützige GmbHs) in der Fassung für 2017.

Auch wenn nicht der SKR 49 genutzt wird, liefert das Lexikon neben den genauen Kontierungsangaben detaillierte Hinweise zur steuerlichen Behandlung der jeweiligen Geschäftsvorfälle.

10.1.1 Welcher Kontenrahmen eignet sich?

Es gibt keine steuerrechtliche Verpflichtung zur Nutzung bestimmter Kontenrahmen. Vorgeschrieben ist lediglich, die Aufzeichnungen geordnet vorzunehmen und Einnahmen und Ausgaben getrennt aufzuzeichnen. Natürlich muss die Kontierung die Gliederungsvorgaben des EÜR-Vordrucks, bzw. die gesetzliche Gliederung der Gewinn-und-Verlust-Rechnung (GuV) und Bilanz berücksichtigen. Dabei wird sich aber der Kontenplan (also die konkrete Aufteilung und Ordnung der Konten in einem bestimmten Verein) nicht nach den steuerlichen Mindesterfordernissen, sondern nach den Informations- und Organisationsbedürfnissen des Vereins richten.

Ein Spezialkontenrahmen zur Gemeinnützigkeit ist nicht unbedingt erforderlich. Viele Vereine haben im Wesentlichen nur Einnahmen im nichtunternehmerischen Bereich. Die übrigen Einnahmen und Ausgaben können mit wenigen zusätzlichen Konten erfasst werden. Ein nach steuerlichen Bereichen gegliederter Kontenplan ist dann nicht erforderlich. Es können dann vertraute Kontenrahmen benutzt werden (wie z. B. der SKR 03). Dort fehlen zwar Konten für die typischen Einnahmen des ideellen Bereiches (Mitgliedsbeiträge, Spenden) die können aber ergänzt werden (bei den Umsatzerlöskonten).

Anders wenn auch in anderen steuerlichen Bereichen nennenswerte Einnahmen und Ausgaben vorliegen. Die getrennte Erfolgsrechnung – also die Aufteilung aller Einnahmen und Ausgaben auf ideellen Bereich, Vermögensverwaltung, Zweckbetriebe und steuerpflichtige wirtschaftliche Geschäftsbetriebe stellt hier besondere Anforderungen an die Kontierung. Der Kontenplan muss das wiederspiegeln. Die für gewerbliche Unternehmen gängigen Kontenrahmen (z. B. SKR 03, SKR 04) tun dies nicht und sind deswegen hier meist nicht geeignet.

Neben der unterschiedlichen ertragsteuerlichen Behandlung gibt es in Vereinen und gemeinnützigen Körperschaften auch regelmäßig ein Nebeneinander von umsatzsteuerpflichtigen und umsatzsteuerfreien Einnahmen. Das ergibt sich zum einen aus den Vorhandensein eines nichtunternehmerischen Bereiches, zum anderen aus einer Reihe von Befreiungsregelung (besonders § 4 Nr. 18 bis 25 UStG). Da von der Steuerpflicht der Ausgangsumsätze der Vorsteuerabzug bei den Eingangsumsätzen abhängt, ist eine Trennung nach steuerfreien und steuerpflichtigen Bereichen erforderlich und wird im SKR 49 auch so umgesetzt.

10.1.2 Aufbau des DATEV-Vereinskontenrahmens

Der SKR 49 gliedert die Einnahmen und Ausgaben zunächst nach den steuerlichen Bereichen und dann nach Erlös- und Kostenarten. Das führt zu einer sehr viel größeren Zahl von Konten als z. B. beim SKR 03. Andererseits sind in einigen steuerlichen Bereichen einzelne Erlös- und Kostenarten nicht vorhanden. In der Regel wird man hier entsprechende Konten einfügen, weil die Buchung auf Sammelkonten (sonstige Erlöse/Kosten) bei regelmäßig vorkommenden Geschäftsvorfällen nicht sinnvoll ist.

Kontenklasse	Kontenarten
0	Bestandskonten Aktiva
1	Bestandskonten Passiva
2	ideeller Bereich
3	ertragsneutrale Posten
4	Vermögensverwaltung
5	Zweckbetrieb Sport
6	andere Zweckbetriebe
7	wirtschaftlicher Geschäftsbetrieb Sport
8	übrige wirtschaftliche Geschäftsbetriebe
9	Vortragskonten, statistische Konten
10000 - 69999	Personenkonten: Debitoren
70000 - 99999	Personenkonten: Kreditoren

Der SKR 49 bildet die große Bedeutung der Sportvereine in eigenen Kontenklassen (5 und 7) ab. Für Nicht-Sportvereine sind diese Bereiche natürlich überflüssig. Umgekehrt sind die Zweckbetriebe anderer Vereine in der Kontenklasse 6 nur ungenügend abgebildet. Auch hier werden dann Anpassungen durch das Einfügen entsprechender Konten nötig sein.

Kontenbereich 0 und 1

Anders als die gängigen Kontenrahmen teilt der SKR 49 die Bestandskonten nicht nach Anlage- und Umlaufvermögen, sondern nach aktiven und passiven Bestandskonten (also nach der Bilanzseite). Das ist ungewohnt, weil so die häufig bebuchten Konten Kasse und Bank nicht die vertrauten Nummern 1000 und 1200 haben.

Für die Bestandskonten (Finanzkonten, Anlagevermögen, Verbindlichkeiten usf.) ist eine Trennung nach steuerlichen Bereichen nicht erforderlich.

Kontenbereich 2 und 3

Der nicht unternehmerische Bereich ist aufgeteilt in die Bereiche 2 und 3. Die gemeinnützigkeitsspezifischen Konten finden sich dabei im Bereich 3. Schlüssige Gründe für die Doppelung des ideellen Bereiches sind nicht zu finden.

Kontenbereich 5 und 7

Eigens ausgewiesen sind im Kontenrahmen die Bereiche *Zweckbetrieb Sport* und *wirtschaftlicher Geschäftsbetrieb Sport*, weil die steuerliche Einordnung von Amateur- und Profisport unterschiedlich ist und nach § 67a Abgabenordnung eine Wahlmöglichkeit für die Zweckbetriebszuordnung besteht. Die Einhaltung der 45.000-Euro-Grenze beim Einsatz bezahlter Sportler muss dann eigens (durch getrennte Verbuchung) nachgewiesen werden.

Im Bereich 5 werden umsatzsteuerpflichtige und umsatzsteuerfrei Einnahmen (ab 5700) und entsprechend Eingangsumsätze mit und ohne Vorsteuerabzug unterschieden.

Kontenbereich 6

Die Zweckbetriebe von Nichtsportvereinen finden sich im Bereich 6. Unterschieden wird dabei nach umsatzsteuerfreien und -steuerpflichtigen Zweckbetrieben. Naturgemäß kann der SKR 49 nicht das ganze Spektrum gemeinnütziger Tätigkeiten abbilden. Es fehlen also Konten für viele besondere Zweckbetriebe. Häufig wird im Bereich 6 deswegen eine weitgehende Umgestaltung der Konten erforderlich sein.

Kontenbereich 8

Die steuerpflichtigen wirtschaftlichen Geschäftsbetriebe (mit Ausnahme des Sports) finden sich im Bereich 8. Abgebildet sind hier nur die häufigsten Geschäftsbetriebe. Auch hier werden deshalb vielfach Konten geändert oder ergänzt werden müssen.

Die Auflistung der Konten bietet an vielen Stellen eine Wahl zwischen gesammelter oder differenzierter Erfassung.

Beispiel: 5000 Eintrittsgelder Sport 1 ist ein Sammelkonto. Wahlweise können die Einnahmen aber auch stärker unterschieden werden nach:
5005 Eintrittsgelder aus Wettkämpfen 7 % USt
5010 Eintrittsgelder aus Fußballspielen 7 % USt
5015 Eintrittsgelder aus Sportturnen 7 % USt usf.

Diese Unterscheidung ist nur für den Bedarf des internen Rechnungswesens gedacht. Steuerliche Vorgaben gibt es dafür in der Regel nicht.

10.1.3 Hinweise zur Kontierungstabelle

Im SKR 49 wird eine Aufteilung nach den steuerlichen Bereichen:

- nicht unternehmerischer (ideellen) Bereich (2000 und 3000) IB
- der Vermögensverwaltung (4000) Verm.
- den Zweckbetriebe (5000 und 6000) und ZB
- den wirtschaftlichen Geschäftsbetriebe (8000) wirt. GB

und zusätzlich nach

- Zweckbetrieb Sport und ZB Sport
- wirtschaftlichem Geschäftsbetrieb Sport wirt. GB Sport

Die sonstigen Zweckbetriebe (6000) werden weiter unterteilt nach

- umsatzsteuerfreien und
- umsatzsteuerpflichtigen Zweckbetrieben.

Daraus ergibt sich die Spaltenaufteilung unter Kontonummer(n). Je nach sachlicher Zuordnung des Geschäftsvorfalls muss also die entsprechende Spalte gewählt werden.

Unter "Zuordnung zu den steuerlichen Bereichen" finden Sie bei den einzelnen Kontierungsfällen dazu Hinweise.

Die Spalte Konto-Position gibt an, ob das unter Kontonummer(n) angegebene Konto im Soll oder im Haben steht. Wird mit Buchungskreisen gebucht, die bereits ein Finanzkonto vorgeben (ein Verfahren das viele Buchhaltungsprogramme zur Vereinfachung einsetzen) ist diese Angabe ohne Belang. Es wird dann nur "Ausgabe" oder "Einnahme" (o.ä.) gewählt.

Unter „Gegenkonto" wird in aller Regel ein Finanzkonto stehen (Bank, Kasse, Scheck oder Forderungen und Verbindlichkeiten). Der konkrete Buchungssatz hängt also davon ab, ob bar oder unbar (per Banküberweisung) bezahlt wurde. Forderungen und Verbindlichkeiten müssen nur in der bilanzierenden Buchhaltung erfasst werden. In der einfachen Buchhaltung (EÜR) genügt es, wenn der Geschäftsvorfall bei Zahlungsfluss gebucht wird.

Für Buchungen auf Bestandskonten (z. B. Anschaffung von Anlagevermögen oder Aufnahme vor Darlehen) erfolgt keine Trennung nach den steuerlichen Bereichen. Stattdessen finden Sie das entsprechende Konto in der Spalte „Anlagen"

Beispiel: Anwaltskosten

Kontonummer/n									
Anlagen	IB	Verm.	ZB Sport	sonstige ZB ust.pflichtig	sonstige ZB ust.frei	wirt. GB Sport	sonstige wirt. GB	Konto-Position	Gegenkonto
	2704	4900	5650	6300	6800	7500	8800	Soll	Finanzkonto

Es handelt sich um eine Aufwandsbuchung, deshalb steht das Konto im Soll. Je nach Zuordnung zu den steuerlichen Bereichen wird auf unterschiedliche Konten gebucht: Handelt es sich z. B. um Anwaltskosten aus Rechtsstreitigkeiten mit Mitgliedern, wird die Zuordnung zum ideellen Bereich erfolgen (Konto 2704). Bei einem Rechtsstreit mit einem bezahlten Sportler dagegen, wäre bei Wahl der Zweckbetriebsoption die Zuordnung zum Zweckbetrieb Sport gegeben usf.

SKR 49 und SKR 99 haben mit Ausnahme der Bestandsbuchungen identische Kontenklassen. Innerhalb der Kontenklassen werden aber z. T. ganz unterschiedliche Kontennummern benutzt.

Häufig kann die Kontierung nicht immer ganz eindeutig angegeben werden. Das liegt daran, dass der SKR 49 in den einzelnen Teilbereichen nicht immer differenzierte Einzelkonten vorsieht. Wir geben dann Sammelkonten (Sonstige Kosten, Sonstige Erträge) an. Hier sollten bei regelmäßig anfallenden Geschäftsvorfällen Konten ergänzt werden.

10.1.4 Umsatzsteuer

Wegen der besonderen Komplikationen, die die Umsatzsteuer durch die unterschiedlichen Sätze und Befreiungsregelungen in den verschiedenen steuerlichen Bereichen erfährt, kann die Umsatzsteuer bei der Kontierung nicht systematisch berücksichtigt werden. Das gilt insbesondere für die Arbeit mit Steuerschlüsseln und Automatikkonten. Die angegebenen Konten sind also noch auf die zugeordneten Umsatzsteuersätze hin zu überprüfen.

Für die Einnahmen finden Sie in der Rubrik Umsatzsteuer jeweils ausführliche Angaben, besonders zu Umsatzsteuerbefreiungen.

Im Übrigen gilt allgemein:

- Der nichtunternehmerische Bereich (2 und 3) ist umsatzsteuerfrei und damit auch ohne Vorsteuerabzug. Eine Ausnahme würden hier nur Mitgliedsbeiträge darstellen, auf die Umsatzsteuer erhoben wird. Ertragssteuerlich fallen sie dennoch in den nichtunternehmerischen Bereich. Umsatzsteuer auf Mitgliedsbeiträge zu erheben, ist aber nach geltendem Recht nicht erforderlich und wird die Ausnahme sein.
- Die Einnahmen der Vermögensverwaltung sind grundsätzlich umsatzsteuerpflichtig. Es gilt der ermäßigte Umsatzsteuersatz (7%). Für viele typischen Einnahmearten (Zinsen, Mieten) gelten aber Befreiungsregelungen.
- Zweckbetriebe sind grundsätzlich steuerpflichtig, wenn nicht ein besonderer Befreiungstatbestand greift. Bis auf wenige Ausnahmen gilt der ermäßigte Umsatzsteuersatz.
- In steuerpflichtigen wirtschaftlichen Geschäftsbetrieben gilt allgemein die Steuerpflicht und der Regelsteuersatz (19%).

10.1.5 Vorsteuerabzug

Nach § 15 Abs. 1 Nr. 1 Satz 1 UStG kann der Verein die gesondert ausgewiesene Steuer für Lieferungen oder sonstige Leistungen, die für sein Unternehmen ausgeführt worden sind, als Vorsteuer abziehen. Dabei muss ein direkter und unmittelbarer Zusammenhang zwischen dem Eingangsumsatz und den umsatzsteuerpflichtigen Ausgangsumsätzen bestehen. Die getätigten Aufwendungen müssen zu den Kostenelementen der versteuerten Ausgangsumsätze gehören.

Ein Vorsteuerabzug ist auch möglich, wenn die Kosten für die Leistungen zu den allgemeinen Aufwendungen (Gemeinkosten) gehören und – als solche – Bestandteile des Preises der erbrachten Dienstleistungen sind.

Der Vorsteuerabzug ist nur zulässig, wenn Lieferungen oder sonstige Leistungen für das Unternehmen ausgeführt werden (§ 15 Abs. 1 Nr. 1 UStG). Umsatzsteuerrechtlich werden bei gemeinnützigen Organisationen die unternehmerische wirtschaftliche Sphäre und die nichtunternehmerische Sphäre (ideeller Bereich) unterschieden.

Die Rechtsprechung hat geklärt, dass unternehmerisch tätige Gesellschaften auch einen nichtunternehmerischen Bereich haben können. Stehen Eingangsleistungen (Rechnungen anderer Unternehmen) in einem Verwendungszusammenhang mit dem unternehmerischen und dem nicht-unternehmerischen Bereich, liegt grundsätzlich nur ein anteiliger unternehmerischer

Leistungsbezug vor. Einheitliche Leistungen können teilweise für das Unternehmen und teilweise für außerunternehmerische Zwecke bezogen werden.

Die Aufteilung von Vorsteuern zwischen beiden Bereichen ist im Einzelfall oft schwierig bleiben.

In Frage kommen Aufteilungsmaßstäbe:

- nach der Verwendung von Aufwendungen,
- nach getätigten Investition oder
- nach den Einnahmen.

Bei Gütern des Anlagevermögens hat der Verein ein Wahlrecht, ob er ein Wirtschaftsgut dem unternehmerischen Bereich oder dem nicht unternehmerischen Bereich zuordnet. Bei einer Zuordnung zum unternehmerischen Bereich kann er die Vorsteuern in voller Höhe im ersten Jahr abziehen. Die anschließende Nutzung im nichtunternehmerischen Bereich gilt dann als Verwendung, die umsatzsteuerpflichtig ist, wenn das Wirtschaftsgut ganz oder teilweise zum Vorsteuerabzug berechtigt hat. Bei Zuordnung des Gegenstands zum nichtunternehmerischen Bereich entfällt der Vorsteuerabzug aus den Kosten, die auf diesen Gegenstand entfallen.

Wenn Vereinsanlagen sowohl im nichtwirtschaftlichen als auch im wirtschaftlichen Bereich genutzt werden, kommt ein Vorsteuerabzug bei Aufwendungen zur laufenden Unterhaltung in Frage, soweit dies Nutzung im Zusammenhang mit umsatzsteuerpflichtigen Einnahmen steht.

Die verschiedenen vereinsinternen Bereiche müssen nach Art einer Kostenstellenrechnung dem nichtwirtschaftlichen und wirtschaftlichen Bereich zugeordnet werden. Der wirtschaftliche Bereich muss wiederum nach der Nutzung für umsatzsteuerpflichtigen und umsatzsteuerfreien Einnahmen aufgeteilt werden.

10.2 Liste der Kontierungsfälle

Ablösezahlungen, Einnahmen

Hinweise

Ablösezahlungen können Einnahmen des Zweckbetriebs sein. Das setzt aber voraus, dass der den Verein wechselnde Sportler in den letzten zwölf Monaten vor seiner Freigabe nicht als bezahlter Sportler einzustufen war.

Das gleiche gilt, wenn lediglich die Ausbildungskosten für den übernommenen Sportler erstattet werden. Das wird ohne weitere Nachweise angenommen, wenn die Kostenerstattung je Sportler nicht höher als 2.557 EUR ist. Bei höheren Kostenerstattungen müssen sämtliche Ausbildungskosten einzeln nachgewiesen werden. Beim übernehmenden Verein können diese Kostenerstattung dann nicht im steuerpflichtigen wirtschaftlichen Geschäftbetrieb verbucht werden (AEAO, Ziffer 39 zu § 67a Abs. 3).

Im bezahlten Sport werden die gezahlten Ablösesummen als immaterielles Wirtschaftsgut bilanziell aktiviert und auf die Laufzeit des Arbeitsvertrags mit dem Sportler verteilt (Bundesfinanzhof, Urteil vom 14.12.2011, I R 108/10). Zahlungen von Ausbildungsentschädigungen können sofort als Betriebsausgaben abgesetzt werden. Nebenkosten im Rahmen der Verpflichtung eines Sportlers, wie z. B.. Provisionen an Spielervermittler sind als Betriebsausgaben sofort abzugsfähig.

Zuordnung zu den steuerlichen Bereichen

Nach den genannten Maßgaben Zweckbetrieb. Alle anderen Ablösezahlungen fallen in den steuerpflichtigen wirtschaftlichen Geschäftbetrieb.

Kontierung

Kontonummer/n									
Anlagen	IB	Verm.	ZB Sport	sonstige ZB ust.-pflichtig	sonstige ZB ust.frei	wirt. GB Sport	sonstige wirt. GB	Konto-Position	Gegenkonto
			5260			7054		Haben	Finanzkonto

Umsatzsteuer

Die Freigabe eines Fußballvertragsspielers oder Lizenzspielers gegen Zahlung einer Ablöseentschädigung vollzieht sich im Rahmen eines Leistungsaustauschs zwischen abgebendem und aufnehmendem Verein (vgl. BFH, Urteil vom 31.08.1955, V 108/55 U). Das gilt auch, wenn die Ablöseentschädigung für die Abwanderung eines Fußballspielers in das Ausland von dem ausländischen Verein gezahlt wird (UStAE, zu § 1a UStG).

Als Einnahmen des Zweckbetriebs sind die Ablösezahlungen nur mit 7% besteuert.

Abschreibungen

Hinweise

Die Absetzung für Abnutzung (AfA) ist ein Teilbetrag der Anschaffungs- bzw. Herstellungskosten des Vereinsinventars. Die durch Überalterung, Verschleiß oder technischen Fortschritt entstehende Wertminderung von abnutzbaren Wirtschaftsgütern wird durch den Ansatz von Abschreibungen ausgewiesen. Zunächst werden die Anschaffungs- bzw.

Herstellungskosten des jeweiligen Wirtschaftsgutes im Anschaffungsjahr aktiviert (im Anlagevermögen aufgeführt), dann werden diese Kosten auf die Dauer mehrerer Nutzungsjahre (lt. amtlicher AfA-Tabelle) verteilt. Zu unterscheiden ist dabei die planmäßige (auf die voraussichtliche Nutzungsdauer) oder außerplanmäßige (bei unvorhergesehenem Wertverlust) Abschreibung. Für geringwertige Wirtschaftgüter (150 bis 1.000 Euro bzw. 410 Euro Anschaffungswert) gelten besondere Abschreibungsregelungen.

Zuordnung zu den steuerlichen Bereichen

Die Zuordnung hängt von der tatsächlichen Nutzung ab. Wenn die Anlagegüter gemischt (d. h. in verschiedenen steuerlichen Bereichen) genutzt werden, ist eine Aufteilung auf die steuerlichen Bereiche vorzunehmen. In gemeinnützigen Vereinen sind die Abschreibungen nur in steuerpflichtigen wirtschaftlichen Geschäftsbetrieben steuerwirksam. Im Übrigen sind sie nur kalkulatorisch (für das interne Rechnungswesen) wichtig.

Kontierung

Kontonummer/n									
Anlagen	IB	Verm.	ZB Sport	sonstige ZB ust.-pflichtig	sonstige ZB ust.frei	wirt. GB Sport	sonstige wirt. GB	Konto-Position	Gegenkonto
	2500	4500	5450	6780		7270	8240	Soll	Anlagenkonto

Abschreibungen, geringwertige Wirtschaftsgüter

Hinweise

GWG mit Anschaffungs- oder Herstellungskosten bis 250 EUR (ohne Umsatzsteuer) müssen – ohne Wahlrecht – sofort als Betriebsausgaben abgesetzt werden. Eine besondere Aufzeichnungspflicht, z. B. in einem Anlagenverzeichnis, gibt es nicht.

Für GWG mit Anschaffungs- oder Herstellungskosten von 251 EUR bis 1 000 EUR (ohne Umsatzsteuer) muss für jedes Jahr ein Sammelposten gebildet werden (GWG-Pool), der über 5 Jahre mit jeweils 20 % abgeschrieben wird. Abgesehen von der buchmäßigen Erfassung des Zugangs im Sammelposten bestehen keine weiteren Dokumentationspflichten. Es muss also kein Bestandsverzeichnis geführt werden. Buchhalterisch ist das eine Vereinfachung, weil die Wirtschaftsgüter nicht einzeln erfasst und abgeschrieben werden und keine monatsgenaue Erfassung nötig ist.

Diese Regelung des § 6 Abs. 2 Einkommensteuergesetz (EStG) betrifft Steuerpflichtige mit Gewinneinkünften. Im Verein gilt das für steuerpflichtige wirtschaftliche Geschäftsbetriebe.

Seit 2010 gibt es bei der Absetzung geringwertiger Wirtschaftsgüter ein Wahlrecht: Wirtschaftsgüter, die ab dem 1.01.2010 angeschafft, hergestellt oder in das Betriebsvermögen eingelegt werden, können auch nach dem bis 2007 gültigen Verfahren abgeschrieben werden.

GWG mit Anschaffungs- oder Herstellungskosten von 251 EUR bis 800 EUR (ohne Umsatzsteuer) können also wahlweise in voller Höhe als Betriebsausgaben abgesetzt werden. In diesem Fall müssen die GWG in einem besonderen Anlagenverzeichnis aufgeführt werden. Wirtschaftsgüter über 800 EUR müssen nach den allgemeinen Regeln abgeschrieben werden.

Bei Anschaffungs-, Herstellungs- oder Einlagewerten über 800,00 EUR gelten die allgemeinen Vorschriften der linearen Abschreibung.

Bei den Überschusseinkunftsarten (Vermietung und Verpachtung, sonstige Einkünfte – im Verein gilt das für den gesamten Bereich der Vermögensverwaltung) bleibt es bei der bisherigen Regelung, dass geringwertige Wirtschaftsgüter mit Anschaffungskosten bis 800

EUR sofort als Werbungskosten abgesetzt oder wahlweise über die Nutzungsdauer abgeschrieben werden können.

Zuordnung zu den steuerlichen Bereichen

Nur bei sofortiger Abschreibung (bei Wirtschaftsgütern bis 250 bzw. 800 Euro) wird eine Zuordnung zu den steuerlichen Bereichen vorgenommen. Werden die GWG im Pool abgeschrieben, erfolgt bei der Anschaffung wie für alle Bestandskonten keine steuerliche Zuordnung. Erst über die (anteiligen) Abschreibungen erfolgt eine Zuordnung, soweit die Wirtschaftgüter gemischt genutzt werden anteilig nach einem entsprechenden Aufteilungsschlüssel.

Die neuen Abschreibungsregelungen gelten aber ausschließlich für solche Wirtschaftsgüter, die im Rahmen einer steuerlichen Gewinnermittlung abgeschrieben werden. Bei gemeinnützigen Vereinen betrifft das also nur steuerpflichtige wirtschaftliche Geschäftsbetriebe, die die Umsatzfreigrenze von 35.000 Euro überschreiten.

Anders wenn ein Verein keinen steuerpflichtigen wirtschaftlichen Geschäftsbetrieb unterhält. Bilanziert er nach Handelsrecht, greifen die Grundsätze ordnungsgemäßer Buchhaltung (GoB). Die stellen es dem Bilanzierenden grundsätzlich frei, ob er die GWG sofort vollständig oder über die betriebsgewöhnliche Nutzungsdauer verteilt abschreibt.

Da die meisten Vereine nicht bilanzieren, spielen die Abschreibungen in der steuerbegünstigten Sphäre (ideeller Bereich, Vermögensverwaltung und Zweckbetriebe) rechtlich keine Rolle. Nur unter kaufmännischen Gesichtspunkten (internes Rechnungswesen) wären hier Abschreibungen anzusetzen. Für den Fall, dass ein steuerpflichtiger wirtschaftlicher Geschäftsbetrieb unterhalten wird, sind die neuen Vorschriften natürlich zu beachten.

Kontierung

Kontonummer/n									
Anlagen	IB	Verm.	ZB Sport	sonstige ZB ust.-pflichtig	sonstige ZB ust.frei	wirt. GB Sport	sonstige wirt. GB	Konto-Position	Gegenkonto
	2501, 2503	4501, 4504	5455, 5456	6285	6785, 6786	6786	8243	Soll	476

Umsatzsteuer

Wird das Wirtschaftsgut in für steuerpflichtige Umsätze genutzt, ist ein Vorsteuerabzug (eventuell anteilig) möglich.

Bei einer Nutzung von mehr als 10% für unternehmerische Zwecke kann das Wirtschaftsgut auch ganz dem unternehmerischen Bereich zugeordnet werden. Die teilweise Nutzung im nichtunternehmerischen Bereich ist dann als unentgeltliche Wertabgabe zu berücksichtigen.

Altmaterialsammlung

Hinweise

Die Sammlung von Altpapier, Altkleidern u. ä. ist eine gängige Einnahmequelle für gemeinnützige Vereine.

Der Erlös entsteht in der Regel durch den Weiterverkauf des Material an gewerbliche Verwerter.

Zuordnung zu den steuerlichen Bereichen

Die Erlöse aus dem Verkauf des Altmaterial müssen dem steuerpflichtigen wirtschaftlichen Geschäftsbetrieb zugeordnet werden.

Eine Zuordnung zum Zweckbetrieb ist nur bei der Abgabe von Altkleidern an Bedürftige möglich, wenn die dafür erhobenen Preise im Wesentlichen nur die Kosten decken.

Statt Kosten und Erlöse gegenüberzustellen, kann ein pauschaler branchenüblicher Reingewinn angesetzt werden. Dieser liegt bei Altpapier bei 5% und bei sonstigen Altmaterialien bei 20% des Umsatzes.

Kontierung

Kontonummer/n									
Anlagen	IB	Verm.	ZB Sport	sonstige ZB ust.-pflichtig	sonstige ZB ust.frei	wirt. GB Sport	sonstige wirt. GB	Konto-Position	Gegenkonto
							8108	Haben	Finanzkonto

Umsatzsteuer

Als Einnahmen des steuerpflichtigen wirtschaftlichen Geschäftsbetriebs unterliegt der Weiterverkauf von Altmaterial dem Regelumsatzsteuersatz (19%).

Anlagevermögen, Abgang aus dem Anlagevermögen

Hinweise

Ein Abgang aus dem Anlagevermögen kann durch Verkauf oder vollständigen Verlust (Diebstahl, Totalschaden...) erfolgen. Es wird dann das entsprechende Anlagekonto um den Buchwert vermindert.

Das gilt aber nicht für GWG; die werden immer über 5 Jahre abgeschrieben – auch bei Verkauf oder Verlust.

Bei Verkäufen kann der Verkaufserlös über dem Buchwert liegen, dann entsteht ein Ertrag, liegt er unter dem Buchwert, entsteht ein Verlust.

Die Ausbuchung aus dem Anlagevermögen ist aber in allen Fällen identisch. Hinzu kommt beim Verkauf aber die Erfassung des Erlöses.

Der Abgang aus dem Anlagevermögen wird gebucht: Konto 10 bis 495 an Finanzkonto

Zuordnung zu den steuerlichen Bereichen

Die Zuordnung zu den steuerlichen Bereichen hängt von der tatsächlichen Nutzung ab. Eventuell. ist eine Aufteilung des Restbuchwertes vorzunehmen (gemischt genutzte Anlagegüter).

Kontierung

Kontonummer/n									
Anlagen	IB	Verm.	ZB Sport	sonstige ZB ust.-pflichtig	sonstige ZB ust.frei	wirt. GB Sport	sonstige wirt. GB	Konto-Position	Gegenkonto
	2500	4500	5450	6230	6780	7270	8740	Haben	10 bis 495

Anlagevermögen, Kauf

Hinweise

Der Kauf von Anlagegütern stellt nur eine Vermögensumschichtung dar (Geldvermögen in Sachvermögen). Zunächst ist der Ertrag davon nicht berührt; erst über die Abschreibungen, gehen die Anlagegüter in die Kosten ein.

Als Anlagegüter erfasst werden nur langlebige Wirtschaftsgüter (die mehr als ein Jahr) genutzt werden.

Geringwertige Wirtschaftsgüter werden getrennt erfasst (Konto 467).

Langlebige Wirtschaftsgüter unter 250 Euro werden über Aufwandkonten gebucht (Werkzeuge, Kleingeräte...)

Zuordnung zu den steuerlichen Bereichen

Eine Aufteilung der Bestandskonten auf die steuerlichen Bereiche findet nicht statt.

Nur für die Zuordnung der Abschreibungen und eventueller Buchgewinne oder -verluste beim Verkauf von Anlagevermögen ist von Belang, in welchem steuerlichen Bereich Anlagegüter eingesetzt werden. Entsprechend sollte im Anlagenverzeichnis die Zuordnung zu ersehen sein.

Kontierung

Kontonummer/n									
Anlagen	IB	Verm.	ZB Sport	sonstige ZB ust.-pflichtig	sonstige ZB ust.frei	wirt. GB Sport	sonstige wirt. GB	Konto-Position	Gegenkonto
10 bis 495								Soll	Finanzkonto

Anlagevermögen, Verkauf mit Buchgewinn

Hinweise

Der Abgang aus dem Anlagevermögen wird wie unter ANLAGEVERMÖGEN, ABGANG AUS DEM ANLAGEVERMÖGEN gebucht.

Beim Verkauf mit Buchgewinn (Erlös liegt über den aktuellen Buchwert) entsteht ein erfolgwirksamer Überschuss.

Der Verkauf von Anlagegütern, die im GWG-Pool noch nicht vollständig abgeschrieben sind, führt immer zu einem Buchgewinn, weil keine Ausbuchung aus dem Pool vorgenommen werden darf.

Für den Verkauf von Anlagegütern im Vermögen des Vereins, die nicht zeitnah verwendet müssen (Vermögensverwaltung), ist auch der Verkaufserlös von der zeitnahen Mittelverweng ausgenommen (Vermögensumschichtung).

Zuordnung zu den steuerlichen Bereichen

Die Zuordnung zu den steuerlichen Bereichen hängt von der tatsächlichen Nutzung ab. Eventuell. ist eine Aufteilung des Restbuchwertes vorzunehmen.

Die Zuordnung zu den steuerlichen Bereichen ist insbesondere umsatzsteuerlich von Belang. Ertragssteuerlich fällt nur der Restbuchwert ins Gewicht.

Kontierung

Kontonummer/n									
Anlagen	IB	Verm.	ZB Sport	sonstige ZB ust.-pflichtig	sonstige ZB ust.frei	wirt. GB Sport	sonstige wirt. GB	Konto-Position	Gegenkonto
	2421	4340	5282	6080	6580	7152, 7841	8102, 8622	Soll	Finanzkonto

Anwaltskosten

Hinweise

Anwaltskosten gehören zu den Rechts- und Beratungskosten.

Zuordnung zu den steuerlichen Bereichen

Abhängig von der sachlichen Zuordnung. Rechtsstreitigkeiten mit Mitglieder z. B. fallen in den ideellen Bereich.

U. U. müssen die Kosten auf mehrere steuerliche Bereiche aufgeteilt werden, wenn sie sachlich verschiedene Bereiche betreffen.

Kontierung

Kontonummer/n									
Anlagen	IB	Verm.	ZB Sport	sonstige ZB ust.-pflichtig	sonstige ZB ust.frei	wirt. GB Sport	sonstige wirt. GB	Konto-Position	Gegenkonto
	2704	4900	5650	6300	6800	7500	8800	Soll	Finanzkonto

Anzeigen, *siehe: Werbekosten*

Anzeigenerlöse, *siehe: Werbeeinnahmen*

Arbeitnehmerüberlassung, *siehe: Personalgestellung*

Arbeitskleidung, *siehe: Sportkleidung*

Aufnahmegebühren

Hinweise

Aufnahmegebühren sind grundsätzlich Einnahmen des ideellen Bereiches. Damit sind sie umsatzsteuerfrei.

Nach neuerer Rechtsprechung können Aufnahmegebühren (wie Mitgliedsbeiträge und Umlagen) aber steuerpflichtig sein, wenn im Gegenzug Leistung des Vereins in Anspruch genommen werden können.

Für die im SKR 49 vorgenommene Unterteilung nach der Höhe der Gebühren (Konten 2150 und 2160) ist nur die Grenze von 1.534 Euro von Belang. Über dieser Höhe gelten Aufnahmegebühren als gemeinnützigkeitsschädlich.

Zuordnung zu den steuerlichen Bereichen

Die Zuordnung erfolgt zum ideellen Bereich. Es sei denn, mit der Gebühr ist eine individuelle Gegenleistung (und nicht pauschal der Vereinsbeitritt) verbunden.

Kontierung

Kontonummer/n									
Anlagen	IB	Verm.	ZB Sport	sonstige ZB ust.-pflichtig	sonstige ZB ust.frei	wirt. GB Sport	sonstige wirt. GB	Konto-Position	Gegenkonto
	2150, 2160							Haben	Finanzkonto

Umsatzsteuer

Für die Umsatzsteuer gelten die gleichen Regelungen wie bei Mitgliedsbeiträgen.

Aufwandsspenden

Hinweise

Unentgeltliche Nutzungen (z. B. die kostenlose Überlassung von Räumen oder Gewährung eines zinslosen Darlehens) und Leistungen (z. B. unentgeltliche Arbeitsleistung) zu Gunsten eines steuerbegünstigten Vereins können nicht wie eine Sachspende behandelt werden, da dem Steuerpflichtigen dabei kein finanzieller Aufwand entsteht (§ 10b Abs. 3 Satz 1 EStG).

Werden die Nutzungen und Leistungen gegenüber einem steuerbegünstigten Verein hingegen entgeltlich erbracht, kann bei Verzicht auf den entstandenen Vergütungs- oder Aufwendungsersatzanspruch eine steuerbegünstigte Spende vorliegen (sogenannte Aufwandsspende). Beispielsweise kann auf Auszahlung einer Vergütung (z. B. für erbrachte Arbeitsleistung, für Überlassung von Räumen oder Darlehen) oder eines Aufwendungsersatzes (z. B. für den Verein verauslagte Aufwendungen in Form von Fahrt-, Telefon- und Portokosten) bedingungslos verzichtet werden.

Der Verzicht auf Erstattung muss zeitnah nach Durchführung der entsprechenden Tätigkeit erfolgen, also z. B. in unmittelbarem Anschluß an eine Arbeitsleistung (OFD München, 8.04.1999, S 2223 - 127 St 413)

Bei dem Verzicht auf den Ersatz der Aufwendungen handelt es sich nicht um eine Spende des Aufwands, sondern um eine Geldspende, bei der entbehrlich ist, dass Geld zwischen dem Zuwendungsempfänger (steuerbegünstigter Verein) und dem Zuwendenden (Vereinsmitglied) tatsächlich hin- und herfließt.

Voraussetzung ist, dass ein satzungsgemäßer oder ein schriftlich vereinbarter vertraglicher Vergütungs- und Aufwendungsersatzanspruch besteht oder dass ein solcher Anspruch durch einen rechtsgültigen Vorstandsbeschluss eingeräumt worden ist, der den Mitgliedern in geeigneter Weise bekannt gemacht wurde.

Erbringt ein Mitglied Arbeitsleistungen freiwillig oder aufgrund einer satzungsmäßigen Verpflichtung, stellt die Arbeitsleistung keine Spende dar.

Der Anspruch muss vor der zu vergütenden bzw. zum Aufwand führenden Tätigkeit eingeräumt werden. Er muss ernsthaft und rechtswirksam (einklagbar) sein und darf nicht unter der Bedingung des Verzichts stehen – d. h. es war nicht von vornherein vereinbart, dass auf eine Vergütung verzichtet wird.

Zuordnung zu den steuerlichen Bereichen

Spenden werden dem ideellen Bereich zugeordnet.

Kontierung

Kontonummer/n									
Anlagen	IB	Verm.	ZB Sport	sonstige ZB ust.-pflichtig	sonstige ZB ust.frei	wirt. GB Sport	sonstige wirt. GB	Konto-Position	Gegenkonto
	3230, 3232							Haben	Finanzkonto

Umsatzsteuer

Die Spendenquittung lautet auf dem Bruttobetrag – also einschließlich Umsatzsteuer – soweit fällig.

Auslagenersatz

Hinweise

Eine Buchung von Auslagenersatz ist nur erforderlich, wenn die Belege für die ausgelegten Ausgaben nicht in die Buchhaltung des Vereins übernommen werden können (z. B. weil sie auf einen Vereinsmitarbeiter lauten).

Es handelt sich hier nicht um pauschalen Aufwandsersatz z. B. für Fahrkosten oder eine Aufwandsentschädigung für Arbeitsleistungen, sondern um einzeln nachgewiesen Sachaufwendungen (z. B. Kauf von Büromaterial, Benzin für Vereinsfahrzeuge usf.).

Um den Auslagenersatz nachzuweisen, müssen zumindest Kopien der Belege zu den Buchhaltungsunterlagen genommen werden.

Zuordnung zu den steuerlichen Bereichen

... hängt ab von der Art und sachlichen Zuordnung der Aufwendungen.

Da die entsprechenden Belege nicht an den Verein adressiert sind, ist ein Vorsteuerabzug nicht möglich.

Bandenwerbung

Hinweise

Die selbst betriebene Bandenwerbung ("Werbung in Eigenregie") ist ein steuerpflichtiger wirtschaftlicher Geschäftsbetrieb.

Zuordnung zu den steuerlichen Bereichen

Die Zuordnung muss zum steuerpflichtigen wirtschaftlichen Geschäftsbetrieb erfolgen. Nur im Fall einer Verpachtung der Werberechte insgesamt ist eine Zuordnung zur Vermögensverwaltung möglich. Um einen Zweckbetrieb handelt es sich in keinem Fall.

Kontierung

Kontonummer/n									
Anlagen	IB	Verm.	ZB Sport	sonstige ZB ust.-pflichtig	sonstige ZB ust.frei	wirt. GB Sport	sonstige wirt. GB	Konto-Position	Gegenkonto
							8012	Haben	Finanzkonto

Umsatzsteuer

Es gilt der Regelumsatzsteuersatz.

Bankautomat, Gebühren, *siehe: Bankgebühren*

Bankdarlehen

Hinweise

Die Aufnahme eines Darlehens ist keine Einnahme im Sinne eines Ertrages. In der Gewinnermittlung bleibt sie deshalb unberücksichtigt. Es handelt sich um eine reine Bestandsbuchung. Das Gleiche gilt für die Tilgung des Darlehens.

Nur Darlehenszinsen sind erfolgswirksam (Kosten).

Zuordnung zu den steuerlichen Bereichen

Eine Aufteilung der Bestandskonten auf die steuerlichen Bereiche findet nicht statt. Es kann bei der Buchung nach der Verwendung des Darlehens unterschieden werden. Das ist aber nur hinsichtlich der späteren Zuordnung der Darlehenskosten von Belang.

Kontierung

Kontonummer/n									
Anlagen	IB	Verm.	ZB Sport	sonstige ZB ust.-pflichtig	sonstige ZB ust.frei	wirt. GB Sport	sonstige wirt. GB	Konto-Position	Gegenkonto
1320								Haben	Finanzkonto

Bankgebühren

Hinweise

Bankgebühren (Kontoführungsgebühren, Buchungsgebühren, EC-Gebühren usf.) sind "Kosten des Geldverkehrs".

Zuordnung zu den steuerlichen Bereichen

Abhängig von der sachlichen Zuordnung.

U. U. müssen die Kosten auf mehrere steuerliche Bereiche aufgeteilt werden. Die Aufteilung wird in der Regel nach Schätzung mit pauschalen Aufteilungsschlüsseln erfolgen.

Kontierung

Kontonummer/n									
Anlagen	IB	Verm.	ZB Sport	sonstige ZB ust.-pflichtig	sonstige ZB ust.frei	wirt. GB Sport	sonstige wirt. GB	Konto-Position	Gegenkonto
	2900	4712	5575	6450	6950	7404	8440	Soll	Finanzkonto

Basar, *siehe: Flohmarkt*

Baukosten

Hinweise

Baukosten sind dem Anlagevermögen zuzuordnen, wenn es sich nicht um Erhaltungsaufwand (Reparaturen) handelt. Sie können nur im Rahmen der Abschreibung der erstellten Bauwerke steuerlich (erfolgswirksam) geltend gemacht werden.

Darunter fallen auch nachträgliche Herstellungskosten. Das sind bauliche Veränderungen, die etwas Neues, d. h. vorher nicht Vorhandenes, schaffen.

Erhaltungsaufwand kann sofort abgesetzt werden. Nachträgliche Herstellungskosten werden wie Anschaffungskosten abgeschrieben.

Zuordnung zu den steuerlichen Bereichen

Bei der Buchung der Baukosten selbst wird wie bei Anschaffung von Anlagevermögen keine Aufteilung auf die steuerlichen Bereiche vorgenommen.

SKR 49 und 99 bieten verschiedene Konten im Bereich Gebäude/Anlagen, z. B. Vereinsheim, Sporthallen, Sportanlagen usf.

Kontierung

Kontonummer/n									
Anlagen	IB	Verm.	ZB Sport	sonstige ZB ust.-pflichtig	sonstige ZB ust.frei	wirt. GB Sport	sonstige wirt. GB	Konto-Position	Gegenkonto
100 bis 220								Soll	Finanzkonto

Beiträge, *siehe: Mitgliedsbeiträge*

Beitrittsgebühren, *siehe: Aufnahmegebühren*

Benefizveranstaltungen

Hinweise

Benefizveranstaltungen sind in der Regel gesellige Veranstaltungen. Zwar kann bei kulturellen Angeboten, die in diesem Rahmen stattfinden, eine teilweise Zuordnung zum Zweckbetrieb vorgenommen werden (die Eintrittsgelder wären dann aufzuteilen). Das gilt aber nicht für Tanzveranstaltungen mit entsprechenden Musikdarbietungen.

Gastronomische Umsätze sind in jedem Fall steuerpflichtig.

Spenden sollten auf jeden Fall getrennt von Eintrittsgeldern vereinnahmt werden. Aus einem einheitlichen Entgelt einen Spendenanteils herauszurechnen, ist nämlich nur in Ausnahmefällen möglich

Zuordnung zu den steuerlichen Bereichen

Die Einnahmen (Eintrittsgelder) gehören zum steuerpflichtigen wirtschaftlichen Geschäftsbetrieb.

Kontierung

Kontonummer/n									
Anlagen	IB	Verm.	ZB Sport	sonstige ZB ust.-pflichtig	sonstige ZB ust.frei	wirt. GB Sport	sonstige wirt. GB	Konto-Position	Gegenkonto
							8002	Haben	Finanzkonto

Umsatzsteuer

Für die unterschiedlichen Leistungen (Eintrittgelder, Verkauf von Speisen und Getränken) gelten je nach Art der Einnahmen und Zuordnung zu den steuerlichen Bereichen unterschiedliche Umsatzsteuersätze. Auch eine teilweise Befreiung der Einnahmen kann greifen.

Benzin, *siehe: laufende Kfz-Kosten*

Beratungskosten

Hinweise

Externe Berater (Organisationsberatung, Fundraisingberatung usf.) werden eingeordnet wie andere Rechts- und Beratungskosten.

Zuordnung zu den steuerlichen Bereichen

Abhängig von der sachlichen Zuordnung.

U. U. müssen die Kosten auf mehrere steuerliche Bereiche aufgeteilt werden, wenn sie verschiedene steuerliche Bereiche betreffen.

Kontierung

Kontonummer/n									
Anlagen	IB	Verm.	ZB Sport	sonstige ZB ust.-pflichtig	sonstige ZB ust.frei	wirt. GB Sport	sonstige wirt. GB	Konto-Position	Gegenkonto
	2704	4900	5650	5870	6300	7500	8800	Soll	Finanzkonto

Berufsgenossenschaft, Beiträge

Hinweise

Die Beiträge zur Berufsgenossenschaft für die Unfallversicherung der Arbeitnehmer gehören zu den Personalaufwendungen.

Die Kontenrahmen sehen nicht in allen Bereichen ein eigenes Konto vor. Entweder wird dann unter "Sozialversicherungsbeiträge" gebucht oder in diesem Bereich ein eigenes Konto eingerichtet.

Zuordnung zu den steuerlichen Bereichen

Abhängig von der Zuordnung der Personalstellen.

Die Aufteilung erfolgt für alle Personalkosten nach dem gleichen Schlüssel

Kontierung

Kontonummer/n									
Anlagen	IB	Verm.	ZB Sport	sonstige ZB ust.-pflichtig	sonstige ZB ust.frei	wirt. GB Sport	sonstige wirt. GB	Konto-Position	Gegenkonto
	2555	4900	5350, 5830	6250	6750	7250	8230	Soll	Finanzkonto

Beteiligung an einer Kapitalgesellschaft

Hinweise

Der Erwerb von Anteilen an einer Kapitalgesellschaft (z. B. GmbH) stellt nur eine Vermögensumschichtung dar. Er ist nicht erfolgswirksam.

Da die steuerliche Zuordnung der Gewinnbeteiligung davon abhängt, ob der Verein eine beherrschende Rolle ausübt, wird in der Kontierung hier eine Unterscheidung gemacht.

Zuordnung zu den steuerlichen Bereichen

Eine Aufteilung der Bestandskonten auf die steuerlichen Bereiche findet nicht statt.

Kontierung

Kontonummer/n									
Anlagen	IB	Verm.	ZB Sport	sonstige ZB ust.-pflichtig	sonstige ZB ust.frei	wirt. GB Sport	sonstige wirt. GB	Konto-Position	Gegenkonto
510								Soll	Finanzkonto

Betriebsmittelrücklagen

Hinweise

Im ideellen Bereich und im Zweckbetrieb können entsprechend der betrieblichen Erfordernisse zweckgebundene Rücklagen gebildet werden können, um die Vereinstätigkeiten langfristig zu sichern. Für Vermögensverwaltung und steuerpflichtige wirtschaftliche Geschäftsbetriebe werden die freien Rücklagen aber vielfach nicht ausreichen um den Bestand diese Einnahmequellen zu sichern und im nötigem Umfang weiterzuentwickeln. Die Finanzbehörden räumen deswegen ausdrücklich die Möglichkeit ein, hier zusätzliche Betriebsmittelrücklagen zu bilden, wenn das wirtschaftlich ausreichend begründet ist. Anderenfalls würde man die Körperschaft vor die Alternative stellen, entweder ihre Wettbewerbsfähigkeit und damit die langfristige Existenz ihres wirtschaftlichen Geschäftsbetriebs durch weitgehende Entnahme der Gewinne zu gefährden oder wegen der betriebswirtschaftlich notwendigen Bildung von freien Rücklagen auf die Vergünstigung für gemeinnützige Körperschaften zu verzichten (BFH, Urteil vom 15.07.1998, I R 156/94).

Konkrete Anlässe, die auch aus unternehmerischer Sicht die Bildung der Rücklage rechtfertigem sind z. B. eine geplante Betriebsverlegung, eine Werkserneuerung oder Kapazitätsausweitung (AEAO zu § 55 Abs. 1 Nr. 1:).

Auch im Bereich der Vermögensverwaltung sind Rücklagen möglich (AEAO Ziffer 3 zu § 55 Abs. 1 Nr. 1). Sie beschränken sich aber auf konkrete Reparatur- oder Erhaltungsmaßnahmen an Immobilien. Die Maßnahmen müssen notwendig sein, um den ordnungsgemäßen Zustand des Vermögensgegenstandes zu erhalten oder wiederherzustellen, und in einem angemessenen Zeitraum durchgeführt werden können (OFD Frankfurt, 20.2.2012, S 0177 A - 1 - St 53).

Zuordnung zu den steuerlichen Bereichen

Kontierung

Kontonummer/n									
Anlagen	IB	Verm.	ZB Sport	sonstige ZB ust.-pflichtig	sonstige ZB ust.frei	wirt. GB Sport	sonstige wirt. GB	Konto-Position	Gegenkonto
		1020				1040	1040	Haben	9000

Blutspendetermine, Organisationsleistungen für

Hinweise

Während die Einnahmen aus dem Verkauf von Blutpräparten in den steuerpflichtigen Bereich fallen, sind Organisationsleistungen für Blutspendetermine der regionalen Untergliederungen (Orts- oder Kreisverbände) des Deutschen Roten Kreuzes (DRK) nach neuerer Rechtsprechung ein Zweckbetrieb.

Dazu gehören Werbemaßnahmen, Herrichtung von Räumlichkeiten, Betreuung und Beköstigung der Blutspender nach der Blutentnahme, Identitätskontrolle der Spender und Hilfe bei der Ausfüllung von Formularen. Die Vergütungen an die regionalen DRK-Untergliederung sind nach neuerer Rechtsprechung (FG Düsseldorf, Urteil vom 8.11.2006, 5 K 3477/04 U) Einnahmen des Zweckbetriebs.

Zuordnung zu den steuerlichen Bereichen

sonstige Zweckbetriebe

Kontierung

Kontonummer/n									
Anlagen	IB	Verm.	ZB Sport	sonstige ZB ust.-pflichtig	sonstige ZB ust.frei	wirt. GB Sport	sonstige wirt. GB	Konto-Position	Gegenkonto
				6060				Haben	Finanzkonto

Umsatzsteuer

Die Umsätze unterliegen dem ermäßigten Steuersatz (7%)

Briefmarken, *siehe: Porto*

Bücher, Fachliteratur, Zeitschriften

Hinweise

Bücher und Zeitschriften sind als Fachliteratur Betriebskosten. Je nach Tätigkeitsfeld kann das auch für andere Literatur gelten (z. B. Kinderbücher für Kindergarten, Schulbücher usf.)

Zuordnung zu den steuerlichen Bereichen

Abhängig von der sachlichen Zuordnung.

Kontierung

Kontonummer/n									
Anlagen	IB	Verm.	ZB Sport	sonstige ZB ust.-pflichtig	sonstige ZB ust.frei	wirt. GB Sport	sonstige wirt. GB	Konto-Position	Gegenkonto
	2900		5650	6342	6800	7500	8800	Soll	Finanzkonto

Buchungsgebühren, *siehe: Bankgebühren*

Büromaterial

Hinweise

Hierunter fallen Verbrauchsmaterial (auch EDV) und Kleingeräte, die nicht als geringwertige Wirtschaftsgüter oder abschreibungspflichtige Anlagegüter erfasst werden.

Zuordnung zu den steuerlichen Bereichen

Abhängig von der sachlichen Zuordnung.

Da meist keine getrennte Nutzung oder gar ein getrennter Einkauf erfolgt, ist eine Aufteilung (in der Regel nach Schätzung) erforderlich

Kontierung

Kontonummer/n									
Anlagen	IB	Verm.	ZB Sport	sonstige ZB ust.-pflichtig	sonstige ZB ust.frei	wirt. GB Sport	sonstige wirt. GB	Konto-Position	Gegenkonto
	2701	4900	5575	6841	7400	7400	8310		

Cafeteria, *siehe: gastronomische Umsätze*

Darlehen, *siehe: Bankdarlehen*

Darlehen von Mitgliedern

Hinweise

Darlehen sind keine Einnahme im Sinne eines Ertrages. In der Gewinnermittlung bleibt sie deshalb unberücksichtigt. Es handelt sich um eine reine Bestandsbuchung. Das gleiche gilt für die Tilgung des Darlehens.

Für Mitgliederdarlehen dürfen keine höheren als die banküblichen Zinsen bezahlt werden, andernfalls läge ein Verstoß gegen den Grundsatz der Selbstlosigkeit vor.

Zuordnung zu den steuerlichen Bereichen

Eine Aufteilung der Bestandskonten auf die steuerlichen Bereiche findet nicht statt. Es kann bei der Buchung nach der Verwendung des Darlehens unterschieden werden. Das ist aber nur hinsichtlich der späteren Zuordnung der Darlehenskosten (Zinsen) von Belang.

Kontierung

Kontonummer/n									
Anlagen	IB	Verm.	ZB Sport	sonstige ZB ust.-pflichtig	sonstige ZB ust.frei	wirt. GB Sport	sonstige wirt. GB	Konto-Position	Gegenkonto
1800								Haben	Finanzkonto

Druckkosten

Hinweise

Druckkosten für eigene Publikationen, Werbebroschüren, Vereinszeitschriften usf.

Zuordnung zu den steuerlichen Bereichen

Abhängig von der sachlichen Zuordnung. Z. B. Werbebroschüren für Zweckbetriebsveranstaltungen (z. B. Kultur) = Zweckbetrieb, für steuerpflichtige wirtschaftliche Geschäftsbetriebe (z. B. Benefizveranstaltung, Gaststätte) entsprechend.

Häufig müssen die Kosten auf mehrere steuerliche Bereiche aufgeteilt werden, das ist z. B. der Fall, wenn im Kulturprogramm Werbung abgedruckt ist (steuerpflichtiger wirtschaftlicher Geschäftsbetrieb) oder in der Mitgliederzeitschrift (2801) das Angebot eines Zweckbetriebs beworben wird.

Die Aufteilung wird in der Regel nach den anteilig nach Seitenzahlen erfolgen.

Kontierung

Kontonummer/n									
Anlagen	IB	Verm.	ZB Sport	sonstige ZB ust.-pflichtig	sonstige ZB ust.frei	wirt. GB Sport	sonstige wirt. GB	Konto-Position	Gegenkonto
	2801, 2704		5650	6300	6800	7854	8800	Soll	Finanzkonto

Umsatzsteuer

Bei Zuordnung der Kosten zu einen umsatzsteuerpflichtigen Bereich, ist ein (teilweiser) Vorsteuerabzug möglich.

EC-Gebühren, *siehe: Bankgebühren*

EDV-Verbrauchsmaterial, *siehe: Büromaterial*

Eintrittgelder zu Sportveranstaltungen mit bezahlten Sportlern

Hinweise

Die Behandlung von Sportveranstaltungen mit bezahlten Sportler bezieht sich grundsätzlich auf die einzelnen Wettkämpfe.

Zuordnung zu den steuerlichen Bereichen

Sind an Sportveranstaltungen bezahlte Sportler beteiligt, werden die Einnahmen daraus dem steuerschädlichen wirtschaftlichen Geschäftsbetrieb zugeordnet, sofern nicht, weil der Jahresumsatz unter 35.000 € bleibt, zum Zweckbetrieb optiert wird (§ 67a Abgabenordnung).

Kontierung

Kontonummer/n									
Anlagen	IB	Verm.	ZB Sport	sonstige ZB ust.-pflichtig	sonstige ZB ust.frei	wirt. GB Sport	sonstige wirt. GB	Konto-Position	Gegenkonto
						7000		Haben	Fnanzkonto

Umsatzsteuer

Anders als die aktive Teilnahme an Sportveranstaltung sind Eintrittsgelder von Zuschauern nicht umsatzsteuerbefreit. Im Zweckbetrieb gilt aber der ermäßigte Umsatzsteuersatz (7%).

Eintrittsgelder zu Sportveranstaltungen mit Amateursportlern

Hinweise

Nach § 67a der Abgabenordnung gelten sportliche Veranstaltungen eines Sportvereins als Zweckbetrieb, wenn die Einnahmen (einschließlich Umsatzsteuer) insgesamt 35.000 Euro im Jahr nicht übersteigen. Dazu zählt nicht der Verkauf von Speisen und Getränken und die Einnahmen aus Werbung.

Diese Vereinfachungsregelung zielt auf den Einsatz bezahlter Sportler. Bleibt der Umsatz also innerhalb der genannten Grenze, können auch bezahlte Sportler an den Veranstaltungen teilnehmen, ohne dass ein steuerpflichtiger wirtschaftlicher Geschäftsbetrieb entsteht.

Diese Zweckbetriebsgrenze ist optional, d. h. der Verein kann auf die Anwendung dieser Regelung verzichten. Dann gelten nur solche Sportveranstaltungen als Zweckbetrieb, bei denen

1. kein Sportler des Vereins teilnimmt, der für seine sportliche Betätigung oder für die Benutzung seiner Person, seines Namens, seines Bildes oder seiner sportlichen Betätigung zu Werbezwecken von dem Verein oder einem Dritten über eine Aufwandsentschädigung hinaus Vergütungen oder andere Vorteile erhält und
2. kein anderer Sportler teilnimmt, der für die Teilnahme an der Veranstaltung von dem Verein oder einem Dritten im Zusammenwirken mit dem Verein über eine Aufwandsentschädigung hinaus Vergütungen oder andere Vorteile erhält (§ 67a Abs. 3 AO).

Im Anwendungserlass zur Abgabenordnung (AEAO, zu § 67a Abs. 3 Nr. 31) wird die Höhe dieser "Aufwandsentschädigung" festgelegt: Danach gelten Zahlungen, die im Jahresdurchschnitt nicht mehr als insgesamt 400 € je Monat betragen, als Aufwandsentschädigung, ohne dass ein Einzelnachweis über die tatsächlich entstandenen Aufwendungen geführt werden muss.

Die Regelung über die Unschädlichkeit pauschaler Aufwandsentschädigungen bis zu 400 € je Monat gilt nur für Sportler des Vereins, nicht aber für Zahlungen an andere Sportler. Einem anderen Sportler, der in einem Jahr nur an einer Veranstaltung des Vereins teilnimmt, kann also nicht ein Betrag bis zu 4.800 EUR als pauschaler Aufwandsersatz dafür gezahlt werden. Vielmehr führt hier jede Zahlung, die über eine Erstattung des tatsächlichen Aufwands hinausgeht, zum Verlust der Zweckbetriebseigenschaft der Veranstaltung.

Die Behandlung von Sportveranstaltungen mit bezahlten/unbezahlten Sportler bezieht sich grundsätzlich auf die einzelnen Wettkämpfe.

Zuordnung zu den steuerlichen Bereichen

Sind an Sportveranstaltungen keine bezahlten Sportler beteiligt, werden die Einnahmen daraus dem Zweckbetrieb zugeordnet.

Kontierung

Kontonummer/n									
Anlagen	IB	Verm.	ZB Sport	sonstige ZB ust.-pflichtig	sonstige ZB ust.frei	wirt. GB Sport	sonstige wirt. GB	Konto-Position	Gegenkonto
					5000			Haben	Finanzkonto

Umsatzsteuer

Anders als die aktive Teilnahme an Sportveranstaltung sind Eintrittsgelder von Zuschauern nicht umsatzsteuerbefreit. Im Zweckbetrieb gilt aber der ermäßigte Umsatzsteuersatz (7%).

Energiekosten (Strom, Gas usf.)

Hinweise

Energiekosten werden in der Regel den Raumkosten zuzuordnen sein. Handelt es sich um Energiekosten für den Betrieb bestimmter Anlagen, wird sinnvollerweise auf ein eigenes Konto gebucht (5630).

Zuordnung zu den steuerlichen Bereichen

Abhängig von der sachlichen Zuordnung.

Häufig müssen die Kosten auf mehrere steuerliche Bereiche aufgeteilt werden. Nach Möglichkeit wird ein flächen- oder verbrauchsbezogener Aufteilungsschlüssel festgelegt. Ist das nicht möglich, ist eine Schätzung für die Aufteilung zulässig

Kontierung

Kontonummer/n									
Anlagen	IB	Verm.	ZB Sport	sonstige ZB ust.-pflichtig	sonstige ZB ust.frei	wirt. GB Sport	sonstige wirt. GB	Konto-Position	Gegenkonto
	2660	4750	5560	6330	6830 f.	7385 f.	8300 f.	Haben	Finanzkonto

Erbschaften

Hinweise

Zuwendungen von Todes wegen sind bei gemeinnützigen Vereinen in unbeschränkter Höhe steuerfrei.

Bei Gelderbschaften ist ein Finanzkonto Gegenkonto. Erbschaften in Sachform (z.B. Immobilien) werden auf ein entsprechendes Anlagenkonto gebucht (z. B. 0050, 0100)

Zuordnung zu den steuerlichen Bereichen

Die Zuordnung erfolgt zum ideellen Bereich.

Kontierung

Kontonummer/n									
Anlagen	IB	Verm.	ZB Sport	sonstige ZB ust.-pflichtig	sonstige ZB ust.frei	wirt. GB Sport	sonstige wirt. GB	Konto-Position	Gegenkonto
	3211							Haben	Finanz- oder Anlagenkonto

Zuordnung zu den steuerlichen Bereichen

Nach § 58 Nr. 11a AO dürfen Erbschaften dem Vermögen zugeführt werden, wenn der Erblasser keine Verwendung für den laufenden Aufwand vorgeschrieben hat. Es handelt sich hier aber nicht um eine ertragsteuerliche Zuordnung, sondern nur um eine Ausnahme vom Gebot der zeitnahen Mittelverwendung.

Fachliteratur, *siehe: Bücher*

Fahrtkostenerstattung, *siehe: Reisekostenerstattung*

Festveranstaltungen, *siehe: Vereinsfeste*

Flohmarkt, Erlöse

Hinweise

Einnahmen aus dem Verkauf von Waren auf Flohmärkten fallen in den steuerpflichtigen wirtschaftlichen Geschäftsbetrieb. Eine pauschalierte Gewinnermittlung ist beim Einzelverkauf von Altmaterial nicht möglich. Für gespendete Waren darf keine Zuwendungsbestätigung ausgestellt werden.

Zuordnung zu den steuerlichen Bereichen

steuerpflichtiger wirtschaftlichen Geschäftsbetrieb

Kontierung

Kontonummer/n									
Anlagen	IB	Verm.	ZB Sport	sonstige ZB ust.-pflichtig	sonstige ZB ust.frei	wirt. GB Sport	sonstige wirt. GB	Konto-Position	Gegenkonto
							8004	Haben	Finanzkonto

Umsatzsteuer

Die Erlöse sind umsatzsteuerpflichtig mit 19%

Gas, *siehe: Energiekosten*

gastronomische Umsätze, Verkauf von Speisen und Getränken

Hinweise

Der Verkauf von Speisen und Getränken ist ein wirtschaftlicher Geschäftsbetrrieb, der nur in Sonderfällen ein Zweckbetrieb sein kann.

Zuordnung zu den steuerlichen Bereichen

Der Verkauf von Speisen und Getränken und andere gastronomische Leistungen begründen regelmäßig einen steuerpflichtigen wirtschaftlichen Geschäftsbetrieb. Dabei ist es ohne Belang, ob in fester Gaststätte oder nur bei bestimmten Anlässen verkauft wird.

Nur in speziellen Fällen ("Suppenküchen" für Bedürftige, Verpflegung und Beherbergung bei Bildungsveranstaltungen, Jugendherbergen, Krankenhäuser, Pflegeheime usf.) sind Verpflegungsleistungen dem Zweckbetrieb zuzuordnen.

Kontierung

Kontonummer/n									
Anlagen	IB	Verm.	ZB Sport	sonstige ZB ust.-pflichtig	sonstige ZB ust.frei	wirt. GB Sport	sonstige wirt. GB	Konto-Position	Gegenkonto
							8028	Haben	Finanzkonto

Umsatzsteuer

Umsatzsteuerlich gilt:

- Getränke: 19% Umsatzsteuer (8030 ff)
- Speisen zum sofortigen Verzehr: 19% Umsatzsteuer (8030 ff)
- Speisen zum "Mitnehmen": 7% Umsatzsteuer (8028)

Geldspende, erhaltene

Hinweise

Spenden sind bei gemeinnützigen Vereinen ertrags- und schenkungssteuerfrei.

Wegen der Aufbewahrungspflichten für die Zuwendungsbestätigung ist es sinnvoll, Spenden mit und ohne Zuwendungsbestätigung getrennt zu erfassen.

Zuordnung zu den steuerlichen Bereichen

Spenden werden dem ideellen Bereich zugeordnet.

Kontierung

Kontonummer/n									
Anlagen	IB	Verm.	ZB Sport	sonstige ZB ust.-pflichtig	sonstige ZB ust.frei	wirt. GB Sport	sonstige wirt. GB	Konto-Position	Gegenkonto
	3220							Haben	Finanzkonto

Gesellige Veranstaltungen, Eintrittsgelder

Hinweise

Gesellige Veranstaltungen sind regelmäßig ein steuerpflichtiger wirtschaftlicher Geschäftsbetrieb. Nur im Bereich der Altenhilfe gibt es hiervon Ausnahmen. Zu beachten ist, dass die Finanzverwaltungen auch Veranstaltungen mit nur nachrangigem Zweckbezug als gesellige Veranstaltungen bewerten. Das gilt zum Beispiel für geselllige Zusammenkünfte mit einem (untergeordneten) Kulturprogramm oder Karnevalsveranstaltungen, bei denen der Brauchtumsanteil (Bühnenprogramm) nur eine nachrangige Rolle spielt. Gastronomische Einnahmen werden in der Regel getrennt erfasst.

Zuordnung zu den steuerlichen Bereichen

Eintrittsgelder zu geselligen Veranstaltungen sind Einnahmen des steuerpflichtigen wirtschaftlichen Geschäftsbetriebs.

Kontierung

Kontonummer/n									
Anlagen	IB	Verm.	ZB Sport	sonstige ZB ust.-pflichtig	sonstige ZB ust.frei	wirt. GB Sport	sonstige wirt. GB	Konto-Position	Gegenkonto
							8002	Haben	Finanzkonto

Umsatzsteuer

Die Eintrittsgelder sind umsatzsteuerpflichtig. Der Umsatzsteuersatz beträgt 19%

Getränke/Verkaufserlöse, *siehe: gastronomische Umsätze*

Gewerbesteuer

Hinweise

Die Gewerbesteuer berechnet sich aus dem gewerblichen Einkünften. Sie ist seit dem 1.01.2008 nicht mehr als Betriebssteuer abzugsfähig.

Der (wie bei der Körperschaftsteuer) ermittelte Gewinn wird um bestimmte Hinzurechnungen (u. a. ein Teil der Zinsen, Pachten, Leasingraten) und Kürzungen (z. B. ein Teil des Einheitswerts von betrieblichen Grundstücken) geändert. Abgezogen werden weiter Gewerbeverluste aus Vorjahren. Der so ermittelte Gewerbeertrag verringert sich bei Vereinen um den Freibetrag von 5.000 Euro.

Der wird dann mit der Steuermesszahl (3,5%) und dem Hebesatz der Gemeinde multipliziert. Den Hebesatz legt die Gemeinde fest. Er liegt zwischen 200% und 500%.

Zuordnung zu den steuerlichen Bereichen

Gewerbesteuerpflicht besteht nur in den steuerpflichtigen wirtschaftlichen Geschäftsbetrieben

Kontierung

Kontonummer/n									
Anlagen	IB	Verm.	ZB Sport	sonstige ZB ust.-pflichtig	sonstige ZB ust.frei	wirt. GB Sport	sonstige wirt. GB	Konto-Position	Gegenkonto
						7460	8316	Soll	Finanzkonto

Habenzinsen aus Bankguthaben

Hinweise

Bei der Zuordnung von Zinseinnahmen ist neben der Steuerfreiheit auch der in der Vermögensverwaltung größere Ertragsanteil, der in eine freie Rücklage eingestellt werden kann, von Bedeutung.

Zuordnung zu den steuerlichen Bereichen

Die Zuordnung erfolgt immer zur Vermögensverwaltung.

Kontierung

Kontonummer/n									
Anlagen	IB	Verm.	ZB Sport	sonstige ZB ust.-pflichtig	sonstige ZB ust.frei	wirt. GB Sport	sonstige wirt. GB	Konto-Position	Gegenkonto
		4150						Haben	Finanzkonto

Heimatabend, Eintrittsgeld

Hinweise

Die Einnahmen aus Eintritten für Heimatabende sind als Einnahmen eines Zweckbetriebs (Brauchtumspflege) steuerbegünstigt, wenn sie eindeutig von sonstiger wirtschaftlicher Betätigung (Bewirtung der Besucher) getrennt werden können (OFD Nürnberg, 30.01.1997, S 7177 - 37/St 43).

Andernfalls handelt es sich um gesellige Veranstaltungen.

Zuordnung zu den steuerlichen Bereichen

sonstige Zweckbetriebe

Kontierung

Kontonummer/n									
Anlagen	IB	Verm.	ZB Sport	sonstige ZB ust.-pflichtig	sonstige ZB ust.frei	wirt. GB Sport	sonstige wirt. GB	Konto-Position	Gegenkonto
					6005			Haben	Finanzkonto

Umsatzsteuer

Im Zweckbetrieb ermäßiger Umsatzsteuersatz (7%)

Heizungskosten, *siehe: Energiekosten*

Instandhaltungskosten, Reparaturen

Hinweise

Instandhaltungskosten sind in der Regel laufender Aufwand. In bestimmten Fällen kann eine bilanzielle Aktivierung erforderlich sein. Die Kosten sind dann nicht unmittelbar steuerlich abzugsfähig.

Zuordnung zu den steuerlichen Bereichen

Abhängig von der sachlichen Zuordnung.

Kontierung

Kontonummer/n									
Anlagen	IB	Verm.	ZB Sport	sonstige ZB ust.-pflichtig	sonstige ZB ust.frei	wirt. GB Sport	sonstige wirt. GB	Konto-Position	Gegenkonto
	2664	4751	5565	6330	6830	7388	8800	Soll	Finanzkonto

Internetgebühren, *siehe: Telefonkosten*

Karnevalsorden

Hinweise

Als Brauchtumspflege fällt das Verleihen von Sessionsorden in den ideellen Bereich. Wirtschaftliche Einnahmen sind damit ja in aller Regel nicht verbunden.

Zuordnung zu den steuerlichen Bereichen

Ein spezielles Konto fehlt im SKR 49 und wäre bei Bedarf zu ergänzen.

Kontierung

Kontonummer/n									
Anlagen	IB	Verm.	ZB Sport	sonstige ZB ust.-pflichtig	sonstige ZB ust.frei	wirt. GB Sport	sonstige wirt. GB	Konto-Position	Gegenkonto
	2704, 2802							Soll	Finanzkonto

Umsatzsteuer

Im ideellen Bereich kein Vorsteuerabzug.

Kfz-Kosten, laufende Kfz-Kosten

Hinweise

Hierzu gehören Benzin und anderes Verbrauchsmaterial, Autowäsche, Parkgebühren usf.

Zuordnung zu den steuerlichen Bereichen

Abhängig von der sachlichen Zuordnung.

Meist müssen die Kosten auf mehrere steuerliche Bereiche aufgeteilt werden, weil sie sachlich verschiedene Bereiche betreffen und die Belege nicht nach steuerlichen Bereichen getrennt anfallen.

Kontierung

Kontonummer/n									
Anlagen	IB	Verm.	ZB Sport	sonstige ZB ust.-pflichtig	sonstige ZB ust.frei	wirt. GB Sport	sonstige wirt. GB	Konto-Position	Gegenkonto
	2900		5623	6350	6850	7432	8322	Soll	Finanzkonto

Kindergarten, Kinderhort – Einnahmen aus Betreuungskosten

Hinweise

Kindergärten, Kinderhorte und ähnliche Betreuungseinrichtungen fördern die Erziehung und Jugendpflege und sind in diesem Rahmen steuerbegünstigt.

Zuordnung zu den steuerlichen Bereichen

Kindergärten usf. sind nach § 68 Nr. 1b AO als Zweckbetriebe anerkannt. Das gilt unabhängig von einer evtl. Bedürftigkeit der Kinder/Eltern.

Die Höhe der Betreuungskosten ist ohne Belang, sofern sie nicht unangemessen hoch sind und damit einen Großteil der Bevölkerung ausschließen (Grundsatz der Förderung der Öffentlichkeit).

Kontierung

Kontonummer/n									
Anlagen	IB	Verm.	ZB Sport	sonstige ZB ust.-pflichtig	sonstige ZB ust.frei	wirt. GB Sport	sonstige wirt. GB	Konto-Position	Gegenkonto
					6500			Haben	Finanzkonto

Umsatzsteuer

Kindergärten können als Träger der Jugendhilfe nach § 4 Nummer 25 UStG befreit sein.

Befreit sind die folgenden Leistungen der Träger der öffentlichen Jugendhilfe und der förderungswürdigen Träger der freien Jugendhilfe

- Lehrgänge, Freizeite, Zeltlager, Fahrten und Treffen sowie von Veranstaltungen, die dem Sport oder der Erholung dienen,
- damit in Verbindung die Beherbergung und Beköstigung der Jugendlichen und Mitarbeiter in der Jugendhilfeeinrichtung
- die Durchführung von kulturellen und sportlichen Veranstaltungen im Rahmen der Jugendhilfe, wenn die Darbietungen von den Jugendlichen selbst erbracht oder die Einnahmen überwiegend zur Deckung der Kosten verwendet werden.

Der Kreis der begünstigten Träger richtet sich nach dem Achten Buch Sozialgesetzbuch (SGB VIII). Die Anerkennung als Träger der freien Jugendhilfe (§ 75 SGB VIII) erfolgt nach Landesrecht – abhängig vom Tätigkeitsfeld durch die Jugendämter, die Landesjugendämter oder die obersten Bildungsbehörden.

Auch Sportunterricht kann unter die Steuerbefreiung des § 4 Nr. 25 UStG fallen. Es muss sich dann aber um Sportunterricht für eine dem betreffenden Sportverein angeschlossene Jugendgruppe handeln. Nicht erforderlich ist, dass die Jugendlichen Mitglieder des Vereins und der Jugendgruppe sind. Am Sportunterricht können auch – aber nicht ausschließlich – Personen über 27 teilnehmen.

Die Unterbringung und Verpflegung von Jugendlichen ist nach § 4 Nummer 23 UStG umsatzsteuerfrei, wenn die Einrichtung überwiegend Jugendliche für Erziehungs-, Ausbildungs- oder Fortbildungszwecke oder für Zwecke der Säuglingspflege bei sich aufnehmen. Als Jugendliche gelten alle Personen bis zum 27. Lebensjahr.

Die Einrichtung muss aber tatsächlich unmittelbar Erziehungs-, Ausbildungs- oder Fortbildungszwecke – wenn auch nicht ausschließlich – verfolgen (Abschn. 4.23.1 UStAE). Ein Kantinenpächter einer Einrichtung ist deswegen nicht befreit (BFH, 28.09.2000, V R 26/99). Der Erziehungszweck steht nicht dadurch in Frage, dass die Erziehung mit Erholung verbunden ist. Bei Jugendlichen dient auch die Freizeitgestaltung der Erziehung (Niedersächsisches Finanzgericht, 9.09.2005, 5 K 70/02).

Wer Vertragspartner und damit Leistungsempfänger im Rechtssinne ist, ist nicht ausschlaggebend, das können also z. B. die Eltern oder andere Träger sein.

Unter die Befreiung fallen grundsätzlich auch Kindergärten, Kindertagesstätten oder Halbtags-Schülerheime. Zu den begünstigten Leistungen gehören neben der Beherbergung und Beköstigung insbesondere die Beaufsichtigung der häuslichen Schularbeiten und die Freizeitgestaltung durch Basteln, Spiele und Sport.

Kirchensteuer, *siehe: Lohnsteuer*

Kongresse, Tagungen u.ä. – Teilnahmegebühren

Hinweise

Die Einnahmen aus Kongressen, Tagungen u. ä. fallen in der Regel in den Bereich Forschung oder Bildung und sind damit steuerbegünstigt.

Das gilt für die Teilnahmegebühren, nicht aber für die Bewirtung/Verpflegung der Teilnehmer.

Eine Umsatzsteuerbefreiung nach § 4 Nr. 22a UStG ist möglich.

Zuordnung zu den steuerlichen Bereichen

Die Zuordnung erfolgt zum Zweckbetrieb (bei entsprechenden Satzungszwecken); die Höhe der Entgelte in dabei ohne Belang.

Kontierung

Kontonummer/n									
Anlagen	IB	Verm.	ZB Sport	sonstige ZB ust.-pflichtig	sonstige ZB ust.frei	wirt. GB Sport	sonstige wirt. GB	Konto-Position	Gegenkonto
				6000	6500			Haben	Finanzkonto

Umsatzsteuer

Umsatzsteuerbefreit sind nach § 4 Nummer 22 a UStG Vorträge, Kurse und andere Veranstaltungen wissenschaftlicher oder belehrender Art, die von gemeinnützigen Einrichtungen, oder Berufsverbänden durchgeführt werden, wenn die Einnahmen überwiegend zur Deckung der Kosten verwendet werden. Dazu gehören auch Kongresse und ähnliche Veranstaltungen.

Die in § 4 Nr. 22 a UStG bezeichneten Leistungen sind nur steuerbefreit, wenn sie von den im Gesetz bezeichneten Unternehmern erbracht werden. Die Regelung gilt nur für die gemeinnützigen Einrichtungen selbst, nicht für ihre Subunternehmer (BFH, 12.05.2005, V B 146/03). Sie beschränkt sich auf Bildungsveranstaltungen im engeren Sinn.

Als "überwiegend" gilt allgemein ein Anteil von mehr als 50% der Kosten an den Einnahmen. Dabei dürfen nach der Praxis der Finanzämter alle veranstaltungsbezogenen Kosten eingerechnet werden – auch Gemeinkosten für Mieten, Werbung usf.

Kontoführungsgebühren, *siehe: Bankgebühren*

Konzerte, Eintrittsgelder

Hinweise

Eintrittsgelder zur Kulturveranstaltungen werden bei entsprechenden Satzungszwecken dem Zweckbetrieb zugeordnet.

Kontierung

Kontonummer/n									
Anlagen	IB	Verm.	ZB Sport	sonstige ZB ust.-pflichtig	sonstige ZB ust.frei	wirt. GB Sport	sonstige wirt. GB	Konto-Position	Gegenkonto
					6005			Haben	Finanzkonto

Umsatzsteuer

Die Einnahmen unterliegen dem ermäßigten Umsatzsteuersatz (Zweckbetrieb). Eine Umsatzsteuerbefreiung ist nur nach § 4 Nr. 20 UStG möglich. Dazu ist aber ein Bescheinigung der zuständigen Landesbehörde erforderlich.

Kursgebühren, *siehe: Seminargebühren*

Löhne und Gehälter

Hinweise

Steuer- und sozialversicherungsrechtlich gibt es für Vereine und gemeinnützige Körperschaften als Arbeitgeber keine Sonderregelungen (mit Ausnahme des Übungsleiterfreibetrages).

Die zu buchenden Kosten für abhängig beschäftigte Mitarbeiter teilen sich auf in:

- Nettogehalt
- Lohnsteuer, Kirchensteuer und Solidarzuschlag
- Sozialversicherungsbeiträge
- Beiträge zur Berufsgenossenschaft

Zuordnung zu den steuerlichen Bereichen

Abhängig von der Zuordnung der Personalstellen.

Die Aufteilung erfolgt für alle Personalkosten nach dem gleichen Schlüssel.

Kontierung

Kontonummer/n									
Anlagen	IB	Verm.	ZB Sport	sonstige ZB ust.-pflichtig	sonstige ZB ust.frei	wirt. GB Sport	sonstige wirt. GB	Konto-Position	Gegenkonto
	2550		5300	6200	6700	7220	8210	Soll	Finanzkonto

Lohnsteuer, Kirchensteuer

Hinweise

Die Lohnsteuer gehört wie die Kirchensteuer zu den Personalkosten. Da sie ein Teil der Vergütung ist, die vom Arbeitgeber nur abgeführt wird, muss sie auch nicht auf ein separates Konto gebucht werden.

Steuer- und sozialversicherungsrechtlich gibt es für Vereine und gemeinnützige Körperschaften als Arbeitgeber keine Sonderregelungen.

Die zu buchenden Kosten für abhängig beschäftigte Mitarbeiter teilen sich auf in:

- Nettogehalt
- Lohnsteuer, Kirchensteuer und Solidarzuschlag
- Sozialversicherungsbeiträge
- Beiträge zur Berufsgenossenschaft

Zuordnung zu den steuerlichen Bereichen

Abhängig von der Zuordnung der Personalstellen.

Die Aufteilung erfolgt für alle Personalkosten nach dem gleichen Schlüssel.

Kontierung

Kontonummer/n									
Anlagen	IB	Verm.	ZB Sport	sonstige ZB ust.-pflichtig	sonstige ZB ust.frei	wirt. GB Sport	sonstige wirt. GB	Konto-Position	Gegenkonto
	2550		5300	6255	6755	7252	8232	Soll	Finanzkonto

Losverkauf, Erlöse aus Tombola und Lotterien

Hinweise

Unter Lotterie versteht man ein Glücksspiel, bei dem ein Geldgewinn gegen Zahlung eines Einsatzes gewährt wird.

Bei einer Ausspielung oder Tombola besteht Gewinn dagegen aus Geld und Sachwerten oder ausschließlich aus Sachwerten.

Ist die Lotterie oder Ausspielung steuerpflichtig, ergeht ein Lotteriesteuerbescheid.

Im Gegenzug ist der Umsatz aus der Verlosung von der Umsatzsteuer befreit (§ 4 Nr. 9b Umsatzsteuergesetz). Es herrscht allerdings dann auch ein absolutes Vorsteuerabzugsverbot (§ 15 Absatz 2 Nr. 1 UStG).

Bei Steuerfreiheit der Lotterie oder Ausspielung unterliegt der Umsatz aus dem Losverkauf der Umsatzsteuer (ermäßigter Steuersatz im Zweckbetrieb von 7 %).

Das umsatzsteuerliche Entgelt ist der Gesamtbetrag für die Losverkäufe. Die Vergabe eines Sachgewinns erfolgt unentgeltlich außerhalb eines Leistungsaustausches. Der Losverkäufer erwirbt mit dem Los keinen Gewinnanspruch, sondern lediglich eine Gewinnaussicht. Der Lospreis ist daher keine Gegenleistung für einen Sachgewinn (OFD Niedersachsen, 26.2.2015, S 7109 - 5 - St 171).

Zuordnung zu den steuerlichen Bereichen

Lotterien werden als Zweckbetrieb behandelt, wenn

- sie von der zuständigen Behörde genehmigt sind oder nach den jeweiligen landesrechtlichen Bestimmungen wegen des geringen Umfangs per Verwaltungserlass pauschal als genehmigt gelten (hier gelten Obergrenzen nach den Lotteriegesetzen der Bundesländer) und
- die Erlöse ausschließlich gemeinnützigen, mildtätigen oder kirchlichen Zwecken zufließen (§ 68 Abgabenordnung).

Kontierung

Kontonummer/n									
Anlagen	IB	Verm.	ZB Sport	sonstige ZB ust.-pflichtig	sonstige ZB ust.frei	wirt. GB Sport	sonstige wirt. GB	Konto-Position	Gegenkonto
				6060			8022	Haben	Finanzkonto

Umsatzsteuer

Umsatzsteuerfrei sind die Umsätze, die unter das Rennwett- und Lotteriegesetz fallen. Nicht befreit sind Umsätze, die von der Rennwett- und Lotteriesteuer befreit sind oder von denen diese Steuer allgemein nicht erhoben wird.

Bei Vereinen gilt das für genehmigte Lotterien im Rahmen eines Zweckbetriebs. Der Losverkauf ist dann umsatzsteuerpflichtig (7%). Das Gleiche gilt für Veranstaltungen wie Preisskat, Preiskegeln usf.

Medaillen, *siehe: Pokale*

Mitgliedsbeiträge

Hinweise

Mitgliedsbeiträge sind Einnahmen des ideellen Bereiches.

Nach neuerer Rechtsprechung können Mitgliedsbeiträge umsatzsteuerpflichtig sein, wenn im Gegenzug Leistung des Vereins in Anspruch genommen werden können.

Die Unterteilung in Beiträge bis 1.023 Euro bezieht sich auf die Obergrenze, ab der die Finanzverwaltung Mitgliedsbeiträge als gemeinnützigkeitsschädlich bewertet. Die Grenze von 300 Euro hat steuerlich keine Bedeutung.

Zuordnung zu den steuerlichen Bereichen

Echte Mitgliedsbeiträge werden dem ideellen Bereich zugeordnet. Es darf in ihnen kein individuelles Leistungsentgelt enthalten sein. Der Beitrag ist also für alle Mitglieder oder für eine Mitgliedergruppe einheitlich.

Ertragsteuerlich gilt: Bei Personenvereinigungen zählen Beiträge, die auf Grund der Satzung von den Mitgliedern lediglich in ihrer Eigenschaft als Mitglieder erhoben werden, nicht zum steuerpflichtigen Einkommen (§ 8 Absatz 5 KStG).

Ist der Mitgliedsbeitrag aber – ganz oder teilweise – ein verdecktes Entgelt für eine konkrete Leistung an das betreffende Mitglied, so fehlt der Beitragscharakter. Der Mitgliedsbeitrag ist dann – zumindest teilweise – als körperschaftsteuerpflichtige Einnahme zu behandeln. Steuerpflichtige Einnahmen könnten nicht nur vorliegen, wenn für eine besondere Leistung des Verbandes an seine Mitglieder auch ein besonders Entgelt gezahlt wurde.

Für gemeinnützige Vereine ist das meist kein Problem, weil auch unechte Mitgliedsbeiträge in der Regel – als Einnahmen des Zweckbetriebs – körperschaftsteuerfrei bleiben. Unechte Beiträge führen zu einem wirtschaftlichen Geschäftsbetrieb, der nicht immer ein Zweckbetrieb sein muss. Echte Mitgliedsbeiträge im Sinne von § 8 Abs. 5 KStG sind Beiträge, die die Mitglieder einer Personenvereinigung lediglich in ihrer Eigenschaft als Mitglieder nach der Satzung zu entrichten haben. Sie dürfen der Personenvereinigung nicht für die Wahrnehmung besonderer geschäftlicher Interessen oder für Leistungen zugunsten ihrer Mitglieder zufließen. Soweit eine Körperschaft der wirtschaftlichen Förderung der Einzelmitglieder dient und die Beiträge Entgelt für bestimmte Leistungen darstellen, handelt es sich nicht um echte Mitgliederbeiträge (BFH, Urteil vom 26.07.1989, I R 86/85).

Kontierung

Kontonummer/n									
Anlagen	IB	Verm.	ZB Sport	sonstige ZB ust.-pflichtig	sonstige ZB ust.frei	wirt. GB Sport	sonstige wirt. GB	Konto-Position	Gegenkonto
	2110							Haben	Finanzkonto

Umsatzsteuer

Nach neuerer Rechtsprechung des BFH können Mitgliedsbeiträge umsatzsteuerpflichtig sein. Das setzt aber voraus, dass der Verein für seine Mitglieder Leistungen erbringt und die Mitgliedsbeiträge ein – wenn auch pauschales – Entgelt dafür sind. Das ist bei z. B. Sportvereinen in der Regel der Fall.

Eine Verpflichtung zur Umsatzbesteuerung besteht hier aber bisher nicht. Der Verein kann die Beiträge aber besteuern, wenn er sich durch den damit verbundenen Vorsteuerabzug günstiger stellt.

Da noch keine Vorgaben für die Umsetzung der neuen Rechtsprechung vorliegen, empfiehlt sich, mit dem Finanzamt vorab eine Abstimmung vorzunehmen.

Museums-Shop, Verkaufserlöse

Hinweise

Museen sind bei gemeinnützigen kulturellen Einrichtungen Zweckbetriebe. Zu den Einnahmen des Zweckbetriebs gehören neben den Eintrittsgeldern auch die Erlöse aus dem Verkauf von Ausstellungskatalogen, Bildbänden, Plakaten, Postkarten, Fotografien, und Reproduktionen von Exponaten. Voraussetzung ist aber, dass es sich um die Darstellung der Ausstellungsstücke des betreffenenden Museums handelt, das Museum die Gegenstände selbst herstellt oder herstellen lässt und die Gegenstände ausschließlich in dem betreffenden Museum vertrieben werden.

Verkaufe von sonstigen Artikel stellen einen steuerpflichtigen wirtschaftlichen Geschäftsbetrieb dar (Warenverkauf).

Zuordnung zu den steuerlichen Bereichen

nach den o. g Maßgaben Zweckbetrieb oder steuerpflichtiger wirtschaftlicher Geschäftsbetrieb

Kontierung

Kontonummer/n									
Anlagen	IB	Verm.	ZB Sport	sonstige ZB ust.-pflichtig	sonstige ZB ust.frei	wirt. GB Sport	sonstige wirt. GB	Konto-Position	Gegenkonto
					6005		8004	Haben	Finanzkonto

Umsatzsteuer

Befreiungsregelungen bestehen hier nicht. Steuersatz: im Zweckbetrieb 7%, im steuerpflichtigen wirtschaftlichen Geschäftsbetrieb 19%

Musikaufführungen, *siehe: Konzerte*

Online-Gebühren, *siehe: Telefonkosten*

Parkgebühren, *siehe: Kfz-Kosten*

Personalgestellung

Hinweise

Überlässt der Verein seine Mitarbeiter (z. B. Trainer, bezahlte Sportler zu Werbemaßnahmen) Unternehmen oder anderen Vereinen gegen Entgelt wird ein steuerpflichtiger wirtschaftlicher Geschäftsbetrieb begründet.

Das gilt auch für die Überlassung von Ehrenamtlern im Rahmen des Freiwilligen Sozialen Jahres (OFD Frankfurt 8.7.2008, S 7100 A - 271 - St 11).

Die unentgeltliche Überlassung von Personal an andere gemeinnützige oder öffentlich-rechtliche Körperschaften ist ohne Schaden für die Gemeinnützigkeit, wird aber mangels finanzieller Folgen nicht buchhalterisch erfasst.

Zuordnung zu den steuerlichen Bereichen

Die Einnahmen sind dem steuerpflichtigen wirtschaftlichen Geschäftsbetrieb zuzuordnen. Das gilt auch bei der Personalgestellung für gemeinnützige Vereine und zu Satzungszwecken. Anders wäre es, wenn der Verein für Dritte satzungszweckbezogen tätig wird (also nicht durch Personalüberlassung), z. B. wenn der Chorverein im Rahmen eines Konzertreise gegen Gage auftritt (Zweckbetrieb).

Kontierung

Kontonummer/n									
Anlagen	IB	Verm.	ZB Sport	sonstige ZB ust.-pflichtig	sonstige ZB ust.frei	wirt. GB Sport	sonstige wirt. GB	Konto-Position	Gegenkonto
							8030	Haben	Finanzkonto

Personalkosten, *siehe: Löhne und Gehälter*

Pferdepension

Hinweise

Einnahmen eines Reitvereins aus der Unterbringung und Pflege von Pferden, gehören nach der neueren Rechtsprechung nicht zum steuerbegünstigten Bereich (Zweckbetrieb). Das gilt auch, wenn es sich um Pferde von Mitgliedern handelt.

Zuordnung zu den steuerlichen Bereichen

Die Einnahmen werden dem steuerpflichtigen wirtschaftlichen Geschäftsbetrieb zugeordnet.

Kontierung

Kontonummer/n									
Anlagen	IB	Verm.	ZB Sport	sonstige ZB ust.-pflichtig	sonstige ZB ust.frei	wirt. GB Sport	sonstige wirt. GB	Konto-Position	Gegenkonto
							8030	Haben	Finanzkonto

Umsatzsteuer

Umsätze aus der Pensionshaltung von Pferden, die von ihren Eigentümern zur Ausübung von Freizeitsport oder zu selbständigen oder gewerblichen, nicht landwirtschaftlichen Zwecken genutzt werden (z. B. durch Reitlehrer oder Berufsreiter), unterliegen dem allgemeinen Steuersatz. Die Durchschnittssatzbesteuerung nach § 24 UStG kann dabei nicht in Anspruch genommen werden.

Pokale

Hinweise

Pokale, Medaillen, Urkunden u. ä. sind bei Sportvereinen als Kosten der Sportwettkämpfe einzuordnen.

Zuordnung zu den steuerlichen Bereichen

Je nach der Zuordnung der Sportveranstaltung gehören die Ausgaben in den ideellen Bereich (Veranstaltungen ohne Einnahmen), Zweckbetrieb (Amateursport) oder den steuerpflichtigen wirtschaftlichen Geschäftsbetrieb Sport.

Kontierung

Kontonummer/n									
Anlagen	IB	Verm.	ZB Sport	sonstige ZB ust.-pflichtig	sonstige ZB ust.frei	wirt. GB Sport	sonstige wirt. GB	Konto-Position	Gegenkonto
	2704		5545			7350		Soll	Finanzkonto

Umsatzsteuer

Entsprechend der Zuordnung. Bei umsatzsteuerpflichtigen Veranstaltungen ist ein Vorsteuerabzug möglich.

Porto

Hinweise

Porto wird meist mit anderen Büro- und Verwaltungskosten zusammen erfasst. Je nach Umfang der Kosten kann aber ein eigenes Konto sinnvoll sein.

Insbesondere die Zuordnung zu bestimmten Veranstaltungen kann eine Einrichtung weiterer Konten zur korrekten Kostenzuordnung erforderlich machen

Zuordnung zu den steuerlichen Bereichen

Abhängig von der sachlichen Zuordnung.

U. U. müssen die Kosten auf mehrere steuerliche Bereiche aufgeteilt werden, wenn sie sachlich verschiedene Bereiche betreffen

Kontierung

Kontonummer/n									
Anlagen	IB	Verm.	ZB Sport	sonstige ZB ust.-pflichtig	sonstige ZB ust.frei	wirt. GB Sport	sonstige wirt. GB	Konto-Position	Gegenkonto
	2702	4900	5575	6341	6841	7404	8312	Soll	Finanzkonto

Programmverkauf

Hinweise

Der Verkauf von Informationsmaterialien, die in engem Zusammenhang mit Zweckbetriebs-veranstaltungen stehen, gilt ebenfalls als Zweckbetrieb. So der Verkauf von Programmheften bei Sportveranstaltungen (OFD Frankfurt, Schreiben vom 25.02.2003, S 0171 A - 69 - St II 12), wenn die Sportveranstaltung ein Zweckbetrieb ist. Das gilt aber auch für Kulturveranstaltungen.

Kontierung

Kontonummer/n									
Anlagen	IB	Verm.	ZB Sport	sonstige ZB ust.-pflichtig	sonstige ZB ust.frei	wirt. GB Sport	sonstige wirt. GB	Konto-Position	Gegenkonto
			5065		6015 6515			Haben	Finanzkonto

Umsatzsteuer

Umsätze aus der Pensionshaltung von Pferden, die von ihren Eigentümern zur Ausübung von Freizeitsport oder zu selbständigen oder gewerblichen, nicht landwirtschaftlichen Zwecken genutzt werden (z. B. durch Reitlehrer oder Berufsreiter), unterliegen dem allgemeinen Steuersatz. Die Durchschnittssatzbesteuerung nach § 24 UStG kann dabei nicht in Anspruch genommen werden.

Putzmittel, *siehe: Reinigungskosten*

Raumnebenkosten, *siehe: Energiekosten*

Reinigungskosten

Hinweise

Reinigungskosten gehören zu den Raumkosten oder sind bestimmten wirtschaftlichen Tätigkeiten (z. B. Hallenvermietung) zuzuordnen.

Zuordnung zu den steuerlichen Bereichen

Abhängig von der sachlichen Zuordnung.

Meist müssen die Kosten auf mehrere steuerliche Bereiche aufgeteilt werden.

Kontierung

Kontonummer/n									
Anlagen	IB	Verm.	ZB Sport	sonstige ZB ust.-pflichtig	sonstige ZB ust.frei	wirt. GB Sport	sonstige wirt. GB	Konto-Position	Gegenkonto
	2663	4900	5550	6329	6830	7380	8306	Soll	Finanzkonto

Reisekostenerstattung

Hinweise

Die Kosten für Fahrten von der Wohnung des (ehrenamtlichen) Mitarbeiters zur sog. **ersten Tätigkeitsstätte** können nicht vom Arbeitgeber (Verein) steuerfrei ersetzt werden. Für Fahrten zu weiteren Tätigkeitsstätten ist dagegen eine steuerfreie Erstattung (Kilometerpauschale oder nachgewiesene Kosten) möglich.

Die Fahrten zu den anderen Arbeitsplätzen (anderen als der ersten Tätigkeitsstätte) stellen Dienstreisen dar. Hier ist eine steuerfreie Erstattung der Fahrtkosten/Reisekosten (nach Kilometerpauschale oder nachgewiesene Kosten) möglich.

Die Frage nach der ersten Tätigkeitstätte stellt sich nur, wenn der Arbeitnehmer verschiedene Einsatzorte hat. Welches dann die erste Tätigkeitstätte ist, richtet sich zunächst nach der dienst- oder arbeitsrechtlichen Festlegung des Arbeitgebers.

Tätigkeitsstätte kann jede ortsfeste betriebliche Einrichtung sein. Es muss sich dabei nicht um vereinseigenen Einrichtungen handelt. Als (erste) Tätigkeitsstätte gelten auch vereinsfremde Einrichtungen, wenn der Arbeitgeber (Verein) das so bestimmt.

Vielfach haben Vereine keine eigenen Geschäftsstellen und führen die Verwaltung am Wohnsitz eines Vorstandsmitglieds. Es liegt dann – für das entsprechende Vorstandsmitglied

– keine erste Tätigkeitsstätte vor. Dies gilt auch, wenn der Verein vom dem Vorstandsmitglied einen oder mehrere Räume anmietet, die zu dessen Wohnung gehören.

Bei öffentlichen Verkehrsmitteln ist der entrichtete Fahrpreis einschließlich etwaiger Zuschläge anzusetzen. Benutzt der Arbeitnehmer sein Fahrzeug, ist der Teilbetrag der jährlichen Gesamtkosten dieses Fahrzeugs anzusetzen, der dem Anteil der zu berücksichtigenden Fahrten an der Jahresfahrleistung entspricht.

In der Regel werden zur Vereinfachung aber die folgenden pauschalen Kilometersätze erstattet. Die pauschalen Kilometersätze (seit 2005) betragen bei:

- PKW: 0,30 EUR je Fahrtkilometer
- Motorrad/Motorroller: 0,13 EUR je Fahrtkilometer
- Moped/Mofa: 0,08 EUR je Fahrtkilometer
- Fahrrad: 0,05 EUR je Fahrtkilometer

Verpflegungskosten – auch auf Dienstreisen – sind grundsätzlich Kosten der privaten Lebenshaltung und werden steuerlich nicht berücksichtigt. Da die Verpflegung auf Dienstreisen aber regelmäßig mit Mehrkosten verbunden ist, wird dieser Verpflegungsmehraufwand mit Pauschalen berücksichtigt, d.h. der Verein kann dem Mitarbeiter die u.g. Pauschalsätze steuerfrei gewähren. Das ist unabhängig davon, ob und in welcher Höhe tatsächlich Verpflegungskosten anfielen.

Die Regelungen zum Verpflegungsmehraufwand wurden durch das neue Reisekostenrecht vereinfacht. Die bisher in drei unterschiedliche Abwesenheitszeiten eingeteilten pauschalen Erstattungen werden künftig nur noch nach zwei Zeiträumen unterschieden.

Für Dienstreisen im Inland gelten folgenden Pauschalen

Dauer der Dienstreise	neu
eintägige Dienstreise mehr als 8 Stunden Abwesenheit	12 Euro
mehrtätige Dienstreisen	24 Euro pro Tag
An- und Abreise (unabhängig von der Reisedauer)	12 Euro unabhängig von der Reisedauer

Für den An- und Abreisetag einer mehrtägigen auswärtigen Tätigkeit mit Übernachtung spielt die Mindestabwesenheitszeit keine Rolle. Es kann also in jedem Fall eine Pauschale von jeweils 12 Euro als Werbungskosten berücksichtigt bzw. vom Arbeitgeber steuerfrei ersetzt werden. Es spielt dabei keine Rolle, ob der Arbeitnehmer die Reise von der Wohnung, der ersten oder einer anderen Tätigkeitsstätte aus antritt.

Auch für **Tätigkeiten im Ausland** gibt es nur Pauschalen in Höhe von 120 Prozent und 80 Prozent der Auslandstagegelder nach dem Bundesreisekostengesetz (BRKG). Die Voraussetzungen sind die gleichen wie bei den inländischen Pauschalen. Die entsprechenden Beträge werden durch BMF-Schreiben bekannt gemacht. Die Sätze sind je nach Land unterschiedlich. Auch für die Übernachtungskosten gibt es Pauschbeträge. Die Kosten müssen also nicht durch Quittungen nachgewiesen werden.

mehr als 24 Stunden Abwesenheit	120 % der nach dem BRKG festgesetzten Tagegelder
alle übrigen Fälle	80 % der nach dem BRKG festgesetzten Tagegelder

Auch **Reisenebenkosten** können steuerfrei ersetzt werden. Es handelt es sich dabei um reisebegleitend anfallende Kosten, die in aller Regel in ihrer tatsächlichen Höhe geltend gemacht werden können. Alle Aufwendungen müssen aber dokumentiert bzw. als Belege beigebracht werden. Zu den Reisenebenkosten gehören vor allem:

- Transport und Aufbewahrung von Gepäck und entsprechende Reiseversicherungen
- Ferngespräche und Schriftverkehr mit dienstlichem Inhalt
- Straßenbenutzungs- und Parkplatzgebühren
- Reiseunfallversicherung
- Schadenersatzleistungen infolge von Verkehrsunfällen bei dienstlichen Reisen
- Wertverlust aufgrund eines Diebstahlschadens an reisenotwendigen Gegenständen

Übernachtungskosten, die beruflich veranlasst und an anderen Tätigkeitsstätten außerhalb der ersten Tätigkeitsstätte entstehen, stellen weiterhin Werbungskosten dar und können vom Arbeitgeber steuerfrei erstattet werden (§ 9 Abs. 1 Satz 3 Nr. 5a EStG n. F.). Für Auswärtstätigkeiten von kurzfristiger Dauer dürfen die Aufwendungen für Übernachtung unbeschränkt abgezogen oder erstattet werden.

Zuordnung zu den steuerlichen Bereichen

Die erstatteten Reisekosten sind beim Arbeitnehmer/Ehrenamtler steuerfrei. Beim Verein werden sie je nach Zweck der Reise dem entsprechenden steuerlichen Bereich zugeordnet.

Kontierung

Kontonummer/n									
Anlagen	IB	Verm.	ZB Sport	sonstige ZB ust.-pflichtig	sonstige ZB ust.frei	wirt. GB Sport	sonstige wirt. GB	Konto-Position	Gegenkonto
	2560		5500, 5503, 5580	6320	6820	7304, 7352	8336	Soll	Finanzkonto

Umsatzsteuer

Ein Vorsteuerabzug aus Reisekosten ist nur möglich, wenn dem Verein entsprechende Belege (Tickets) vorliegen. Bei einer pauschalierten Reisekostenerstattung ist ein Vorsteuerabzug natürlich nicht möglich.

Reisen, Einnahmen

Hinweise

Reisen einer gemeinnützigen Organisation können nur dem Zweckbetrieb zugeordnet werden, wenn es sich um sogenannte Zweckreisen handelt. Das sind typischerweise:

- Jugendreisen, bei denen pädagogische Aspekte zentral sind.
- Sportreisen; diese gelten als sportliche Veranstaltungen (Zweckbetrieb), wenn die sportliche Betätigung im Vordergrund steht, z. B. bei Reisen zu Wettkämpfen, Skireisen usf. und keine bezahlten Sportler beteiligt sind.
- Konzertreisen, von aktiven Musikern, Sängern usf.
- Pilgerreisen, wenn die religiösen Zwecke im Vordergrund stehen

Reisen zu anderen Zwecken sind dem steuerpflichtigen wirtschaftlichen Geschäftsbetrieb zuzuordnen.

Kontierung

Kontonummer/n								Konto-Position	Gegenkonto
Anlagen	IB	Verm.	ZB Sport	sonstige ZB ust.-pflichtig	sonstige ZB ust.frei	wirt. GB Sport	sonstige wirt. GB		
			5050	6060		7100	8030	Haben	Finanzkonto

Umsatzsteuer

Im Zweckbetrieb gilt der ermäßigte Steuersatz. Eine Umsatzsteuerbefreiung kann für Reisen als sportliche Veranstaltungen gelten.

Bei Reiseleistungen – auch von Vereinen und gemeinnützigen Einrichtungen – gilt eine umsatzsteuerliche Besonderheit – die Margenbesteuerung nach § 25 UstG.

Bei der Margenbesteuerung wird statt der kompletten Umsätze nur die Differenz zwischen den vereinnahmen Vergütungen für die Reiseleistungen und den aufgewendeter Reisevorleistungen besteuert. Im Gegenzug entfällt der Vorsteuerabzug. Die Margenbesteuerung gilt für alle Unternehmer, die Reiseleistungen erbringen, ohne Rücksicht darauf, ob dies allein Gegenstand des Unternehmens ist. Auch Zweck und Dauer der Reise spielen keine Rolle. Auch Vereine, die nur gelegentlich Reisen veranstalten, fallen also darunter (BFH, Urteil vom 1.06.2006, V R 104/01).

Voraussetzungen sind:

- Der Unternehmer erbringt Reiseleistungen nicht für das eigene Unternehmen (das wäre z. B. bei Incentive-Reisen der Fall).
- Er tritt gegenüber den Leistungsempfängern (den Reiseteilnehmern) im eigenen Namen auf.
- Er nimmt Reisevorleistungen in Anspruch. Das sind Lieferungen und sonstige Leistungen Dritter, die den Reisenden unmittelbar zugutekommen. Das bedeutet, dass Reiseleistungen direkt an die Reisenden erbracht werden, die Leistungsbeziehung jedoch zwischen dem leistenden Unternehmer und dem Reiseveranstalter besteht.
- Die Leistungen müssen für die private Sphäre des Leistungsempfängers bestimmt sein. Die Reiseteilnehmer dürfen also nicht selbst Unternehmer sein.

Die Margenbesteuerung gilt nicht für Reiseleistungen in Drittländer (Nicht-EU-Staaten) und nur für Pauschalpreise – nicht aber wenn Einzelleistungen getrennt abgerechnet werden. Sie gilt nicht für den Einsatz eigener Mittel (Busse, Hotel usf.)

Die Margenbesteuerung kommt nur in Frage, wenn Reisevorleistungen in Anspruch genommen wurden. Reiseleistungen sind insbesondere:

- Beförderung zu den einzelnen Reisezielen, Transfer
- Unterbringung und Verpflegung
- Betreuung durch Reiseleiter
- Durchführung von Veranstaltungen

Bloße Vermittlungsleistungen sind keine Reiseleistungen. Die Bündelung von Leistungen (Tickets, Unterkunft und Verpflegung) und die eigene Preisgestaltung können aber zu Reiseleistungen führen (Vermarktungsrisiko).

Liegen die Voraussetzungen für die Margenbesteuerung vor, wir die Umsatzsteuer nach folgendem Verfahren ermittelt:

1. Der Reisepreis (Umsatz) ergibt sich aus der einheitlichen Leistung gegenüber den Reiseteilnehmern.
2. Aus den in Anspruch genommenen Reiseleistungen darf keine Vorsteuer abgezogen werden. Anders bei Leistungen, die den Reisenden mittelbar zugutekommen (z. B. Bürobedarf oder Betriebsausstattung)
3. Versteuert wird die sogenannte Marge der erbrachten Reiseleistungen, d. h. Entgelt des Leistungsempfängers abzüglich aufgewendeter Reisevorleistungen, abzüglich der Umsatzsteuer.

Reparaturen, *siehe: Instandhaltungskosten*

Rücklage, allgemein

Hinweise

Der DATEV-Kontenplan bietet zur buchhalterischen Behandlung von Rücklagen Gliederung an:

Nach der Überschrift „Vermögen / Eigenkapital" weist der Kontenrahmen ein Sammelkonto 1000 „Gebundene Rücklagen § 58 Nr. 6 AO" aus.

Zusätzlich werden Konten angeboten, in denen die Rücklagen nach den ertragsteuerlichen Bereichen der Mittelherkunft sowie nach dem Zeitpunkt der geplanten Auflösung gegliedert werden.

Die Konten mit der Nummernfolge 1010 bis 1019 sollen die Rücklagen des ideellen Bereichs mit den Jahreszahlen 2010 bis 2019 aufnehmen. Dabei bezeichnen die Jahreszahlen das geplante Verwendungsjahr der Rücklagenbeträge..

Das gleiche gilt für die Konten

1020 bis 1029 Rücklagen Vermögensverwaltung,

1030 bis 1039 Rücklage Zweckbetriebe

1040 bis 1049 Rücklage Geschäftsbetriebe

Hinweise; Im Jahr 2019 werden alle Konten mit der Jahreszahl 2016 automatisch neu beschriftet und erhalten die Jahreszahl 2026. Das bedeutet, dass spätestens vor Ablauf des Jahres 2018 die Rücklagen der Vorjahre aufgelöst sein müssen, weil die Beschriftungen programmseitig um 10 Jahre heraufgesetzt werden.

Mit der Aufteilung der Rücklagen in Fälligkeiten bzw. Ablaufjahre ergibt sich eine schematische Kontrolle der Verwendung. Der Vorstand muss aber in jedem Jahr die bereits gebildeten Rücklagen auf ihre Zulässigkeit und Angemessenheit überprüfen. Zusätzlich müssen die verschiedenen Rücklagen entsprechend ihrer Zweckbindung in einen Rücklagenspiegel aufgenommen werden.

Für die Freien Rücklagen sind folgende Konten vorgegeben:

1070 Freie Rücklagen

1074 Rücklage aus Vermögensverwaltung

1075 Rücklage aus sonstigen zeitnah zu verwendenden Mitteln

1076 Freie Rücklage § 58 Nr. 7b AO

Die Unterscheidung der Freien Rücklage 1070 in den Konten 1074 und 1075 macht in der Praxis aber keinen Sinn, da zwar die Berechnung unterschiedlich ist, nicht jedoch die Verwendung der Rücklagen. Auf die Konten 1074 bis 1076 kann als verzichtet werden.

Für die 2012 von der Finanzverwaltung neu zugelassene Wiederbeschaffungsrücklage hat die DATEV noch keine Konten vorgegeben. Die automatische Jahresfortschreibung ist hierfür nicht sinnvoll, weil sich die Rücklagen für die Wiederbeschaffung von Anlagevermögen regelmäßig nicht in einen 10-Jahres-Schema einfügen lassen, sondern längerfristig aufgebaut werden.

Die weiteren Rücklagenkonten im DATEV Kontenrahmen (1080 bis 1195) beziehen sich nicht auf gemeinnützigkeitsrechtliche Rücklagen, sondern werden im Wesentlichen von Stiftungen oder gemeinnützigen Kapitalgesellschaften benötigt.

Auf den Rücklagenkonten dürfen auf keinen Fall die für den gebildeten Zweck angefallenen Aufwendungen unmittelbar gebucht werden. Rücklagenkonten werden also niemals gegen Aufwands- oder Ertragskonten gebucht. Stattdessen kommen nur die Buchungen „Einstellungen in Rücklagen“ bzw. „Entnahmen aus Rücklagen“ in Frage.

Der DATEV-Kontenrahmen benennt für die Veränderung der Rücklagen standardmäßig folgende Konten:

3950 Ergebnisvortrag aus dem Vorjahr

3953 Entnahmen aus gebundenen Ergebnisrücklagen

3955 Entnahmen aus freien Rücklagen gem. § 58 Nr. 7a AO

3956 Entnahmen aus freien Rücklagen gem. § 58 Nr. 7b AO

3957 Entnahmen aus sonstigen Rücklagen

3963 Einstellung in die gebundenen Ergebnisrücklagen

3965 Einstellung in die freien Rücklagen gem. § 58 Nr. 7a AO

3966 Einstellung in die freien Rücklagen gem. § 58 Nr. 7b AO

3967 Einstellung in die sonstigen Rücklagen

Daneben enthält der Kontenrahmen spezielle Konten für Entnahmen und Einstellungen aus bzw. in Rücklagenkonten für Stiftungen und gemeinnützige GmbHs.

Für Vereine sind noch aufgeführt:

3994 Entnahmen aus dem Vereinskapital

3996 Einstellungen in das Vereinskapital

Auf diesen Konten werden die Veränderungen des Kontos 1170 Vereinskapitals § 58 Nr. 11 AO gebucht:

a. wie die Zuwendungen von Todes wegen (§ 58 Nr. 11a AO),
b. bestimmungsgemäße Ausstattung des Vermögens durch den Zuwendenden (§ 58 Nr. 11b AO),
c. Vermögenszuführung durch einen entsprechenden Spendenaufruf (§ 58 Nr. 11c AO),
d. Sachzuwendungen (§ 58 Nr. 11d AO).

Auf Rücklagen-Konten dürfen niemals unmittelbar Erträge oder Aufwendungen gebucht werden. Eine Veränderung des Rücklagensaldos erfolgt immer und allein durch die Buchung Entnahme aus der Rücklage bzw. Einstellung in die Rücklage.

Rücklage, freie

Hinweise

Grundsätzlich müssen alle Einnahmen einer gemeinnützigen Körperschaft für die satzungsbezogenen Tätigkeiten verwendet werden.

§ 58 Nr. 7a der Abgabenordnung nennt zwei Ausnahmen von diesem Grundsatz der Mittelbindung, d. h. für die Bildung freier Rücklagen:

1. Es darf höchstens ein Drittel des Überschusses der Einnahmen über die Unkosten aus Vermögensverwaltung frei verwendet werden.
2. Zusätzlich dürfen bis zu 10% der sonstigen zeitnah zu verwendenden Mittel einer freien Rücklage zuführt werden.

Zu beachten ist aber: Auch diese Mittel unterliegen der Vermögensbindung. Sie dürfen also der gemeinnützigen Körperschaft nicht grundsätzlich entzogen werden – die Freistellung bezieht sich nur auf die Bindung an die gemeinnützigen Satzungszwecke. Gewinnausschüttung, überhöhte Vergütungen, die Weitergabe an nicht begünstigte Organisationen o. ä. ist auch hier nicht erlaubt.

Gemeinnützigkeitsrechtliche Rücklagen werden nur in Form einer Nebenrechnung in der Buchhaltung erfasst. Sie wirken sich nicht auf den Gewinn aus und stellen auch bilanziell keine Vermögensumschichtung dar (anders als ertragssteuerliche Rücklageposten).

Bilanziernde Organisationen können Sie auch im Eigenkapitalbereich darstellen. Ein gesetzliche Vorgabe gibt es dazu aber nicht. Auch für Bilanzierer genügt also eine Nebenrechnung.

Buchungstechnisch werden die gemeinnützigkeitsrechtlichen Rücklagen über Vortragskosten erfasst. Die gemeinnützigkeitsrechtlichen Rücklagen werden aus der Umgliederung von Posten der Ergebnisvortragskonten gebildet. Der Gewinn wird dadurch nicht verändert (keine Abbildung in der Erfolgsrechnung – Eür oder GuV).

Die gemeinnützigkeitsrechtlichen Rücklagen sind dem Eigenkapital zugeordnete Überschüsse, die noch als flüssige Mittel vorhanden sind.

Zuordnung zu den steuerlichen Bereichen

Eine Aufteilung auf die steuerlichen Bereiche findet nicht statt.

Kontierung

Kontonummer/n									
Anlagen	IB	Verm.	ZB Sport	sonstige ZB ust.-pflichtig	sonstige ZB ust.frei	wirt. GB Sport	sonstige wirt. GB	Konto-Position	Gegenkonto
1070								Haben	3965

Rücklage, zweckgebundene

Hinweise

Für Investitionen in steuerbegünstigte Tätigkeitsbereiche können zweckgebundene Rücklagen gebildet werden. Die Möglichkeit, zweckgebundene Rücklagen zu bilden, ergibt sich aus § 58 Nr. 6 der Abgabenordnung. Hierin wird als unschädlich für die Steuerbegünstigung festgelegt, wenn "eine Körperschaft ihre Mittel ganz oder teilweise einer Rücklage zuführt, soweit dies erforderlich ist, um ihre steuerbegünstigten satzungsmäßigen Zwecke nachhaltig erfüllen zu können".

Voraussetzung für eine solche Rücklage ist:

- das Vorliegen eines konkreten Zwecks
- eine Zeitplanung für die Verwendung, die eine i. w. S. zeitnahe Verwendung der Mittel glaubhaft macht
- das Vorhaben ist realistisch und finanziell möglich.

Als Quellen für die Bildung der zweckgebundenen Rücklage können alle Mittel des Vereins dienen, also auch zeitnah zu verwendende Mittel wie z. B. Spenden. Es muß sichergestellt sein, daß die gebildete Rücklage für satzungsmäßige Zwecke verwendet wird. Ein entsprechender Beschluß des Vorstandes oder der Mitgliederversammlung ist notwendig.

Gemeinnützigkeitsrechtliche Rücklagen werden nur in Form einer Nebenrechnung in der Buchhaltung erfasst. Sie wirken sich nicht auf den Gewinn aus und stellen auch bilanziell keine Vermögensumschichtung dar (anders als ertragssteuerliche Rücklageposten).

Buchungstechnisch werden die gemeinnützigkeitsrechtlichen Rücklagen über Vortragskosten erfasst. Die gemeinnützigkeitsrechtlichen Rücklagen werden aus der Umgliederung von Posten der Ergebnisvortragskonten gebildet. Der Gewinn wird dadurch nicht verändert (keine Abbildung in der Erfolgsrechnung).

Die gemeinnützigkeitsrechtlichen Rücklagen sind dem Eigenkapital zugeordnete Überschüsse, die noch als flüssige Mittel vorhanden sind.

Zuordnung zu den steuerlichen Bereichen

Eine Aufteilung auf die steuerlichen Bereiche findet nicht statt.

Kontierung

Kontonummer/n									
Anlagen	IB	Verm.	ZB Sport	sonstige ZB ust.-pflichtig	sonstige ZB ust.frei	wirt. GB Sport	sonstige wirt. GB	Konto-Position	Gegenkonto
1000								Haben	3963

Sachspenden, erhaltene

Hinweise

Auch Sachspenden gelten als Ausgaben im Sinne des § 10b des Einkommensteuergesetzes, sind also in gleicher Weise steuerlich abziehbar wie Geldspenden.

Bei Sachspenden ist – zur Ermittlung des steuerlich abziehbaren Betrages – eine Bewertung erforderlich. Hier liegt das grundlegende Problem bei Sachspenden.

Der Verein muss auf der Spendenbestätigung den genauen Wert in Euro angeben. Maßgeblich ist hierbei der Preis, den die gespendete Sache im gewöhnlichen Geschäftsverkehr erzielen würde (Verkehrswert); die Umsatzsteuer ist eingeschlossen.

Für Spenden aus Betriebsvermögen kann auch der Buchwert angesetzt werden (Buchwertprivileg).

Wegen der Haftung des Vereins für entgangene Steuern bei unrichtig ausgestellten Spendenbestätigungen ist bei der Bewertung besondere Sorgfalt anzuraten.

Je nachdem ob es sich um gespendetes Verbrauchsmaterial oder Anlagegüter bzw. Gegenstände zur Weitergabe handelt ist das Gegenkonto ein Aufwandskonto (z. B.

Büromaterial) oder ein Bestandskonto (z. B. Sportgeräte oder Bestände Waren/Material aus Sachspenden – Konto 625).

Zuordnung zu den steuerlichen Bereichen

Spenden werden regelmäßig dem ideellen Bereich zugeordnet.

Kontierung

Kontonummer/n									
Anlagen	IB	Verm.	ZB Sport	sonstige ZB ust.-pflichtig	sonstige ZB ust.frei	wirt. GB Sport	sonstige wirt. GB	Konto-Position	Gegenkonto
	3225, 3227							Haben	Aufwands-konto, 625

Sachsponsoring, *siehe: Werbeeinnahmen aus Sachleistungen*

Scheckgebühren, *siehe: Bankgebühren*

Schiedsrichtergebühren

Hinweise

Schiedsrichtergebühren gehören zu den Kosten der Sportveranstaltungen. Die Zuordnung hängt von der Zuordnung der Sportveranstaltung ab.

Zuordnung zu den steuerlichen Bereichen

Zweckbetrieb Sport, bzw. wirtschaftlicher Geschäftsbetrieb Sport.

Kontierung

Kontonummer/n									
Anlagen	IB	Verm.	ZB Sport	sonstige ZB ust.-pflichtig	sonstige ZB ust.frei	wirt. GB Sport	sonstige wirt. GB	Konto-Position	Gegenkonto
			5545			7350		Soll	Finanzkonto

Schulspeisung

Hinweise

Nach einer Entscheidung der obersten Finanzbehörden des Bundes und der Länder kann die Abgabe von Speisen und Getränken an die Schülerinnen und Schüler von Schulen ein Zweckbetrieb sein. Je nach Einzelfall kommen als Rechtsgrundlage für die Zweckbetriebseigenschaft § 65 oder § 66 AO in Betracht. Auch sogenannte Mensavereine, deren einziger Zweck die Versorgung der Schülerinnen und Schüler mit Speisen und Getränken ist, können als gemeinnützig anerkannt werden (OFD Frankfurt, 18.6.2001, S 0184 A - 14 - St II 12).

Zuordnung zu den steuerlichen Bereichen

Sonstige Zweckbetriebe

Kontierung

Kontonummer/n									
Anlagen	IB	Verm.	ZB Sport	sonstige ZB ust.-pflichtig	sonstige ZB ust.frei	wirt. GB Sport	sonstige wirt. GB	Konto-Position	Gegenkonto
				6005	6500			Haben	Finanzkonto

Umsatzsteuer

Reine Mensaleistungen sind umsatzsteuerpflichtig (7% im Zweckbetrieb). Steuerbefreit ist die Verpflegung und Unterbringung, wenn die Einrichtung überwiegend Jugendliche für Erziehungs-, Ausbildungs- oder Fortbildungszwecke oder für Zwecke der Säuglingspflege bei sich aufnehmen. Nach Auffassung des Bundesfinanzhof beinhaltet der Begriff der "Aufnahme" ein Moment der Obhut und Betreuung. Die Steuerbefreiung setzt deshalb die Übernahme der Gesamtverantwortung für die Jugendlichen voraus (BFH, Urteil vom 12.05.2009, V R 35/07).

Seminargebühren, Einnahmen

Hinweise

Lehrgänge, Seminare, Kurse, Workshops u. ä. sind Zweckbetriebsveranstaltungen soweit die Satzung entsprechenden Zwecke umfasst. Das hängt nicht an der Höhe der Teilnahmegebühren.

Zuordnung zu den steuerlichen Bereichen

Die Zuordnung erfolgt zum Zweckbetrieb.

Kontierung

Kontonummer/n									
Anlagen	IB	Verm.	ZB Sport	sonstige ZB ust.-pflichtig	sonstige ZB ust.frei	wirt. GB Sport	sonstige wirt. GB	Konto-Position	Gegenkonto
				6000	6520			Haben	Finanzkonto

Umsatzsteuer

Umsatzsteuerbefreit sind nach § 4 Nummer 22 a UStG Vorträge, Kurse und andere Veranstaltungen wissenschaftlicher oder belehrender Art, die von gemeinnützigen Einrichtungen, oder Berufsverbänden durchgeführt werden, wenn die Einnahmen überwiegend zur Deckung der Kosten verwendet werden.

Die in § 4 Nr. 22 a UStG bezeichneten Leistungen sind nur steuerbefreit, wenn sie von den im Gesetz bezeichneten Unternehmern erbracht werden. Die Regelung gilt nur für die gemeinnützigen Einrichtungen selbst, nicht für ihre Subunternehmer (BFH, 12.05.2005, V B 146/03). Sie beschränkt sich auf Bildungsveranstaltungen im engeren Sinn Unter die Befreiungsregelung fallen nur

- die Erziehung von Kindern und Jugendlichen
- Schul- oder Hochschulunterricht,
- Ausbildung, Fortbildung oder berufliche Umschulung

Freizeit- und Hobbyveranstaltungen gehören nicht dazu. Das gilt z. B. für Tanzkurse ohne sportlichen oder künstlerischen Charakter (BFH, 27.04.2006, V R 53/04).

Keine Stellungnahme der Finanzbehörden liegt zur Frage der Kostengrenze vor. Insbesondere dazu, ob die Kosten für die einzelne Veranstaltung ermittelt werden müssen oder für den Bildungsbetrieb insgesamt. Ebenso ist unklar, wie eine Überschreitung der Kostengrenze behandelt wird, die erst im Nachhinein zu Tage tritt, wenn also die Rechnungen bereits gestellt wurden. Ein Wahlrecht jedenfalls sieht die Regelung nicht vor. Beim Kostenansatz dürften sich aber Spielräume ergeben.

Als "überwiegend" gilt allgemein ein Anteil von mehr als 50% der Kosten an den Einnahmen. Dabei dürfen nach der Praxis der Finanzämter alle veranstaltungsbezogenen Kosten eingerechnet werden – auch Gemeinkosten für Mieten, Werbung usf.

Wegen der ungeklärten Fragen bei der Ermittlung der Kostengrenze empfiehlt es sich, im Einzelfall mit dem Finanzamt Rücksprache zu halten

Showauftritt

Hinweise

Showauftritte von Tanz oder anderen Sportgruppen sind – bei entsprechenden Satzungszwecken (Sport, Karneval) – auch dann ein Zweckbetrieb, wenn der Auftritt im Rahmen von Fremdveranstaltungen erfolgt.

Zuordnung zu den steuerlichen Bereichen

Zweckbetrieb

Kontierung

Kontonummer/n									
Anlagen	IB	Verm.	ZB Sport	sonstige ZB ust.-pflichtig	sonstige ZB ust.frei	wirt. GB Sport	sonstige wirt. GB	Konto-Position	Gegenkonto
				6000	6500			Haben	Finanzkonto

Umsatzsteuer

Keine Umsatzsteuerbefreiung nach § 4 Nr. 22b UstG – Umsatzsteuersatz 7%

Sitzungsgelder (Vorstand)

Hinweise

Solche Sitzungsgelder sind kein Aufwandsersatz, sondern Vergütung für Arbeitszeit und Arbeitskraft, auch wenn sie lediglich den Gehaltsausfall, der durch die Vorstandsarbeit entsteht, ausgleichen sollen.

Das bedeutet:

- Der Vorstand hat keinen rechtlichen Anspruch auf die Zahlungen; der muss durch Satzung oder Mitgliederversammlung gewährt werden.
- Da es sich um Vergütungen handelt, muss aus gemeinnützigkeitsrechtlichen Gründen wie bei allen Vorstandsvergütungen eine Satzungserlaubnis bestehen.
- Die Zahlungen sind nicht steuerfrei und regelmäßig sozialversicherungspflichtig (siehe LÖHNE UND GEHÄLTER und SOZIALVERSICHERUNGSBEITRÄGE).

Zuordnung zu den steuerlichen Bereichen

Als Vergütungen für die Vorstandstätigkeit fallen die Sitzungsgelder in den ideellen Bereich.

Kontierung

Kontonummer/n									
Anlagen	IB	Verm.	ZB Sport	sonstige ZB ust.-pflichtig	sonstige ZB ust.frei	wirt. GB Sport	sonstige wirt. GB	Konto-Position	Gegenkonto
	2550 2555							Soll	Finanzkonto

Software, Kauf

Hinweise

Der Kauf von Software ist eine Anschafftung von immateriellem Anlagevermögen. Erworben wird ja nicht ein Gegenstand, sondern die Nutzungslizenz. Der Anschaffungspreis wird deshalb auf ein Anlagenkonto gebucht und dann abgeschrieben. Je nach Anschaffungkosten kommt auch eine Behandlung als GWG oder eine Sofortabschreibung in Frage (siehe ABSCHREIBUNG)

Zuordnung zu den steuerlichen Bereichen

Nur für die Zuordnung der Abschreibungen ist von Belang, in welchem steuerlichen Bereich Anlagegüter eingesetzt werden. Entsprechend sollte im Anlagenverzeichnis die Zuordnung zu ersehen sein.

Kontierung

Kontonummer/n									
Anlagen	IB	Verm.	ZB Sport	sonstige ZB ust.-pflichtig	sonstige ZB ust.frei	wirt. GB Sport	sonstige wirt. GB	Konto-Position	Gegenkonto
0027								Soll	Finanzkonto

Umsatzsteuer

Ein Vorsteuerabzug ist in dem Umfang möglich, wie die Software für umsatzsteuerpflichtige Leistungen eingesetzt wird – eventuell also nur anteilig

Sozialversicherungsbeiträge, gesetzliche

Hinweise

Steuer- und sozialversicherungsrechtlich gibt es für Vereine und gemeinnützige Körperschaften als Arbeitgeber keine Sonderregelungen.

Die Kosten für abhängig beschäftigte Mitarbeiter teilen sich auf in:

- Nettogehalt
- Lohnsteuer und Kirchensteuer, Solidarzuschlag
- Sozialversicherungsbeiträge
- Beiträge zur Berufsgenossenschaft

Die Sozialversicherungsbeiträge werden gesammelt an die zuständige Krankenkasse abgeführt. Eine buchhalterische Aufteilung für die einzelnen gesetzlichen SV-Beiträge

(Kranken-, Renten-, Arbeitslosen und Pflegeversicherung sowie U1 und U2) wird nicht vorgenommen.

Zuordnung zu den steuerlichen Bereichen

Abhängig von der Zuordnung der Personalstellen.

Die Aufteilung erfolgt für alle Personalkosten nach dem gleichen Schlüssel.

Kontierung

Kontonummer/n									
Anlagen	IB	Verm.	ZB Sport	sonstige ZB ust.-pflichtig	sonstige ZB ust.frei	wirt. GB Sport	sonstige wirt. GB	Konto-Position	Gegenkonto
	2555	4900	5350	6250	6750	7250	8230	Soll	Finanzkonto

Speisen, Verkaufserlöse, *siehe: gastronomische Umsätze*

Spenden, erhaltene

Hinweise

Spenden sind bei gemeinnützigen Vereinen als Einnahmen des ideellen Bereiches ertrags- und schenkungssteuerfrei.

Unterschieden werden (Kontierung siehe dort):

- Geldspenden
- Sachspenden
- Aufwandsspenden

Wegen der Aufbewahrungspflichten für die Zuwendungsbestätigung ist es sinnvoll Spenden mit und ohne Zuwendungsbestätigung getrennt zu erfassen.

Als Spenden gelten nur Ausgaben, die

- freiwillig und
- unentgeltlich
- geleistet werden.

D. h. es darf

1. keine rechtliche oder sonstige Verpflichtung zur Leistung der Spende bestehen. Mitgliedsbeiträge und Spenden müssen deshalb streng unterschieden werden, da diese aufgrund einer Verpflichtung (Mitgliedschaft im Verein) geleistet werden.

2. der Spende keine konkrete Gegenleistung des Vereins für den Spender gegenüber stehen. Dazu zählen aber nicht Leistungen des Vereins, die regelmäßig aufgrund der Mitgliedschaft gewährt werden (z. B. Nutzung von Vereinseinrichtungen)

Zuordnung zu den steuerlichen Bereichen

Spenden werden dem ideellen Bereich zugeordnet.

Kontierung

Kontonummer/n									
Anlagen	IB	Verm.	ZB Sport	sonstige ZB ust.-pflichtig	sonstige ZB ust.frei	wirt. GB Sport	sonstige wirt. GB	Konto-Position	Gegenkonto
	3220ff							Haben	Finanzkonto

Spenden, gegebene

Hinweise

Werden Spenden (Zuwendungen ohne Gegenleistung) an andere gemeinnützige Organisationen gegeben, kann es ich dabei

- um eine Mittelweitergabe nach § 58 Nr. 1 bei Förderkörperschaften
- eine teilweise Mittelweitergabe nach § 58 Nr. 2 AO handeln (gilt für alle gemeinnützigen Organisationen)
- oder um steuerliche abzugsfähige Spenden des steuerpflichtigen wirtschaftlichen Geschäftsbetriebs handeln

Zuordnung zu den steuerlichen Bereichen

Die Mittelweitergabe wird meist dem ideellen Bereich zuzuordnen sein. Als Beleg ist eine Nachweis über Datum und Höhe der Zuwendung und der Gemeinnützigkeit des Empfängers erforderlich. Dazu eignet sich eine Zuwendungsbestätigung nach amtlichen Muster, weil sie alle erforderlichen Angaben enthält, auch wenn hier kein steuerlicher Spendenabzug erfolgt.

Nur wenn Spenden ausschließlich aus Mittel eines steuerpflichtigen wirtschaftlichen Geschäftsbetriebes erfolgen, sind sie nach den üblichen Maßgaben steuerlich abzugsfähig. Der DATEV Kontenrahmen sieht dafür keine eigenen Konten vor. Die Zuordnung müsste zu den Bereichen 7500 oder 8300 erfolgen.

Kontierung

Kontonummer/n									
Anlagen	IB	Verm.	ZB Sport	sonstige ZB ust.-pflichtig	sonstige ZB ust.frei	wirt. GB Sport	sonstige wirt. GB	Konto-Position	Gegenkonto
	3251 3252					75	83	Soll	Finanzkonto

Sponsoring, Werbung

Hinweise

Sind Einnahmen aus Werbe- und Sponsorenleistungen weder dem ideellen Bereich (Spenden) noch der Vermögensverwaltung (Verpachtung von Werberechten) zuzuordnen, begründen sie einen wirtschaftlichen Geschäftsbetrieb, mit dem der steuerbegünstigte Verein partiell steuerpflichtig wird. Dies gilt bezogen auf die Körperschaftsteuer, die Gewerbesteuer sowie die Umsatzsteuer

Der Fall ist das, wenn der Verein aktiv Werbeleistungen erbringt (Trikotwerbung, Anzeigenschaltung)

Eine Bewertung des wirtschaftlichen Geschäftsbetriebes "Sponsoring" als steuerbegünstigter Zweckbetrieb ist generell ausgeschlossen.

Die Erlöse sind umsatzsteuerpflichtig. Der Umsatzsteuersatz beträgt 19%

Zuordnung zu den steuerlichen Bereichen

Dem steuerbefreiten Bereich der Vermögensverwaltung können Sponsoringeinnahmen zugeordnet werden, wenn eine Verpachtung von Werberechten vorliegt. Die Behandlung der Einnahmen ist dann analog zu Miet- und Pachtverträgen.

Hier sind zwei Fälle möglich und üblich:

- die Überlassung der Nutzung des Namens, von Logos usf. einer gemeinnützigen Einrichtung zu Werbezwecken an einen Sponsor und
- die insgesamte Verpachtung von Werberechten an einen Dritten, der diese Rechte kommerziell verwertet.

Die Bewertung der Verpachtung von Werberechten als Vermögensverwaltung ist generell nur dann möglich, wenn der Verein seine Leistungen nicht einer Vielzahl von Adressaten anbietet. Ein häufiger Wechsel der "Pächter" und nur kurzfristige "Verpachtung" widersprechen dem Grundprinzip der Vermögensverwaltung.

Kontierung

Kontonummer/n									
Anlagen	IB	Verm.	ZB Sport	sonstige ZB ust.-pflichtig	sonstige ZB ust.frei	wirt. GB Sport	sonstige wirt. GB	Konto-Position	Gegenkonto
							8016	Haben	Finanzkonto

Umsatzsteuer

Als Einnahmen des wirtschaftlichen Geschäftsbetriebes werden die Sponsorenzahlungen mit dem Umsatzsteuerregelsatz besteuert.

Sponsoringeinnahmen aus Rechteüberlassung

Hinweise

Unter Sponsoring versteht man die Bereitstellung von Geld, Sachmitteln oder Dienstleistungen durch Unternehmen zur Förderung von Personen und/oder Organisationen im kulturellen, sozialen oder sportlichen Bereich.

Sponsoring ist steuerlich identisch mit Werbung, wenn der Verein nennenwerte aktive Leistungen für den Sponsor erbringt.

Zuordnung zu den steuerlichen Bereichen

Dem steuerbefreiten Bereich der Vermögensverwaltung können Sponsoringeinnahmen zugeordnet werden, wenn eine Verpachtung von Werberechten vorliegt. Die Behandlung der Einnahmen ist dann analog zu Miet- und Pachtverträgen.

Hier sind zwei Fälle möglich und üblich:

- die Überlassung der Nutzung des Namens, von Logos usf. einer gemeinnützigen Einrichtung zu Werbezwecken an einen Sponsor und

- die insgesamte Verpachtung von Werberechten an einen Dritten, der diese Rechte kommerziell verwertet.

Die Bewertung der Verpachtung von Werberechten als Vermögensverwaltung ist generell nur dann möglich, wenn der Verein seine Leistungen nicht einer Vielzahl von Adressaten anbietet. Ein häufiger Wechsel der "Pächter" und nur kurzfristige "Verpachtung" widersprechen dem Grundprinzip der Vermögensverwaltung.

Eine Zuordnung zum Zweckbetrieb ist ausgeschlossen.

Kontierung

Kontonummer/n									
Anlagen	IB	Verm.	ZB Sport	sonstige ZB ust.-pflichtig	sonstige ZB ust.frei	wirt. GB Sport	sonstige wirt. GB	Konto-Position	Gegenkonto
		4202						Haben	Finanzkonto

Umsatzsteuer

Soweit die Sponsoringeinnahmen nicht als Spenden behandelt werden können, sind sie umsatzsteuerpflichtig.

In der Vermögensverwaltung gilt der ermäßigte Umsatzsteuersatz; im wirtschaftlichen Geschäftsbetrieb der Regelsatz (19%).

Sportanlagen, Vermietung, *siehe: Vermietung von Sportanlagen*

Sportkleidung, Kauf

Hinweise

Der Kauf von Sportkleidung zur Nutzung im Verein wird je nach Einsatzbereich den verschiedenen steuerlichen Bereichen zugeordnet.

Eine bilanzielle Aktivierung (Anlagevermögen, 0305, 0410) wird nur bei spezieller Kleidung sinnvoll sein (weil gebrauchte Kleidung kaum werthaltig ist) oder wenn länger keine Abnutzung erfolgt.

Zuordnung zu den steuerlichen Bereichen

Zum ideellen Bereich, wenn mit den Sportveranstaltungen keine Erlöse erzielt werden; sonst zum Zweckbetrieb Sport oder wirtschaftlichen Geschäftsbetrieb Sport (bezahlte Sportler).

Kontierung

Kontonummer/n									
Anlagen	IB	Verm.	ZB Sport	sonstige ZB ust.-pflichtig	sonstige ZB ust.frei	wirt. GB Sport	sonstige wirt. GB	Konto-Position	Gegenkonto
	2900		5605			7416		Soll	Finanzkonto

Sportreisen

Hinweise

Sportreisen sind als sportliche Veranstaltungen ein Zweckbetrieb, wenn die sportliche Betätigung wesentlicher und notwendiger Bestandteil der Reise ist. Das gilt z. B. für Reisen zum Wettkampf oder Training. Anders bei Touristikreisen: Hier steht die Erholung der Teilnehmer im Vordergrund. Sie sind deswegen keine sportlichen Veranstaltungen, selbst wenn anlässlich der Reise auch Sport getrieben wird (Anwendungserlass zur Abgabenordnung [AEAO], Ziffer 4 zu § 67a).

Wofür genau bei einer Sportreise die Entgelte gezahlt werden, ist ohne Belang. Auch wenn die Teilnehmer nur für Beförderung und/oder Unterkunft bezahlen, spricht das nicht gegen einen Zweckbetrieb. Entscheidend ist, dass Transport und Beherbergung Teil der sportlichen Veranstaltung sind.

Zuordnung zu den steuerlichen Bereichen

Nach den genannten Maßgaben erfolgt eine Zuordnung zum Zweckbetrieb.

Kontierung

Kontonummer/n									
Anlagen	IB	Verm.	ZB Sport	sonstige ZB ust.-pflichtig	sonstige ZB ust.frei	wirt. GB Sport	sonstige wirt. GB	Konto-Position	Gegenkonto
			5050				8030	Haben	Finanzkonto

Umsatzsteuer

Als sportliche Veranstaltung sind auch Sportreisen nach § 4 Nummer 22 b UStG umsatzsteuerbefreit, wenn die Teilnehmer aktiv Sport treiben.

Der Begriff der sportlichen Veranstaltung deckt sich mit dem in § 67a AO verwendeten Begriff. Danach ist als sportliche Veranstaltung die organisatorische Maßnahme eines Sportvereins anzusehen, die es aktiven Sportlern (auch Nichtmitgliedern) ermöglicht, Sport zu treiben. Erbringt der Verein nur organisatorische Sonderleistungen an einzelne Sportler (z. B. spezielles Training), ist diese Voraussetzung nicht gegeben (OFD Karlsruhe, 5.03.2001, S 7180/1). Unter Sport versteht der Gesetzgeber eine Tätigkeit zur körperlichen Ertüchtigung durch Leibesübungen oder ähnliche Betätigungen.

Sportunterricht, Kursgebühren

Hinweise

Sportkurse oder -lehrgänge eines Sportvereines gelten als sportliche Veranstaltung.

Ob neben Mitglieder auch Nichtmitglieder teilnehmen, spielt dabei keine Rollen. Die Höhe der Kursgebühren ist ebenso ohne Belang.

Als sportliche Veranstaltung sind Sportkurse oder -lehrgängen ach § 4 Nr. 22b Umsatzsteuergesetz umsatzsteuerfrei.

Zuordnung zu den steuerlichen Bereichen

Die Zuordnung erfolgt zum Zweckbetrieb, wenn keine Sportler (als Auszubildende) teilnehmen, die als bezahlte Sportler gelten. Dass der Ausbilder bezahlt wird, spielt keine Rolle (AEAO, Ziffer 24 zu § 67a).

Kontierung

Kontonummer/n										
Anlagen	IB	Verm.	ZB Sport	sonstige ZB ust.-pflichtig	sonstige ZB ust.frei	wirt. GB Sport	sonstige wirt. GB	Konto-Position	Gegenkonto
			5704			7106		Haben	Finanzkonto

Umsatzsteuer

Nach § 4 Nummer 22 a UStG umsatzsteuerbefreit sind Vorträge, Kurse und andere Veranstaltungen wissenschaftlicher oder belehrender Art, die von gemeinnützigen Einrichtungen, oder Berufsverbänden durchgeführt werden, wenn die Einnahmen überwiegend zur Deckung der Kosten verwendet werden.

Das gilt auch für Sportunterricht.

Keine Stellungnahme der Finanzbehörden liegt zur Frage der Kostengrenze vor. Insbesondere dazu, ob die Kosten für die einzelne Veranstaltung ermittelt werden müssen oder für den Bildungsbetrieb insgesamt. Ebenso ist unklar, wie eine Überschreitung der Kostengrenze behandelt wird, die erst im Nachhinein zu Tage tritt, wenn also die Rechnungen bereits gestellt wurden. Ein Wahlrecht jedenfalls sieht die Regelung nicht vor. Beim Kostenansatz dürften sich aber Spielräume ergeben.

Als "überwiegend" gilt allgemein ein Anteil von mehr als 50% der Kosten an den Einnahmen. Dabei dürfen nach der Praxis der Finanzämter alle veranstaltungsbezogenen Kosten eingerechnet werden – auch Gemeinkosten für Mieten, Werbung usf.

Sportveranstaltungen, bezahlte Sportler, *siehe: Eintrittsgelder*

Standgebühren, Einnahmen

Hinweise

Standgebühren bei Kongressen oder Fest- und anderen Veranstaltungen sind keine reinen Miet- oder Pachteinnahmen. Wegen der Kurzfristigkeit können sie ohnehin nicht der Vermögensverwaltung zugeordnet werden.

Zuordnung zu den steuerlichen Bereichen

steuerpflichtiger wirtschaftlicher Geschäftsbetrieb

Kontierung

Kontonummer/n									
Anlagen	IB	Verm.	ZB Sport	sonstige ZB ust.-pflichtig	sonstige ZB ust.frei	wirt. GB Sport	sonstige wirt. GB	Konto-Position	Gegenkonto
						8030		Haben	Finanzkonto

Umsatzsteuer

Bei Standgebühren handelt es sich nicht um umsatzsteuerfreie Miet- oder Pachteinnahmen, sondern um steuerpflichtige sonstige Leistungen.

Startgelder

Hinweise

Startgelder für Sportveranstaltungen sind wirtschaftliche Einnahmen. Es handelt sich um Leistungsentgelte. Entsprechend sind sie grundsätzlich auch umsatzsteuerpflichtig (im Zweckbetrieb mit 7% Umsatzsteuer).

Zuordnung zu den steuerlichen Bereichen

Sind an den Veranstaltungen keine bezahlten Sportler beteiligt, erfolgt die Zuordnung zum Zweckbetrieb.

Bei Sportveranstaltungen mit bezahlten Sportlern besteht ein Wahlrecht (Zweckbetriebsoption): Bei Umsätzen bis 45.0000 € pro Jahr ist eine Zuordnung zum Zweckbetrieb möglich. Jenseits dieser Umsatzgrenze handelt es sich um einen steuerschädlichen wirtschaftlichen Geschäftsbetrieb.

Zu den Umsätzen zählen aber nicht Erlöse aus dem Verkauf von Speisen und Getränken. Diese sind in jedem Fall im steuerpflichtigen wirtschaftlichen Geschäftsbetrieb einzuordnen.

Kontierung

Kontonummer/n									
Anlagen	IB	Verm.	ZB Sport	sonstige ZB ust.-pflichtig	sonstige ZB ust.frei	wirt. GB Sport	sonstige wirt. GB	Konto-Position	Gegenkonto
			5724			7000		Soll	Finanzkonto

Umsatzsteuer

Sportliche Veranstaltungen gemeinnütziger Unternehmer sind nach § 4 Nummer 22 b UStG umsatzsteuerbefreit, soweit das Entgelt in Teilnehmergebühren besteht.

Teilnehmergebühren sind nach Abschnitt 4.22.2 UStAE Entgelte, die gezahlt werden, um an den Veranstaltungen aktiv teilnehmen zu können, z. B. Start- und Meldegelder. Nicht dazu gehören Eintrittsgelder der Zuschauer.

Der Begriff der sportlichen Veranstaltung deckt sich mit dem in § 67a AO verwendeten Begriff. Danach ist als sportliche Veranstaltung die organisatorische Maßnahme eines Sportvereins anzusehen, die es aktiven (!) Sportlern (auch Nichtmitgliedern) ermöglicht, Sport zu treiben. Erbringt der Verein nur organisatorische Sonderleistungen an einzelne Sportler (z. B. spezielles Training), ist diese Voraussetzung nicht gegeben (OFD Karlsruhe, 5.03.2001, S 7180/1). Unter Sport versteht der Gesetzgeber eine Tätigkeit zur körperlichen Ertüchtigung durch Leibesübungen oder ähnliche Betätigungen.

Steuerberaterkosten

Hinweise

Steuerberaterkosten gehören zu den Rechts- und Beratungskosten.

Zuordnung zu den steuerlichen Bereichen

Abhängig von der sachlichen Zuordnung.

Meist müssen die Kosten auf mehrere steuerliche Bereiche aufgeteilt werden, weil sie sachlich verschiedene Bereiche betreffen.

Kontierung

Kontonummer/n									
Anlagen	IB	Verm.	ZB Sport	sonstige ZB ust.-pflichtig	sonstige ZB ust.frei	wirt. GB Sport	sonstige wirt. GB	Konto-Position	Gegenkonto
	2894	4894	5679	6364	6864	7513, 7873	8374	Soll	Finanzkonto

Strom, *siehe: Energiekosten*

Tagungen, siehe: Kongresse

Telefonkosten, Kommunikationskosten, Internetgebühren

Hinweise

Kosten für den vereinseigenen Telefonanschluss und andere Kommunikationskosten werden in der Regel zusammen erfasst. In Einzelfällen kann natürlich eine getrennte Erfassung sinnvoll sein. Insbesondere dann, wenn wegen spezifischer Tätigkeiten hohe Kosten in diesem Bereich anfallen.

Zuordnung zu den steuerlichen Bereichen

Abhängig von der sachlichen Zuordnung.

Meist müssen die Kosten auf mehrere steuerliche Bereiche aufgeteilt werden, weil keine getrennten Belege (z. B. Telefonrechnung) vorliegen.

Kontierung

Kontonummer/n									
Anlagen	IB	Verm.	ZB Sport	sonstige ZB ust.-pflichtig	sonstige ZB ust.frei	wirt. GB Sport	sonstige wirt. GB	Konto-Position	Gegenkonto
	2702			6341	6841	7500	8313	Soll	Finanzkonto

Tombola und Lotterien (Erlöse aus Losverkauf)

Hinweise

Unter Lotterie versteht man ein Glücksspiel, bei dem ein Geldgewinn gegen Zahlung eines Einsatzes gewährt wird.

Bei einer Ausspielung oder Tombola besteht Gewinn dagegen aus Geld und Sachwerten oder ausschließlich aus Sachwerten.

Zuordnung zu den steuerlichen Bereichen

Lotterien werden als Zweckbetrieb behandelt, wenn

- sie von der zuständigen Behörde genehmigt sind oder wegen Unterschreitung der Genehmigungsgrenze genehmigungsfrei sind und
- die Erlöse ausschließlich gemeinnützigen, mildtätigen oder kirchlichen Zwecken zufließen (§ 68 Abgabenordnung).

Die Genehmigung richtet sich nach Gesetzen des Bundeslandes.

Kontierung

Kontonummer/n									
Anlagen	IB	Verm.	ZB Sport	sonstige ZB ust.-pflichtig	sonstige ZB ust.frei	wirt. GB Sport	sonstige wirt. GB	Konto-Position	Gegenkonto
				6060			8022	Soll	Finanzkonto

Umsatzsteuer

Umsatzsteuerfrei sind die Umsätze, die unter das Rennwett- und Lotteriegesetz fallen. Nicht befreit sind Umsätze, die von der Rennwett- und Lotteriesteuer befreit sind oder von denen diese Steuer allgemein nicht erhoben wird.

Bei Vereinen gilt das für genehmigte Lotterien im Rahmen eines Zweckbetriebs. Der Losverkauf ist hier umsatzsteuerpflichtig. Das Gleiche gilt für Veranstaltungen wie Preisskat, Preiskegeln usf.

Trainingslager, Kosten

Hinweise

Sportreisen gelten als sportliche Veranstaltungen (Zweckbetrieb), wenn die sportliche Betätigung im Vordergrund steht, z. B. bei Reisen zu Wettkämpfen, Skireisen, Trainingslager und keine bezahlten Sportler beteiligt sind usf.

Reisen zu anderen Zwecken (mit Ausnahme von Jugendreisen, bei denen pädagogische Aspekte zentral sind) sind dem steuerpflichtigen wirtschaftlichen Geschäftsbetrieb zuzuordnen.

Zu den Kosten gehören Fahrkosten, Übernachtungskosten u. ä. Verpflegung kann nur im Rahmen der Pauschalen übernommen werden.

Zuordnung zu den steuerlichen Bereichen

Zweckbetrieb Sport

Kontierung

Kontonummer/n									
Anlagen	IB	Verm.	ZB Sport	sonstige ZB ust.-pflichtig	sonstige ZB ust.frei	wirt. GB Sport	sonstige wirt. GB	Konto-Position	Gegenkonto
					5570	7400		Soll	Finanzkonto

Umsatzsteuer

Als Zweckbetriebseinnahmen werden die Erlöse mit 7% besteuert.

Trikotwerbung, *siehe: Werbeeinnahmen*

TÜV, *siehe: Kfz-Kosten*

Umsatzsteuererstattung durch das Finanzamt

Hinweise

In der EÜR wird die Umsatzsteuer als eigener Aufwands-/Ertragsposten ausgewiesen. Eine nach den steuerlichen Bereichen getrennte Gewinnermittlung müsste entsprechend auch die Umsatzsteuer aufteilen in die Posten:

- vereinnahmte Umsatzsteuer
- verauslagte Vorsteuer
- Umsatzsteuerzahlungen

Eine rechtliche Vorschrift gibt es dafür aber nicht. Die meisten Softwarelösungen für Vereine erfassen die Umsatzsteuer nicht nach steuerlichen Bereichen getrennt.

Zuordnung zu den steuerlichen Bereichen

entsprechend der Aufteilung; wahlweise kann aber ein Konto für die gesammelten Umsatzsteuerzahlungen benutzt werden.

Kontierung

Kontonummer/n									
Anlagen	IB	Verm.	ZB Sport	sonstige ZB ust.-pflichtig	sonstige ZB ust.frei	wirt. GB Sport	sonstige wirt. GB	Konto-Position	Gegenkonto
		4904	5675	6364		7504	8378	Haben	Finanzkonto

Umsatzsteuerzahlung an das Finanzamt

Hinweise

In der EÜR wird die Umsatzsteuer als eigener Aufwands-/Ertragsposten ausgewiesen. Eine nach den steuerlichen Bereichen getrennte Gewinnermittlung müsste entsprechend auch die Umsatzsteuer aufteilen in die Posten:

- vereinnahmte Umsatzsteuer
- verauslagte Vorsteuer
- Umsatzsteuerzahlungen

Eine rechtliche Vorschrift gibt es dafür aber nicht. Die meisten Softwarelösungen für Vereine erfassen die Umsatzsteuer nicht nach steuerlichen Bereichen getrennt.

Zuordnung zu den steuerlichen Bereichen

entsprechend der Aufteilung; wahlweise kann aber ein Konto für die gesammelten Umsatzsteuerzahlungen benutzt werden.

Kontierung

Kontonummer/n									
Anlagen	IB	Verm.	ZB Sport	sonstige ZB ust.-pflichtig	sonstige ZB ust.frei	wirt. GB Sport	sonstige wirt. GB	Konto-Position	Gegenkonto
		4904	5675	6365		7504	8378	Soll	Finanzkonto

Urkunden, *siehe: Pokale*

Vereinsfeste, gesellige Veranstaltungen

Hinweise

Vereinsfeste sind in der Regel gesellige Veranstaltungen. Zwar kann bei kulturellen Veranstaltungen, die in diesem Rahmen stattfinden, eine teilweise Zuordnung zum Zweckbetrieb vorgenommen werden (die Eintrittsgelder wären dann aufzuteilen). Das gilt aber nicht für Tanzveranstaltungen mit entsprechenden Musikdarbietungen.

Gastronomische Umsätze sind in jedem Fall steuerpflichtig.

Zuordnung zu den steuerlichen Bereichen

Die Einnahmen (Eintrittsgelder) gehören zum steuerpflichtigen wirtschaftlichen Geschäftsbetrieb.

Kontierung

Kontonummer/n									
Anlagen	IB	Verm.	ZB Sport	sonstige ZB ust.-pflichtig	sonstige ZB ust.frei	wirt. GB Sport	sonstige wirt. GB	Konto-Position	Gegenkonto
							8002	Haben	Finanzkonto

Umsatzsteuer

Es gilt der Umsatzsteuerregelsatz.

Vereinsgaststätte, *siehe: gastronomische Umsätze*

Vereinsreisen, *siehe: Reisen*

Vereinszeitschrift, *siehe: Druckkosten*

Verlosung, *siehe: Tombola*

Vermietung von Immobilien

Hinweise

Für die Vermietung und Verpachtung von Immobilien gilt: Sind die Verträge langfristig (auf mehr als 6 Monate) angelegt, erfolgt ein Zuordnung zur Vermögensverwaltung. Die kurzfristige Vermietung ist ein steuerpflichtiger wirtschaftlicher Geschäftsbetrieb. In Sonderfällen kann bei der kurzfristigen Vermietung ein Zweckbetrieb vorliegen. Das gilt insbesondere für die Vermietung von Sportanlagen an Mitglieder.

Zuordnung zu den steuerlichen Bereichen

Je nach Laufzeit der Verträge Vermögensverwaltung oder steuerpflichtiger wirtschaftlicher Geschäftsbetrieb. In Einzelfällen kann auch ein Zweckbetrieb vorliegen. Das gilt insbesondere für die Vermietung von Sportanlagen an Mitglieder.

Kontierung

Kontonummer/n									
Anlagen	IB	Verm.	ZB Sport	sonstige ZB ust.-pflichtig	sonstige ZB ust.frei	wirt. GB Sport	sonstige wirt. GB	Konto-Position	Gegenkonto
		4110, 4111					8018, 8100		

Umsatzsteuer

Nach § 4 Nr. 12 UStG ist die Vermietung und Verpachtung von Grundstücken und Grundstücksteilen (Immobilien) umsatzsteuerbefreit. Die Verpachtung wird von der Vermietung dadurch unterschieden, dass der Pächter hier das Recht der wirtschaftlichen Nutzung ("Fruchtziehung") hat. Ohne Bedeutung ist, für wie lange die Vermietung erfolgt.

Unter die Steuerbefreiung fallen z. B.:

- die Vermietung von Wohnungen und Garagen
- die stundenweise Vermietung des Vereinsheims oder eines Festsaals
- die Überlassung von landwirtschaftlichen Flächen

Nicht dazu gehört

- die kurzfristige Vermietung von Campingplätzen
- die Vermietung von Parkplätzen, wenn keine bestimmte Fläche vermietet wird
- die kurzfristige Vermietung von Wohn- und Schlafräumen (z. B. in Hotels, Tagungshäusern u.Ä.)
- die Vermietung von Ausstellungs- und Standflächen
- die Vermietung von Wand- und Dachflächen zu Werbezwecken.

Ebenfalls umsatzsteuerfrei sind die üblichen Nebenleistungen. Dazu gehören vor allem:

- Wärmeversorgung
- Reinigung von Fluren und Treppen

- Nicht dazu gehören:
- Strom und Gas
- die Überlassung von Einrichtungsgegenständen/Betriebsvorrichtungen

Auf die Befreiung nach § 4 Nr. 12 UStG kann der Verein verzichten, wenn die Vermietung/Verpachtung an einen Unternehmer erfolgt, der das Grundstück zu unternehmerischen Zwecken (also für umsatzsteuerpflichtige Umsätze) nutzt. Das ist vor allem wegen des Vorsteuerabzuges aus den Eingangsumsätzen sinnvoll.

Vermietung von Sportanlagen

Hinweise

Die Vermietung von Sportanlagen und Sportgeräten an Mitglieder ist ein Zweckbetrieb eigener Art (fällt also nicht unter die Umsatzgrenze nach § 67a AO).

Zuordnung zu den steuerlichen Bereichen

Vermietung an Mitglieder = Zweckbetrieb

Vermietung an Nichtmitglieder = steuerpflichtiger wirtschaftlicher Geschäftsbetrieb

Kontierung

Kontonummer/n										
Anlagen	IB	Verm.	ZB Sport	sonstige ZB ust.-pflichtig	sonstige ZB ust.frei	wirt. GB Sport	sonstige wirt. GB	Konto-Position	Gegenkonto
			5105			8018		Haben	Finanzkonto

Umsatzsteuer

Bei Sportanlagen (Sportplätze, Sportstadien, Schwimmbäder, Tennisplätze, Tennishallen, Schießstände, Kegelbahnen, Squashhallen, Reithallen, Turn-, Sport- und Festhallen, Mehrzweckhallen, Eissportstadien, -hallen, und Golfplätze) an Endverbraucher ist eine Aufteilung der Umsätze in eine steuerfreie Grundstücksvermietung und eine steuerpflichtige Vermietung der Anlagen nicht möglich (BMF, 17.04.2003, IV B 7 - S 7100 - 77/03). Umsatzsteuerfrei kann dagegen vermietet werden, wenn der Mieter die vorhandenen Anlagen dem Mietzweck nach nicht nutzt; z. B. bei einer Familienfeier in einer Sporthalle.

Nur bei der Überlassung zur Weitervermietung an einen anderen Unternehmer kann weiterhin eine Aufteilung in Grundstück und Betriebsvorrichtungen vorgenommen werden.

Die stundenweise oder im Rahmen von Abonnements oder Benutzerverträgen gewährte Nutzungsüberlassung der Einrichtungen von Sportanlagen ist eine einheitliche steuerpflichtige Leistung. Leistungsgegenstand ist keine gemäß § 4 Nr. 12 Buchst. a UStG steuerfreie Grundstücksüberlassung, sondern die Möglichkeit, das Einrichtungsangebot der Sportanlage mit oder ohne Nutzung der Spielflächen in Anspruch zu nehmen.

Vermietung, langfristige Vermietung von Immobilien

Hinweise

Die auf Dauer (mehr als 6 Monate) angelegte Vermietung von Immobilien (Wohnungen, Hallen, Grundstücke usf.) wird der steuerfreien Vermögensverwaltung zugeordnet.

Kurzfristige Vermietung an wechselnde Mieter fällt in den wirtschaftlichen Geschäftsbetrieb.

Zuordnung zu den steuerlichen Bereichen

Vermögensverwaltung

Kontierung

Kontonummer/n									
Anlagen	IB	Verm.	ZB Sport	sonstige ZB ust.-pflichtig	sonstige ZB ust.frei	wirt. GB Sport	sonstige wirt. GB	Konto-Position	Gegenkonto
		4120						Haben	Finanzkonto

Umsatzsteuer

siehe Vermietung von Immobilien

Vorsteuerpauschalierung

Hinweise

Vereine, die gemeinnützigen, mildtätigen oder kirchlichen Zwecken dienen, können nach § 23a Umsatzsteuergesetz (UStG) für den Vorsteuerabzug einen Durchschnittssatz von 7% ansetzen.

Das gilt nur,

- wenn der Verein nicht bilanzierungspflichtig ist und
- der Umsatz im Vorjahr nicht über 35.000 € lag.

Die Umsatzgrenze von 35.000 € bezieht sich dabei alle steuerpflichtigen Umsätze des Vereins. Nicht möglich ist die Pauschalierung für Einfuhr und innergemeinschaftlichen Erwerb.

Statt die Vorsteuer also wie gewohnt aus den Rechnungen an den Verein zu ermitteln, wird einfach ein Pauschalsatz unterlegt. Ein weiterer Vorsteuerabzug ist dann aber ausgeschlossen.

Die Berechnung nach Durchschnittssätzen muss bis zum 10. Tag nach Ablauf des ersten Voranmeldungszeitraums eines Kalenderjahres beim Finanzamt erklärt werden, also bis zum 10. Februar bei monatlicher Abgabe oder bis zum 10. April bei vierteljährlicher Abgabe der Voranmeldung. Der Antrag ist formfrei. Es genügt, wenn der Verein mit der ersten Umsatzsteuervoranmeldung des Jahres die Vorsteuer nach Durchschnittssätzen berechnet. Ein Bescheid des Finanzamtes erfolgt nicht.

Nimmt der Verein die Pauschalierungsregelung in Anspruch, ist er daran für 5 Jahre gebunden. Ein Widerruf ist nur zum Beginn des Kalenderjahres möglich – wiederum bis zum 10. Tag nach Ablauf des ersten Voranmeldungszeitraums.

Die Pauschalierung führt dazu, dass der Verein keine Umsatzsteuererstattungen von Finanzamt mehr erhält.

- Für die Umsatzsteuerzahllast ergibt sich:

- eine Summe von 12% (bis zum ab 31.12.2007: 9%) der Umsätze, wenn ausschließlich Umsätze mit Regelsatz (19%) vorliegen
- keine Zahllast, wenn ausschließlich Umsätze mit 7% gemacht werden.

Zuordnung zu den steuerlichen Bereichen

Die Pauschalierung gilt für alle steuerpflichtigen Umsätze des Vereins.

Kontierung

Kontonummer/n									
Anlagen	IB	Verm.	ZB Sport	sonstige ZB ust.-pflichtig	sonstige ZB ust.frei	wirt. GB Sport	sonstige wirt. GB	Konto-Position	Gegenkonto
785								Soll	3415

Umsatzsteuer

Da sich die Vorsteuer pauchal aus dem Umsatz errechnet, ist eine automatische Buchung der Umsatzsteuer über Steuerschlüssel nicht möglich.

Es wird also bei den Eingangsumsätzen zunächst ohne Vorsteuer (brutto) gebucht. Dann wird am Ende des Voranmeldungszeitraums die errechnete pauschale Vorsteuer in einer Summe gebucht.

Gegenkonto ist ein besonderes Erlöskonto (3415 – Ertrag aus pauschaler Vorsteuer § 23 a UStG). Statt einer Kostenminderung durch den Vorsteuerabzug wird auf diese Weise eine Ertragssteigerung gebucht – im Ergebnis dasselbe.

Wareneinkauf

Hinweise

Wareneinkäufe – von Gegenständen für den Weiterverkauf – gehören in der Regel zu den Aufwendungen für steuerpflichtige wirtschaftliche Geschäftbetriebe. Nur im Einzelfall ist eine Zuordnung zum Zweckbetrieb möglich (z. B. Plakate oder Postkarten eines Museumsshops, auf denen Exponate der Ausstellung abgebildet sind).

Zuordnung zu den steuerlichen Bereichen

steuerpflichtiger wirtschaftlicher Geschäftbetrieb

Kontierung

Kontonummer/n									
Anlagen	IB	Verm.	ZB Sport	sonstige ZB ust.-pflichtig	sonstige ZB ust.frei	wirt. GB Sport	sonstige wirt. GB	Konto-Position	Gegenkonto
							8150	Soll	Finanzkonto

Umsatzsteuer

umsatzsteuerpflichtig zu den üblichen Steuersätzen

Werbeeinnahmen

Hinweise

Einnahmen aus Werbung in Eigenregie begründen einen wirtschaftlichen Geschäftsbetrieb, mit dem der steuerbegünstigte Verein partiell steuerpflichtig wird. Dies gilt bezogen auf die Körperschaftsteuer, die Gewerbesteuer sowie die Umsatzsteuer

Das ist der Fall, wenn der Verein aktiv Werbeleistungen erbringt (Bandenwerbung, Trikotwerbung, Anzeigenschaltung usf.).

Zuordnung zu den steuerlichen Bereichen

steuerpflichtiger wirtschaftlicher Geschäftsbetrieb

Kontierung

Kontonummer/n									
Anlagen	IB	Verm.	ZB Sport	sonstige ZB ust.-pflichtig	sonstige ZB ust.frei	wirt. GB Sport	sonstige wirt. GB	Konto-Position	Gegenkonto
							8012	Haben	Finanzkonto

Umsatzsteuer

Die Erlöse sind umsatzsteuerpflichtig. Für Werbung in Eigenregie gilt der Umsatzsteuerregelsatz.

Werbeeinnahmen, Internet

Hinweise

Hinweise auf Geldgeber im Internet gelten dann als Werbung, wenn Text oder Bild (Logo, Banner) mit einem Link auf die Seiten des Geldgebers versehen sind.

Die bloße Nennung eines Spenders (ohne Link) dagegen gilt als zulässige "Ehrung", die aus der Spende noch keine Entgelt macht (bei Spenden darf keine Gegenleistung vorliegen).

Zuordnung zu den steuerlichen Bereichen

steuerpflichtiger wirtschaftlicher Geschäftsbetrieb

Kontierung

Kontonummer/n									
Anlagen	IB	Verm.	ZB Sport	sonstige ZB ust.-pflichtig	sonstige ZB ust.frei	wirt. GB Sport	sonstige wirt. GB	Konto-Position	Gegenkonto
							8016 ff	Haben	Finanzkonto

Umsatzsteuer

Die Erlöse sind im Werbefall umsatzsteuerpflichtig. Der Umsatzsteuersatz beträgt 19%

Werbeeinnahmen aus Sachleistungen

Hinweise

Vielfach bestehen die Leistungen von Sponsoren nicht in Geld, sondern in Sachleistungen. Erbringt die gemeinnützige Einrichtung im Gegenzug eine Werbeleistung, liegt keine Sachspende vor, sondern eine Einnahme aus Werbung in Eigenregie – also des steuerpflichtigen wirtschaftlichen Geschäftsbetriebs. Die Einnahmen sind auch umsatzsteuerbar.

Als Bemessungsgrundlage wird der Verkehrswert der Sache unterlegt. Damit ein Vorsteuerabzug möglich ist, empfielt es sich hier, dass sowohl der Sponsor als auch die gemeinnützige Einrichtung Rechungen über ihre Leistungen ausstellen.

Zuordnung zu den steuerlichen Bereichen

steuerpflichtiger wirtschaftlicher Geschäftsbetrieb

Kontierung

Da bei Sachleistungen kein Geldfluss erfolgt, kann nicht gegen ein Finanzkonto gebucht werden. Es wird deswegen zunächst gegen ein Forderungs- oder anderes Verrechnungskonto gebucht.

Kontonummer/n									
Anlagen	IB	Verm.	ZB Sport	sonstige ZB ust.-pflichtig	sonstige ZB ust.frei	wirt. GB Sport	sonstige wirt. GB	Konto-Position	Gegenkonto
							8012	Haben	Forderungen 0650

Dann wird gegen das entsprechende Aufwandskonto gebucht (hier z.B. Sportkleidung)

Kontonummer/n									
Anlagen	IB	Verm.	ZB Sport	sonstige ZB ust.-pflichtig	sonstige ZB ust.frei	wirt. GB Sport	sonstige wirt. GB	Konto-Position	Gegenkonto
	2900		5605			7416		Soll	Finanzkonto

Werbekosten

Hinweise

Werbekosten sind ja nach Fall Verwaltungskosten (z. B. Mitgliederwerbung) oder Kosten eines Geschäftsbetriebes (auch Zweckbetrieb).

Zuordnung zu den steuerlichen Bereichen

Werbekosten können grundsätzlich in allen steuerlichen Bereichen anfallen. Entsprechend ist eine Zuordnung vorzunehmen.

Eventuell muss auch eine Aufteilung einzelner Beträge erfolgen.

Kontierung

Kontonummer/n									
Anlagen	IB	Verm.	ZB Sport	sonstige ZB ust.-pflichtig	sonstige ZB ust.frei	wirt. GB Sport	sonstige wirt. GB	Konto-Position	Gegenkonto
	2900	4900	5570	6301	6800	7850	8330	Soll	Finanzkonto

Zeitschriften, *siehe: Bücher*

Zinsen, Aufwand

Hinweise

Zu den betrieblichen Kosten im Verein gehören auch Zinsen und ähnliche Finanzierungskosten.

Zuordnung zu den steuerlichen Bereichen

Die Zinsen sind dem Bereich zuzuweisen, für den das entsprechende Darlehen verwendet wird.

Evtl. ist eine Aufteilung vorzunehmen (typischerweise bei Überziehungszinsen auf dem Girokonto).

Kontierung

Kontonummer/n									
Anlagen	IB	Verm.	ZB Sport	sonstige ZB ust.-pflichtig	sonstige ZB ust.frei	wirt. GB Sport	sonstige wirt. GB	Konto-Position	Gegenkonto
	2900	4700	5650	6450	6950	7400	8314	Haben	Finanzkonto

Zinserträge

Hinweise

Bei der Zuordnung von Zinseinnahmen ist neben der Steuerfreiheit auch der in der Vermögensverwaltung größere Ertragsanteil, der in eine freie Rücklage eingestellt werden kann von Bedeutung.

Zuordnung zu den steuerlichen Bereichen

Die Zuordnung erfolgt ausnahmslos zur Vermögensverwaltung

Kontierung

Kontonummer/n									
Anlagen	IB	Verm.	ZB Sport	sonstige ZB ust.-pflichtig	sonstige ZB ust.frei	wirt. GB Sport	sonstige wirt. GB	Konto-Position	Gegenkonto
		4150						Haben	Finanzkonto

11 EDV-Buchhaltung – Auswahlkriterien für die Vereinsbuchhaltungssoftware

Die Wahl einer geeigneten Buchhaltungssoftware stellt gemeinnützige Vereine vor ein nicht ganz einfaches Problem – zumindest wenn das Budget dafür nur klein ist.

Grundsätzlich gibt es keine zwingenden Vorgaben bei der Softwareauswahl. Nur wenn der Verein bilanziert, muss er im Soll-Haben-Schema kontieren und kommt dann um ein echtes Finanzbuchhaltungsprogramm kaum herum.

Im einfachsten Fall genügt eine Tabellenkalkulation, wie z. B. Excel – von einer rein papiergestützten Buchführung können wir heutzutage absehen. Auch der Umgang mit einer Tabellenkalkulation will aber gelernt sein und stößt schnell an Grenzen.

Das ist meist dann der Fall, wenn mehr als ca. 500 Belege pro Jahr anfallen und entsprechend viele Kosten- und Ertragsarten (Konten) unterschieden werden sollen. Ist der Verein dann noch umsatzsteuerpflichtig, wird der Einsatz einer Tabellenkalkulation kaum noch praktikabel sein.

Für die Buchhaltung gemeinnütziger Vereine meist ungeeignet sind einfache Vereinsverwaltungsprogramme, wie sie vielfach sehr günstig angeboten werden. Hier wird oft nur eine Adressverwaltung mit einer Kassenbuchfunktion kombiniert, die für die Buchführung meist völlig unzureichend ist. Es gibt aber auch anspruchsvolle Komplettlösungen für Mitgliederverwaltung und Buchhaltung, die den Ansprüchen der meisten gemeinnützigen Vereine genügen dürften (z. B. *redmark Vereinsverwaltung*).

Eine Reihe professioneller Buchhaltungsprogramme bietet u.a. auch einen Vereinskontenrahmen (DATEV-Vereinskontenrahmen oder DSB-Sportkontenrahmen) an (z. B. Lexware Buchhalter). Beachtet werden muss dabei aber, ob die Auswertungen, d. h. die Einnahme-Überschuss-Rechnung bzw. Gewinn- und Verlust- entsprechend aufgebaut sind – also nach den steuerlichen Bereichen getrennt (beim Lexware Buchhalter ist das der Fall). Zwar lassen sich bei besseren Programmen die Auswertungen anpassen. Ein vollständiger Umbau von EÜR usf. erfordert aber vertiefte Softwarekenntnisse und birgt bei der Kontenzuordnung vielfache Fehlerquellen.

Eine brauchbare Vereinsbuchhaltungssoftware sollte zunächst über eine Reihe von Features verfügen, die auch bei Buchhaltungsprogrammen für gewerbliche Unternehmen wichtig sind. Dazu gehören vor allem:

- ein Stapelbuchungsfunktion, um Fehler unmittelbar nach der Erfassung korrigieren zu können
- die Möglichkeit, Kontenrahmen und Auswertungen anzupassen
- eine Export-Schnittstelle, um die Daten in anderen Programmen weiterverarbeiten zu können
- eine Umsatzsteuervoranmeldung nach Möglichkeit mit dem ELSTER-Verfahren

Für die besonderen Anforderungen in gemeinnützigen Vereinen sind daneben folgende Funktionen sinnvoll:

Splitfunktion

Damit können Belege, die auf mehrere steuerliche Bereiche verteilt werden müssen, bereits bei der Erfassung aufgeteilt werden.

Kostenstellenfunktion

Ein Feature, das vor allem sinnvoll ist, wenn Fördermittel verwaltet werden müssen. Da der buchhalterische Verwendungsnachweis in aller Regel getrennt von der sonstigen Buchhaltung geführt werden muss, lässt sich damit eine Doppelerfassung vermeiden.

Das gleiche gilt für Spartenvereine, bei denen die Abteilungen buchhalterisch getrennt erfasst werden sollen.

Kontenrahmen zur Gemeinnützigkeit

Der Kontenrahmen muss die besonderen Gegebenheiten gemeinnütziger Körperschaften abbilden, d. h. die Aufwendungen und Erträge müssen nach den steuerlichen Bereichen getrennt erfasst werden. In der Regel wird ein Kontenrahmen nach oder in Anlehnung an die DATEV-Kontenrahmen SKR 99 oder SKR 49 verwendet.

Zusätzliche Umsatzsteuerkonten und -schlüssel

Da die Umsatzsteuer/Vorsteuer zumindest für den steuerpflichtigen wirtschaftlichen Geschäftsbetrieb (Ausweis auf dem EÜR-Formular) getrennt erfasst werden muss, müssen entsprechende Steuerkonten und -schlüssel vorhanden sein oder ergänzt werden können.

Budgetierung

Weniger wichtig ist erfahrungsgemäß eine Budgetierung mit Ist-Soll-Vergleich, weil sie nur bei sehr zeitnaher Belegerfassung für Planungs- und Steuerungsprozesse eingesetzt werden kann.

Checkliste: Spezifika der Buchhaltung in gemeinnützigen Vereinen und Anforderungen an die Buchhaltungssoftware

Problemstellung	**Softwareerfordernisse**
Trennung der steuerlichen Bereiche	Kontenrahmen zur Gemeinnützigkeit Auswertungen (EÜR, GuV) getrennt nach steuerlichen Bereichen und einzelnen Geschäftsbetrieben
große *Variationsbreite* und *Spezifik* der Ertrags- und Kostenstruktur je nach Vereinszweck	anpassbarer Kontenrahmen und Auswertungen
getrennte Erfassung der Umsatzsteuer (mindestens für den steuerpflichtigen wirtschaftlichen Geschäftsbetrieb)	separate USt-Konten und Steuerschlüssel Auswertung/Aufteilung der USt für Buchung der Vorauszahlungen
Aufteilungsbuchungen (gemischte Aufwendungen für mehrere steuerliche Bereiche)	Splitbuchungsfunktion
getrennte Erfassung von Abteilungen/Sparten Zuwendungsnachweise bei Fördermitteln	Kostenstellenfunktion mit Auswertung „quer“ zu den Sparten
Mittelverwendungsrechnung auch bei nichtbilanzierenden Organisationen	keine bloße Einnahmen-Ausgaben-, sondern auch einfache Bestandsrechnung Bewegungsbilanzfunktion oder Ausgabe über Summen- und Saldenliste
Planungsvorgaben für Abteilungen/Sparten	Budgetierung
„Spendenquittungen“	Erstellung von Zuwendungsbestätigungen mit amtlichem Mustertext und entsprechenden Textvarianten

12 Debitoren/Kreditoren-Buchhaltung

Vereine sind in aller Regel – auch wenn sie bilanzieren – nicht verpflichtet, eine Debitoren/Kreditoren-Buchhaltung zu führen. Gemeint ist damit die getrennte Verwaltung von offenen Rechnungen Dritter (= Kreditoren, d. h. Gläubiger) an den Verein, bzw. Rechnungen des Vereins an Dritte (Debitoren, d. h. Schuldner).

Nicht bilanzierende Vereine können die gestellten und erhaltenen Rechnungen erst mit Bezahlung buchen, müssen also keine Forderungen und Verbindlichkeiten (= offene Posten) verwalten. Auch in diesem Fall empfiehlt sich aber zumindest das Führen eines Rechnungseingangs- und -ausgangsbuches.

Vereine, die bilanzieren – und deshalb Forderungen und Verbindlichkeiten bereits bei ihrer Entstehung und nicht erst bei Bezahlung buchen – müssen dazu ebenfalls nicht einzelne Konten für jeden Debitor und Kreditor (= Personenkonten einrichten, sondern können die Forderungen und Verbindlichkeiten gesammelt auf die Konten für kurzfristige Forderungen und kurzfristige Verbindlichkeiten erfassen.

Der Nachteil dabei ist aber, dass offene Forderungen und Verbindlichkeiten nur gesammelt erfasst werden. Wie hoch die Außenstände bei einzelnen Kunden bzw. die Verbindlichkeiten an einzelne Gläubiger sind, kann so nicht ermittelt werden. Auch ist das Ausbuchen auf solchen Sammelkonten mühsamer, da die einzelnen Posten in der Vielzahl der Buchungen schwerer auffindbar sind, was einen Abgleich offener Posten erheblich erschwert.

Mit Hilfe der Personenkonten werden Forderungen und Verbindlichkeiten nach einzelnen Debitoren bzw. Kreditoren getrennt. Der Vorteil der EDV-Buchhaltung ist dabei, dass die gesammelte Erfassung der Forderungen und Verbindlichkeiten beim Buchen auf Personenkonten automatisch erfolgt, also kein zusätzlicher Buchungsaufwand erforderlich ist. Zumindest für bilanzierende Vereine ist deshalb eine Buchung mit Personenkonten anzuraten.

Es handelt sich dabei um Hilfskonten, die nur für die Zeit beansprucht werden, in der ein Posten offen (unbezahlt) ist. Nach Bezahlung ist das Personenkonto ausgeglichen, die „Hilfsbuchung“ also neutralisiert.

Für Personenkonten ist im DATEV-Kontenrahmen ein eigener Bereich reserviert.

- Debitorenkonten erhalten die Nummern 10000 bis 69999,
- Kreditoren die Nummern 70000 bis 99999

Damit können praktisch beliebig viele Personenkonten angelegt werden.

Benutzt werden die Personenkonten in folgender Weise: Bei Ausgang/Eingang einer Rechnung (in der Regel wird die Entstehung der Forderung/Verbindlichkeit mit diesem Zeitpunkt angesetzt) wird gebucht:

- Debitor (z. B. Kursteilnehmer) an Ertragskonto (z. B. Kursgebühren) bzw.
- Aufwandskonto (z. B. Kfz-Reparaturen) an Kreditor (z. B. Kfz-Werkstatt)

Bei Bezahlung der Rechnung (hier per Überweisung) wird der offene Posten ausgebucht:

- Bank an Debitor (Kursteilnehmer) bzw.
- Kreditor (hier Kfz-Werkstatt) an Bank.

Das Personenkonto ist damit ausgeglichen, d. h. es weist – soweit nicht andere Posten offen sind – einen Nullsaldo aus.

Die Einrichtung vieler Personenkonten bedeutet natürlich eine erhöhte Unübersichtlichkeit des Kontenrahmens. Es empfiehlt sich deshalb, für Debitoren/Kreditoren, mit denen voraussichtlich nur ein einziges Mal geschäftlicher Kontakt besteht, kein eigenes Konto einzurichten, sondern für solche Fälle Sammelkonten zu verwenden, z. B. „Sonstige Debitoren/Kreditoren“ oder bei wachsender Zahl mehrere solcher Konten mit Sortierung nach Alphabet (also z. B. „Debitoren/Kreditoren A - F“ usf.).

13 Abschreibungen und Jahresabschluss

Mit der laufenden Buchung der Geschäftsvorfälle ist der größte Teil der jährlichen Buchhaltungsarbeit erledigt.

Die Buchhaltungsarbeiten zum Jahresabschluss umfassen zusätzlich nur noch:

- Abschreibungen
- per Inventur festgestellte Bestandskorrekturen (nur bei bilanzierenden Vereinen)
- Rechnungsabgrenzung (nur bei bilanzierenden Vereinen)
- eventuell zu bildenden Rückstellungen (nur bei bilanzierenden Vereinen) und
- die Übernahme der Bestandskontensalden ins neue Buchungsjahr (Saldenvorträge)

13.1 Anlagenverzeichnis und Abschreibungen

Die Kosten für Wirtschaftsgüter, die langfristig (mehr als ein Jahr) genutzt werden, werden nicht sofort in vollem Umfang als Aufwendungen verbucht (mit Ausnahme sog. geringfügiger Wirtschaftsgüter). Vielmehr werden die Anschaffungskosten über den üblichen Nutzungszeitraum verteilt als Aufwendungen verbucht. Dieses Verfahren bezeichnet man als *Absetzung für Abnutzung (AfA)* oder Abschreibung.

Dieses Verfahren folgt der Logik, dass die Kosten für langfristig genutzte Güter über den Nutzungszeitraum verteilt werden müssen und der Restwert der Güter in der Vermögensaufstellung berücksichtigt werden muss.

Die Anschaffungskosten werden über ein Bestandskonto verbucht (z. B. Büroeinrichtung, Sportgeräte). Dadurch ändert sich im Vermögen zunächst nichts. Es wurde lediglich Geldvermögen in Sachvermögen umgewandelt. Die Wertminderung, die durch die Nutzung über die Jahre entsteht, wird dann in Form von Abschreibungen berücksichtigt. Der Wert des entsprechenden Gegenstandes mindert sich also über die Nutzungsdauer (Abschreibungszeitraum) nach und nach, die Wertminderung wird als Aufwand gewinnmindernd verbucht.

13.1.1 Geringwertige Wirtschaftsgüter

Für die Abschreibung geringwertiger Wirtschaftsgüter (GWG) gibt es seit dem 1.01.2010 zwei Verfahren, die Poolabschreibung und das bis 2007 gängige Verfahren für GWG.

GWG mit Anschaffungs- oder Herstellungskosten *bis 250 €* (ohne Umsatzsteuer) müssen – ohne Wahlrecht – sofort als Betriebsausgaben abgesetzt werden. Eine besondere Aufzeichnungspflicht, z. B. in einem Anlagenverzeichnis, gibt es nicht.

Für GWG mit Anschaffungs- oder Herstellungskosten *von 251 € bis 1 000 €* (ohne Umsatzsteuer) muss für jedes Jahr ein Sammelposten gebildet werden (GWG-Pool), der über 5 Jahre mit jeweils 20 % abgeschrieben wird.

Hinweis: Die Untergrenze von 250 Euro gilt für Wirtschaftgüter, die ab dem 1.01.2018 angeschafft werden, Bis dahin gilt die Grenze von 150 Euro.

Abgesehen von der buchmäßigen Erfassung des Zugangs im Sammelposten bestehen keine weiteren Dokumentationspflichten. Es muss also kein Bestandsverzeichnis geführt werden.

Buchhalterisch ist das eine Vereinfachung, weil die Wirtschaftsgüter nicht einzeln erfasst und abgeschrieben werden und keine monatsgenaue Erfassung nötig ist.

Diese Regelung betrifft Steuerpflichtige mit Gewinneinkünften. Im Verein gilt das für steuerpflichtige wirtschaftliche Geschäftsbetriebe.

Alternativ können Wirtschaftsgüter, auch nach dem bis 2007 gültigen Verfahren abgeschrieben werden.

GWG mit Anschaffungs- oder Herstellungskosten *von 251 € bis 800 €* (ohne Umsatzsteuer) können also wahlweise in voller Höhe als Betriebsausgaben abgesetzt werden.

Hinweis: Dies Grenze von 800 Euro gilt für Wirtschaftgüter, die ab dem 1.01.2018 angeschafft werden, Bis dahin liegt die Grenze bei 410 Euro.

In diesem Fall müssen die GWG in einem besonderen Anlagenverzeichnis aufgeführt werden. Wirtschaftsgüter über 800 € müssen nach den allgemeinen Regeln abgeschrieben werden (§ 6 Abs. 2 und 2a EStG 2010).

Die neue Sofortabschreibung, die es bereits vor 2008 gab, ist ein Wahlrecht: Geringwertige Wirtschaftsgüter mit Kosten zwischen 250 € und 800 € können also entweder sofort abgeschrieben oder in den Sammelposten eingestellt werden und dann über 5 Jahre linear abgeschrieben werden (sog. Poolabschreibung). Das Wahlrecht zwischen Sofortabschreibung und Poolabschreibung kann für alle in einem Wirtschaftsjahr angeschafften oder hergestellten Wirtschaftsgüter *nur einheitlich* ausgeübt werden.

Bei Anschaffungs-, Herstellungs- oder Einlagewerten über 800,00 € gelten die allgemeinen Vorschriften der linearen oder der degressiven Abschreibung.

Bei den Überschusseinkunftsarten (Vermietung und Verpachtung, sonstige Einkünfte – im Verein gilt das für den gesamten Bereich der Vermögensverwaltung) bleibt es bei der bisherigen Regelung, dass geringwertige Wirtschaftsgüter mit Anschaffungskosten bis 800 € sofort als Werbungskosten abgesetzt oder wahlweise über die Nutzungsdauer abgeschrieben werden können.

13.1.2 Betriebsgewöhnliche Nutzungsdauer

Abgeschrieben werden sowohl bewegliche Güter (Maschinen, Geräte, Möbel usf.) als auch unbewegliche (Bauten, Anlagen).

Dabei wird eine *betriebsgewöhnliche Nutzungsdauer* zugrunde gelegt, da im Vornherein nicht bekannt ist, wie lange das Wirtschaftsgut tatsächlich genutzt werden wird.

Die *betriebsgewöhnliche Nutzungsdauer* für Anlagegüter – und damit die steuerlichen Mindestabschreibungszeiträume – werden in den AfA-Tabellen der Finanzbehörde festgelegt.

Beispiele:

Anlagegut	**betriebsgewöhnliche Nutzungsdauer (Jahre)**
Tennishalle	20
Ladeneinbauten	8
PKW	6
LKW	9
Fernsprechnebenstellenanlagen	10
Personalcomputer	3
Büromöbel	13

Die angesetzte betriebsgewöhnliche Nutzungsdauer stimmt natürlich häufig nicht mit der wirklichen Nutzungsdauer überein, bzw. die angesetzten Abschreibungsbeträge nicht mit dem tatsächlichen Wertverfall. In der Regel wird die wirkliche Nutzungsdauer länger als die Abschreibungsdauer sein. Es können so *stille Reserven* entstehen, .d. h Vermögen, das in der Bilanz nicht ausgewiesen ist. Der Wiederverkaufswert eines Anlagegutes ist höher als der (durch die Abschreibungen ermittelte) Buchwert.

Abschreibungen können und sollten dabei grundsätzlich für alle steuerlichen Bereiche des Vereins vorgenommen werden, auch wenn dies für den ideellen Bereich steuerlich nicht erforderlich wäre. Das empfiehlt sich aus kaufmännisch-kalkulatorischen Gründen: Nach der Nutzungsdauer müssen die Anlagegüter ersetzt werden. Dafür müssen die nötigen Finanzmittel zurückgelegt werden. Die Wertminderung des Anlagevermögens gibt also einen Anhaltspunkt über notwendige Ersatzinvestitionen.

Nur in den steuerpflichtigen Bereichen beeinflussen die Abschreibungen aber die entstehende Steuerlast.

13.1.3 Abschreibungsmethoden

Grundsätzlich wird unterschieden zwischen normaler Abschreibung, besonderer Abschreibung wegen außergewöhnlicher Abnutzung und Sonderabschreibung (als besondere Steuerbegünstigung).

Wir beschränken uns hier auf die normale Abschreibung. Hier ist seit 2011 steuerlich nur noch die die lineare Abschreibung zulässig.

Hierbei werden die Anschaffungskosten in gleichen Jahresbeiträgen auf die betriebsgewöhnliche Nutzungsdauer verteilt.

Beispiel: Ein Sportverein schafft einen Kleintransporter für den Transport von Sportausrüstungen an:

Anschaffungspreis ohne Ust.	18.000 €
betriebsgewöhnliche Nutzungsdauer	9 Jahre
= jährliche AfA	2.000 €

Es werden also über neun Jahre jeweils 2.000 € als Abschreibung gebucht. Das entspricht einem Neuntel (11,1%) der Anschaffungskosten.

13.1.4 Bestandsverzeichnis

Das Führen eines Bestandsverzeichnisses kann einerseits zivilrechtlich nach § 260 BGB erforderlich sein. In jedem Fall ist es aus steuerlichen Gründen unabdingbar – zur Ermittlung der Abschreibungen.

Zwar werden mit den Bestandskonten bereits Anlageverzeichnisse geführt; für die Ermittlung der Abschreibungen reicht diese Erfassung aber nicht aus. Es empfiehlt sich deshalb, eine separate Anlagenkartei zu führen. Heute wird das in aller Regel in digitaler Form erfolgen. Dafür kann ein Tabellenkalkulationsprogramm eingesetzt werden; es gibt aber auch Spezialsoftware, wenn nicht ohnehin das Finanzbuchhaltungsprogramm über eine entsprechende Funktion verfügt.

13.2 Saldenvorträge

In der Finanzbuchhaltung werden Kontenbewegungen (Buchungen) immer auf ein Buchungsjahr bezogen erfasst. Die Bestände des Vorjahres müssen deshalb in das neue Buchungsjahr eigens übernommen werden. Das erfolgt in Form der schon dargestellten *Saldenvorträge*, auch als *Eröffnungsbuchungen* bezeichnet. Vorgetragen werden ausschließlich Bestandskonten.

Dazu gehören auch die Personenkonten. Die Sammelkonten für die Debitoren- und Kreditorenkonten werden nicht vorgetragen, da dies mit den Vortragsbuchungen auf den Personenkonten erfolgt.

Genau genommen sind Saldenvorträge auch nicht Teil des Jahresabschlusses, sondern sie werden mit Beginn der neuen Buchungsperiode (zum 1.01.) durchgeführt.

Saldenvorträge sind nur in bilanzierenden Vereinen erforderlich. Da aber zumindest Kasse und Bankkonto auch in einem Verein mit Einnahmen-Überschuss-Rechnung korrekt geführt werden sollten, müssten zumindest für diese Konten die Saldenvorträge gebucht werden.

13.3 Besonderheiten der Einnahme-Überschuss-Rechnung im Verein

Bei der Einnahmen-Überschuss-Rechnung müssen die Betriebseinnahmen und die Betriebsausgaben zu ihrer Gegenüberstellung und zur Ermittlung des entsprechenden Überschusses geordnet aufgezeichnet werden. Die Anforderungen sind hier aber geringer als bei bilanzierenden Vereinen. Insbesondere die zeitliche Zuordnung der Ausgaben und Einnahmen bedeutet einen geringeren Buchungsaufwand, weil keine Abgrenzungen der Buchungsjahre gegeneinander vorgenommen werden müssen.

13.3.1 Zeitliche Zuordnung

Betriebseinnahmen und -ausgaben sind nach dem Grundsatz des Zufluss-/Abfluss-Prinzips dem Kalenderjahr zuzuordnen, in denen sie in Geld zu- oder abfließen.

Eine Ausnahme stellen regelmäßig wiederkehrende Einnahmen oder Ausgaben dar, die kurz vor Beginn oder kurz nach Beendigung des Kalenderjahres zu- oder abfließen, zu dem sie wirtschaftlich gehören. Diese Einnahmen und Ausgaben sind in dem Kalenderjahr zu buchen, dem sie wirtschaftlich zugeordnet sind (§ 11 EStG).

Regelmäßig wiederkehrende Einnahmen und Ausgaben können u.a. sein: Zinsen, Löhne, Gehälter, Miete. Kurze Zeit heißt maximal 10 Tage.

Eine weitere Ausnahme stellen Abschreibungen dar. Sie sind bei Wirtschaftsgütern des abnutzbaren Anlagevermögens bereits dann vorzunehmen, wenn sich diese Wirtschaftsgüter in der Verfügungsmacht des Vereins befinden, auch wenn ein Geldabfluss noch nicht stattgefunden hat.

13.3.2 Sachliche Zuordnung

Betriebseinnahmen sind alle Zugänge in Geld oder Geldeswert, die durch den Betrieb veranlasst sind [vgl. § 8 (1) EStG].

Zu den Betriebseinnahmen gehören auch:

- Einnahmen aus Hilfsgeschäften (z. B. Verkauf von Altpapier, Veräußerung von Wirtschaftsgütern des Anlagevermögens),
- Einnahmen in Sachwerten (z. B. Sachspenden),
- vereinnahmte Umsatzsteuer,
- Eigenverbrauch und unentgeltliche Leistungen.

Zu den Betriebseinnahmen gehören nicht:

- im Namen und auf Rechnung anderer vereinnahmte durchlaufende Posten,
- die Aufnahme eines Darlehens,
- berechnete, aber noch nicht bezahlte Verkäufe.

Betriebsausgaben sind die Aufwendungen, die durch den Betrieb veranlasst sind (§ 4 (5) EStG).

Zu den Betriebsausgaben gehören auch:

- Ausgaben in Sachwerten (z. B. Sachspenden),
- die verauslagte Vorsteuer,
- die Anschaffung von sog. geringwertigen Wirtschaftsgütern des Anlagevermögens,
- Abschreibungen auf abnutzbare Wirtschaftsgüter des Anlagevermögens,
- die Restbuchwerte der Wirtschaftsgüter des Anlagevermögens bei deren Veräußerung,

Zu den Betriebsausgaben gehören nicht:

- im Namen und auf Rechnung anderer verausgabte durchlaufende Posten,
- die Rückzahlung eines Darlehens,
- berechnete, aber noch nicht bezahlte Einkäufe,
- Vernichtung, Diebstahl oder Schwund bezahlter Waren, da ihr (bezahlter) Einkauf bereits Betriebsausgaben waren,
- Anschaffung von Wirtschaftsgütern des Anlagevermögens, da erst die darauf entfallenden Abschreibungen Betriebsausgaben darstellen.

14 Besonderheiten beim Jahresabschluss bilanzierender Vereine

Auf den Jahresabschluss bilanzierender Vereine gehen wir hier nur am Rande ein. Unter die Bilanzierungs*pflicht* fallen ja nur relativ große Vereine und auch die freiwillig bilanzierenden Organisationen dürften vergleichsweise groß sein. Schon aus diesem Grund wird hier in aller Regel ein Steuerberater mit dem Jahresabschluss betraut, auch wenn die laufenden Buchungsarbeiten im Verein selbst durchgeführt werden.

Zunächst unterscheidet sich die Bilanzbuchhaltung hinsichtlich der *Auswertungen* von der Einnahmen-Überschuss-Rechnung. Statt einer einfachen Gewinnermittlung (EÜR) erfolgt die Feststellung des Betriebsergebnisses doppelt, durch die *Gewinn-und-Verlust-Rechnung* und die *Bilanz*. Der Jahresabschluss umfasst daneben vor allem noch Erläuterungen zu einzelnen Positionen der beiden Auswertungen und einen Kontennachweis. Auf die Gliederung von GuV und Bilanz müssen wir hier nicht vertieft eingehen, da es außer der Trennung nach den steuerlichen Bereichen keine Abweichungen zum Jahresabschluss gewerblicher Unternehmen gibt.

14.1 Gewinn- und Verlust-Rechnung

Vom Verfahren her entspricht die GuV der EÜR. Die handelsrechtlichen Vorschriften zur Gliederung (§ 275 HGB) sind zwar für Vereine nicht zwingend, dennoch werden auch sie sich an diesem Gliederungsschema orientieren. Anders als bei der EÜR wird in der GuV die Umsatzsteuer nicht berücksichtigt.

In der GuV werden die Aufwands- und Ertragskonten zusammengefasst. Technisch gesehen ordnet die Buchhaltungssoftware einfach die Salden der Konten den jeweiligen GuV-Posten zu.

Wie bei der EÜR muss eine Trennung in die steuerlichen Bereiche erfolgen. Da wir beim gängigen Gliederungsschema bleiben, bedeutet dies einfach eine vierfache GuV.

14.2 Die Bilanz

Die Bilanz ist die zusammengefasste Gegenüberstellung von Vermögen und Kapital. Auch hier gibt es nach dem HGB (§ 266) eine feste Gliederungsvorschrift, die aber in zwingender Form nur für Kapitalgesellschaften gilt. An diesem Schema werden sich aber im Wesentlichen auch Vereine orientieren.

Das Vermögen wird auf der linken Seite und die Schulden sowie das Eigenkapital auf der rechten Seite dargestellt.

In der Bilanz werden die Bestandskonten zusammengefasst. Im Prinzip entspricht sie einem Inventurverzeichnis, da hier alle Vermögensgegenstände – allerdings nur wertmäßig – erfasst werden.

Eine Gliederung nach steuerlichen Bereichen ist nicht erforderlich, die Vermögensaufstellung wird also für den gesamten Verein einheitlich gemacht.

14.3 Die E-Bilanz

Durch die Regelung des § 5b EStG wird für Zwecke der Steuererklärung die bisherige Papierform der Bilanz sowie der Gewinn- und Verlustrechnung durch eine elektronische Fassung ersetzt – die sogenannte E-Bilanz. Während die Finanzverwaltung bis 2012 noch die Papierform zugelassen hat, muss für 2013 die Bilanz zwingend in elektronischer Form eingereicht werden.

Für gemeinnützige Körperschaften gilt aber weiterhin eine Übergangsregelung. Sie müssen erstmals für das Jahr 2015 die Bilanz zwingend in elektronischer Form abgeben. Entspricht das Wirtschaftsjahr dem Kalenderjahr, greift die Verpflichtung also erstmals für den Jahresabschluss zum 31.12.2015, dessen Übermittlung dann in 2016 erfolgt.

Das Bundesfinanzministerium hat in einem aktuellen Schreiben klargestellt, wann gemeinnützige Körperschaften von der E-Bilanzpflicht betroffen sind (Schreiben vom 19.12.2013, IV C 6 - S 2133-b/11/10009 :004).

Die E-Bilanz betrifft natürlich nur bilanzierend Organisationen. Nicht jede Körperschaft, die bilanziert, ist aber zur Abgabe der E-Bilanz verpflichtet. Sie muss nämlich nur für steuerliche Zwecke erstellt werden.

Grundsätzlich gilt, dass bei steuerbegünstigten Körperschaften die E-Bilanz nur für den steuerpflichtigen Teilbereich übermittelt werden muss – also für steuerpflichtige wirtschaftliche Geschäftsbetriebe, die die Umsatzfreigrenze von 35.000 Euro überschreiten.

Nach dem BMF-Schreiben sind die folgenden steuerbegünstigten Körperschaften nicht von der E-Bilanz betroffen:

1. Steuerbegünstigte Körperschaften, die keine steuerpflichtigen wirtschaftlichen Geschäftsbetriebe haben.
2. Steuerbegünstigte Körperschaften, die einen steuerpflichtigen wirtschaftlichen Geschäftsbetrieb unterhalten, bei dem (Brutto-)Einnahmen aber unter der Umsatzfreigrenze von 35.000 Euro liegen.
3. Steuerbegünstigte Körperschaften, die einen steuerpflichtigen wirtschaftlichen Geschäftsbetrieb unterhalten, dessen (Brutto-) Einnahmen die Umsatzfreigrenze von 35.000 € überschreiten, wenn weder handels- noch steuerrechtliche Buchführungspflicht besteht und auch nicht freiwillig bilanziert wird.
4. Steuerbegünstigte Körperschaften, die einen steuerpflichtigen wirtschaftlichen Geschäftsbetrieb unterhalten, dessen (Brutto-) Einnahmen die Umsatzfreigrenze von 35.000 Euro überschreiten, und die nicht freiwillig bilanzieren, wenn zwar keine handelsrechtliche, aber eine originäre steuerliche Buchführungspflicht besteht, vom Finanzamtes aber keine Mitteilung mit Hinweis auf den Beginn der Bilanzierungspflicht erfolgt ist.

Eine originäre steuerliche Buchführungspflicht besteht nach § 141 AO, wenn der Jahresumsatz über 500.000 Euro oder der Jahresgewinn über 50.000 Euro liegt.

Folgende Körperschaften müssen dagegen die E-Bilanz einreichen:

1. Steuerbegünstigte Körperschaften, die einen steuerpflichtigen wirtschaftlichen Geschäftsbetrieb unterhalten, dessen (Brutto-)Einnahmen die Besteuerungsgrenze von 35.000 Euro erreichen, wenn eine handelsrechtliche Buchführungspflicht besteht. Das betrifft gemeinnützige GmbH, Aktiengesellschaften und Genossenschaften. Die E-Bilanz muss aber nur für den steuerpflichtigen wirtschaftlichen Geschäftsbetrieb eingereicht werden.

2. Steuerbegünstigte Körperschaften, die einen steuerpflichtigen wirtschaftlichen Geschäftsbetrieb unterhalten, dessen (Brutto-) Einnahmen die Umsatzfreigrenze von 35.000 Euro überschreiten, wenn zwar keine handelsrechtliche Buchführungspflicht, wohl aber eine originäre steuerliche Buchführungspflicht besteht – d.h. wenn der Jahresumsatz über 500.000 Euro oder der Jahresgewinn über 50.000 Euro liegt. Die Verpflichtung besteht aber erst, wenn das Finanzamt dazu auffordert. Die E-Bilanz muss nur für den steuerpflichtigen wirtschaftlichen Geschäftsbetrieb eingereicht werden.

3. Steuerbegünstigte Körperschaften mit einen steuerpflichtigen wirtschaftlichen Geschäftsbetrieb mit mehr als 35.000 Euro (Brutto-) Einnahmen, wenn zwar weder eine handelsrechtliche, noch eine steuerliche Buchführungspflicht besteht, die aber entweder nach einer Satzungsvorschrift oder freiwillig bilanzieren. Die E-Bilanz muss nur für den steuerpflichtigen wirtschaftlichen Geschäftsbetrieb eingereicht werden.

Übersicht: Pflicht zur Übermittlung einer E-Bilanz bei steuerbegünstigten Körperschaften

Art und Umfang der gewerblichen Betätigung	GmbH, Aktiengesellschaften, Genossenschaften, Versicherungs- und Pensionsfondsvereine auf Gegenseitigkeit	sonstige juristische Personen des privaten Rechts: rechtsfähige und nichtrechtsfähige Vereine, Anstalten, Stiftungen und andere Zweckvermögen des privaten Rechts
kein wirtschaftlicher Geschäftsbetrieb (wGB)	keine E-Bilanz	keine E-Bilanz
nur Einnahmen aus Zweckbetrieb; Grenzen des § 141 AO werden nicht überschritten	Keine E-Bilanz	keine E-Bilanz
nur Einnahmen aus Zweckbetrieb, Grenzen des § 141 AO überschritten	keine E-Bilanz	keine E-Bilanz
Einnahmen aus steuerpflichtigen wGB unter 35.000	keine E-Bilanz	keine E-Bilanz
Einnahmen aus steuerpflichtigen wGB über 35.000 Euro, Grenzen des § 141 AO nicht überschritten	nur für steuerpflichtigen wGB	für den steuerpflichtigen wGB, bei Bilanzierung laut Satzung oder anderen Vorschriften, aber erst nach Aufforderung durch das Finanzamt
Einnahmen oder Gewinn aus steuerpflichtigen wGB überschreiten die Grenzen des § 141 AO	nur für steuerpflichtigen wGB	nur für steuerpflichtigen wGB, aber erst nach Aufforderung durch das Finanzamt

14.4 Inventur

Inventur ist die mengen- und wertmäßige Erfassung aller Vermögensgegenstände. Dazu gehören neben Sachanlagen, Waren- und Materialbeständen auch Forderungen und Verbindlichkeiten. Grundsätzlich besteht *nur für bilanzierende Vereine* eine Inventurpflicht.

Die Definition besagt schon, dass nicht zwingend ein eigenes Inventurverfahren erforderlich ist. Die meisten, in vielen Vereinen sogar alle, „Vermögensgegenstände" werden nämlich, ohne eigene regelmäßige Bestandsüberprüfung, ohnehin durch die Finanzbuchhaltung erfasst. Das gilt vor allem für Forderungen und Verbindlichkeiten und natürlich auch für Finanzbestände (Bank, Kasse, Schecks).

In der Regel betrifft das auch das Sachanlagevermögen. Neben den entsprechenden Anlagekonten wird – zumindest empfiehlt sich das – meist ein eigenes Anlagenverzeichnis geführt, in das Zu- und Abgänge eingetragen werden und das damit eine immer aktuelle Bestandsübersicht liefert.

Aus diesem Grund ist eine Inventur in Vereinen nur in zwei Fällen erforderlich:

- Wenn die Sachanlagen mengenmäßig schwer zu überschauen sind und mit Verlusten durch Beschädigung, Diebstahl und sonstigem Schwund zu rechnen ist. Das kann z. B. bei Kleingeräten oder Möbeln der Fall sein.
- Wenn nennenswerte Bestände an Waren oder Verbrauchsmaterial vorhanden sind, wo durch Verderb, Diebstahl usw. Abgänge zu verzeichnen sind, die nicht als Verkauf buchhalterisch erfasst werden.

In diesen Fällen ist eine Zählung und Auflistung nach Menge und Wert erforderlich – eben eine Inventur. Ergebnis der Inventur ist eine Inventarliste. Sie enthält:

- die Zahl der Gegenstände u. U. nach Gruppen zusammengefasst und nach Anlage und Umlaufvermögen getrennt
- ihren Wert (Anschaffungskosten)
- die Angabe des Inventurstichtages

Geringwertige Wirtschaftsgüter, die im Jahr ihrer Anschaffung voll abgeschrieben werden, brauchen nicht inventarisiert zu werden. Die Inventarliste muss 10 Jahre aufbewahrt werden.

Veränderungen im Waren- und Materialbestand werden über das Warenbestandskonto verbucht. Verluste beim Sachanlagevermögen werden als Sonderabschreibungen erfasst.

Gebucht werden die Inventurergebnisse nur bezogen auf die Bestandsänderungen. d. h. Unterschiede zum Bestand des Vorjahres werden als Zu- oder Abgang gebucht:

- bei einer Erhöhung des Bestandes gegenüber dem Vorjahr:
  Warenbestände an Wareneingang
- bei einer Verringerung des Bestandes gegenüber dem Vorjahr:
  Wareneingang an Warenbestände

Der Aufwand für den Wareneinkauf vermindert oder erhöht sich entsprechend um den noch vorhandenen Bestand. Wurde im laufenden Jahr mehr verkauft als eingekauft, muss sich der Bestand verringert haben; umgekehrt bedeutet eine Erhöhung des Bestandes, dass mehr eingekauft als verkauft wurde.

14.5 Rechnungsabgrenzung

Die sog. Rechnungsabgrenzung – d. h. die jahresgenaue Zuordnung von Ausgaben oder Einnahmen, die jahresübergreifend gezahlt werden – ist nur bei bilanzierenden Vereinen erforderlich. Bei Vereinen, die eine Gewinnermittlung durch Einnahmen-Überschuss-Rechnung durchführen, sind Einnahmen und Ausgaben nach dem Grundsatz des Zufluss-/Abfluss-Prinzips dem Kalenderjahr zuzuordnen, in denen sie in Geld zu- oder abfließen.

Bei der Erstellung des Jahresabschlusses gilt der Grundsatz der Periodengerechtigkeit. Dieser Grundsatz besagt, dass Aufwendungen und Erträge unabhängig vom tatsächlichen Zahlungsvorgang der Periode zuzuordnen sind, in welcher sie angefallen sind. Eine solche Abgrenzung wird beispielsweise nötig, wenn Sie im Oktober des Geschäftsjahres 01 die Abonnementgebühren einer Fachzeitschrift für ein halbes Jahr im Voraus überweisen. Der Aufwand für dieses Abonnement in den Monaten Oktober, November und Dezember 01 gehört in das Geschäftsjahr 01, während die vorausbezahlten Monate Januar, Februar und März 02 erst im folgenden Geschäftsjahr 02 Aufwendungen darstellen.

Würden nie Jahresabschlüsse erstellt, benötigte man keine Rechnungsabgrenzungsposten. Da buchführende Institutionen jedoch ihre Totalperiode – also die komplette Lebensdauer ihrer Organisation – in Teilperioden abrechnen, werden Rechnungsabgrenzungsposten benötigt. Die üblichste Teilperiode ist dabei das Geschäftsjahr, das in der Regel identisch mit dem Kalenderjahr ist. Rechnungsabgrenzungsposten können jedoch auch für unterjährige Abschlüsse (z. B. 1/2 Jahr, 1/4 Jahr; ein Monat) gebildet werden, sofern dies der Übersichtlichkeit der unterjährigen Abschlüsse dienlich ist.

Ein Abgrenzungsproblem stellt sich ein, wenn der Bezugszeitraum einer Zahlung zwei Perioden (z. B. zwei Geschäftsjahre) berührt. Es sind grundsätzlich zwei Fälle möglich:

In Fällen, bei denen der Aufwand beziehungsweise Ertrag in dem einen Jahr entsteht, die Zahlung aber im nächsten Jahr erfolgt, wird der Übertrag ins Folgejahr über die Forderungs- und Verbindlichkeitskonten vorgenommen. Eine Rechnungsabgrenzung ist hier nicht erforderlich.

Wenn dagegen die Zahlung im aktuellen Jahr erfolgt, der Aufwand beziehungsweise Ertrag aber erst im Folgejahr entsteht muss eine Abgrenzung zwischen den beiden Jahren vorgenommen werden.

Ein Beispiel hierfür sind Versicherungsprämien, z. B. eine Haftpflichtversicherung. Ist die Zahlung der Prämie für ein Jahr im Juni fällig, fällt der versicherte Zeitraum nur mit 7 Monaten (Juni bis Dezember) ins laufende Jahr, die anderen 5 Monate sind dem Folgejahr zuzuordnen. Nur 7/12 wären also dem aktuellen Bilanzjahr zuzuweisen.

Für die Abgrenzung werden die Konten aktive und passive Rechnungsabgrenzung benutzt.

Erfolgt die Zahlung durch den Verein im Voraus, die Leistung aber später (in unserem Beispiel die Versicherung), handelt es sich um eine *aktive Rechnungsabgrenzung (ARAP).* Bei einer Zahlung an den Verein, für die die Leistung später erbracht wird, handelt es sich um eine *(PRAP).* Beispiel: Ein Kursteilnehmer zahlt am 1.10. für einen halbjährigen Kurs im Voraus die gesamte Gebühr).

Aktive Rechnungsabgrenzung

In unserem Beispiel der Versicherungsprämie müsste der auf das Folgejahr entfallende Teil in das nächste Buchungsjahr „verschoben" werden. Beträgt die Zahlung 600 € und müssen 5/12 abgegrenzt werden wären also 250 € umzubuchen.

Das geschieht zum Bilanzstichtag (am Ende des Buchungsjahres, also in der Regel am 31.12. mit folgender Buchung

Buchungstext	**Betrag**	**Sollkonto**	Habenkonto
Rechnungsabgrenzung Haftpflichtversicherung	250,00	ARAP	Versicherungsbeiträge

Der Aufwand für Versicherung vermindert sich also im laufenden Jahr um 250 €.

Im Folgejahr muss der abgegrenzte Betrag wieder dem Konto Versicherungsbeiträge zugewiesen werden. Das geschieht zum 1.01. des Jahres Die Buchung lautet dann:

Buchungstext	**Betrag**	**Sollkonto**	Habenkonto
Rechnungsabgrenzung Haftpflichtversicherung Vorjahr	250,00	Versicherungsbeiträge	ARAP

Auf das Konto 700 (ARAP) wird der Betrag per Saldenvortrag aus dem Vorjahr übertragen. Das erfolgt mit den anderen Saldenvorträgen beim Jahresabschluss.

Typische Fälle aktiver Rechnungsabgrenzung sind:

- Versicherungsprämien
- Abonnements von Zeitschriften
- Kfz-Steuer
- Beiträge zu Verbänden

Passive Rechnungsabgrenzung

Eine passive Rechnungsabgrenzung ist wie gesagt erforderlich, wenn der Verein Zahlungen erhalten hat, für die er die Leistung teilweise erst im Folgejahr erbringt. Im o.g. Beispiel des Teilnehmers, der die Gebühr für einen halbjährigen Sportlehrgang im Voraus zahlt, müsste also ein Teil der Erlöse aus dem Lehrgang dem Folgejahr zugeordnet werden. Beträgt die Gebühr für den sechsmonatigen Kurs 180 € und fallen davon drei Monate ins Folgejahr wäre zu buchen:

Buchungstext	**Betrag**	**Sollkonto**	Habenkonto
Rechnungsabgrenzung Lehrgangsgebühren	90,00	Erlöse Sportkurse	PRAP

Die Buchung für die Auflösung des Rechnungsabgrenzungspostens im Folgejahr lautet dann:

Buchungstext	**Betrag**	**Sollkonto**	Habenkonto
Rechnungsabgrenzung Lehrgangsgebühren	90,00	PRAP	Erlöse Sportkurse

Fälle passiver Rechnungsabgrenzung können sein:

- Nutzungsgebühren für Einrichtungen
- Teilnahmegebühren für Veranstaltungen mit längerer Laufzeit
- GEMA-Gebühren
- Gerätemieten von Mitgliedern und Dritten

15 Steuererklärungen

Steuerbegünstigte Körperschaften werden hinsichtlich der Körperschaftsteuer und Gewerbesteuer im Allgemeinen nur alle drei Jahre darauf hin überprüft, ob die Voraussetzungen für die Steuerbefreiung (noch) gegeben sind.

Das ist aber nur eine Vereinfachungsregelung ohne Rechtsanspruch. Das Finanzamt kann den Verein auffordern, jährliche Steuererklärungen abzugeben. Ebenso kann der Verein verlangen, jährlich überprüft zu werden. Das kann vor allem dann sinnvoll sein, wenn es steuerliche Unklarheiten gibt, die bei der Veranlagung geklärt werden können.

Bei den übrigen Steuern (also neben der Körperschaft- und Gewerbesteuer) gelten auch für steuerbegünstigte Körperschaften die allgemeinen Bestimmungen – das ist insbesondere bei der Umsatzsteuer der Fall.

Da Vereine nicht notwendigerweise steuerpflichtige Einkünfte haben, müssen sie nicht in jedem Fall Steuererklärungen abgeben. Keine Pflicht zur Abgabe von Steuererklärungen besteht, wenn weder die Gemeinnützigkeit beantragt wurde, noch wirtschaftliche Betätigungen vorliegen.

Gemeinnützige (steuerbegünstigte) Vereine müssen aber – auch wenn sonst keine Steuererklärungen abzugeben sind – mit dem Vordruck *Gem 1* und *Gem 1A* (nur für Sportvereine) darlegen, inwieweit die Voraussetzungen für die Gewährung der Gemeinnützigkeit gegeben sind. Der Schwerpunkt der Überprüfung für den Dreijahreszeitraum liegt dabei auf dem letzten Jahr. Gleichzeitig prüft das Finanzamt damit auch, ob trotz der Gemeinnützigkeit Steuern für wirtschaftliche Betätigungen festzusetzen sind. Falls das in Betracht kommt, fordert es den Verein zur Abgabe der üblichen Steuererklärungen auf.

Die Überprüfung der eingereichten Erklärungen kann also dazu führen, dass das Finanzamt zusätzlich Steuererklärungen – auch für zurückliegende Jahre – anfordert. Hat der Verein bisher bereits Steuern bezahlt, wird er jährlich aufgefordert, allgemeine Steuererklärungen abzugeben.

Diese Erklärungen zu Körperschaft- und Gewerbesteuer ersetzen nicht das Gem 1-Formular. Das ist weiterhin im 3-Jahres-Turnus abzugeben. Kam es nur in einem Jahr zu steuerpflichtigen Erträgen und liegt der Verein in den Folgejahren wieder unter den Freigrenzen, verzichtet das Finanzamt wieder auf die Abgabe der Körperschaft- und Gewerbesteuererklärung. Andernfalls sollte der Verein das Finanzamt darauf hinweisen.

Unklar ist, ob der Vorstand die Körperschaft- und Gewerbesteuererklärungen unaufgefordert einreichen muss, wenn er eine entsprechende Steuerpflicht feststellt. Hierzu gibt es bisher keine Verwaltungsvorschriften. In der Praxis wird es kein Problem darstellen, wenn trotz einer vom Verein ermittelten Steuerlast zunächst nur das Gem-1-Formular abgegeben wird. Die Finanzämter haben hier Ermessenspielräume. Im Zweifelsfall sollte der Verein die Frage vorab mit dem Finanzamt abklären.

Anders bei der Umsatzsteuer. Hier haben die Finanzämter keinen Ermessensspielraum. Der Verein muss von sich aus die Umsatzsteuervoranmeldungen abgeben, sobald eine Umsatzsteuerpflicht entsteht.

Steuererklärungen müssen auf den amtlichen Vordrucken abgegeben werden.

Lohnsteuer
Zur Abgabe der Lohnsteueranmeldung ist der Vordruck LSt 1 A zu verwenden. Die Anmeldung erfolgt hat – je nach Höhe des im Vorjahr angemeldeten Steuerbetrages – monatlich, vierteljährlich oder jährlich. Abgabetermin ist der 10. Tag des auf den Anmeldezeitraum folgenden Monats.

Die Anmeldung ist vom 1. Januar 2005 an grundsätzlich in elektronischer Form abzugeben.

Steuerabzug nach § 50a EstG („Ausländersteuer")

Für die Steueranmeldung ist das Formular StAb zu verwenden. Die Anmeldung muss für alle Steuerabzugsbeträge, die innerhalb eines Kalendervierteljahrs angefallen sind, bis zum 10. Tag des Folgemonats erfolgen.

Körperschaftsteuer
Für die Körperschaftsteuererklärung von Vereinen und Stiftungen, die nicht steuerbegünstigt sind, ist der Vordruck KSt 1B zu verwenden. Steuerbegünstigte Körperschaften verwenden den Vordruck Gem 1, für Berufsverbände privaten Rechts gibt es den Vordruck Ber 1. Besteht Körperschaftsteuerpflicht (wird also die Körperschaftsteuererklärung abgegeben) und ermittelt der Vereinen seinen Gewinn nicht durch Bilanzierung, muss er zusätzlich den Vordruck Einnahmen-Überschuss-Rechnung Anlage EÜR abgeben.

Gewerbesteuer
Das Formular für die Jahressteuererklärung heißt GewSt 1 A.

Umsatzsteuer
Zur Abgabe der monatlichen oder vierteljährlichen Umsatzsteuervoranmeldung ist der Vordruck USt 1 A zu verwenden, für die Jahressteuererklärung gibt es das Formular USt 2 A. Die Umsatzsteuervoranmeldung ist vom 1. Januar 2005 an grundsätzlich in elektronischer Form abzugeben.

Lotteriesteuer
Für die Anmeldung der Lotteriesteuer ist kein Vordruck erforderlich, es genügt eine einfache schriftliche Meldung.

Steuererklärungsvordrucke erhalten Sie in der benötigten Anzahl bei Ihrem Finanzamt.

Die Pflicht zur Abgabe der Steuererklärungen liegt beim Vorstand.

Die Steuererklärungen, die sich auf Kalenderjahre beziehen, sind regelmäßig fünf Monate nach Jahresende abzugehen (31. Mai). Ist ein Steuerberater beauftragt, gelten verlängerte Abgabefristen. In begründeten Einzelfällen kann das Finanzamt Terminverlängerungen gewähren. Werden die Abgabefristen versäumt, kann eine Schätzung der Besteuerungsgrundlagen erfolgen und es können Säumniszuschläge erhoben werden.

15.1 Die Anlage Gem 1

Steuerbegünstigte („gemeinnützige") Vereine sind nicht grundsätzlich steuerpflichtig. Anders als nicht-gemeinnützige Organisationen mit steuerpflichtigen Einkünften müssen sie deshalb nicht unbedingt die üblichen Formulare zur Ertragsbesteuerung abgeben (bei Körperschaften wäre dies vor allem die Körperschafts- und Gewerbesteuererklärung), sondern zunächst nur eine allgemeine *„Erklärung zur Körperschaftsteuer und Gewerbesteuer von Körperschaften, die gemeinnützigen, mildtätigen oder kirchlichen Zwecken dienen"* (Gem 1).

Sie dient der Überprüfung der Steuerbegünstigung. Alle gemeinnützigen Körperschaften – und damit auch gemeinnützige Vereine – müssen diese Erklärung abgeben, unabhängig davon, ob und in welchem Umfang sie wirtschaftlich tätig sind oder steuerpflichtige Einkünfte haben.

Das Gem1-Formular ist der zentrale Nachweis gegenüber dem Finanzamt, ob die Voraussetzungen für die Gewährung der Steuerbegünstigung in den letzten drei Jahre bestanden und ob in den steuerpflichtigen wirtschaftlichen Geschäftsbetrieben eine Steuerpflicht entstand. Damit führt es in alle Untiefen des Gemeinnützigkeitsrechts.

Sportvereine müssen zusätzlich das Formular *„Anlage Sportvereine"* (Gem 1a) abgeben. Damit wird eine eventuelle Steuerpflicht von Einkünften aus Sportveranstaltungen (mit Beteiligung bezahlter Sportler) geprüft.

Die beiden Vordrucke werden alle 3 Jahre abgegeben. Der Schwerpunkt der Überprüfung für den Dreijahreszeitraum liegt dabei auf dem letzten Jahr. *Das Gem1-Formular wird deswegen nur für das letzte Jahr des Steuererklärungszeitraums ausgefüllt.* Die beizufügenden Unterlagen (Geschäfts- oder Tätigkeitsbericht und Gewinnermittlung) werden dagegen für jedes der drei Jahre beigelegt.

Gleichzeitig prüft das Finanzamt damit auch, ob trotz der Gemeinnützigkeit Steuern für wirtschaftliche Betätigungen festzusetzen sind. Falls das in Betracht kommt, fordert es den Verein zur Abgabe der üblichen Steuererklärungen auf. Ob der Verein von sich aus die weiteren Steuererklärungen abgeben muss, wenn er wegen Überschreiten der Umsatzfreigrenze steuerpflichtig wird, ist von den Finanzbehörden nicht verbindlich geklärt. In der Praxis wird es kein Problem sein, wenn er wartet, bis das Finanzamt ihn zur Abgabe auffordert.

Die Überprüfung der eingereichten Erklärungen kann also dazu führen, dass das Finanzamt zusätzlich Steuererklärungen – auch für zurückliegende Jahre – anfordert. Hat der Verein bisher bereits Steuern bezahlt, wird er jährlich aufgefordert, allgemeine Steuererklärungen abzugeben.

Diese Erklärungen – vor allem zu Körperschaft und Gewerbesteuer – ersetzen nicht das Gem 1 und Gem 1A Formular. Die sind in jedem Fall abzugeben – auch wenn für die laufenden Jahre Körperschaft- und Gewerbesteuererklärungen eingereicht wurden. Kam es nur in einem Jahr zu steuerpflichtigen Erträgen und liegt der Verein in den Folgejahren unter den Freigrenzen, verzichtet das Finanzamt wieder auf die Abgabe der Körperschaft- und Gewerbesteuererklärung. Andernfalls sollte der Verein das Finanzamt darauf hinweisen.

Seit 2015 müssen auch die Erklärungen Gem 1 und Gem 1A über ELSTER abgeben werden. In der Software Elster-Formular sind Gem 1 und Gem 1A noch nicht verfügbar.

Es muss deswegen das Portal Elster-Online (www.elsteronline.de) benutzt werden. Wie für Elster-Formular ist hier zunächst eine Registrierung erforderlich.

Zunächst ist das Login unter www.elsteronline.de erforderlich. Die Zertifikatsdatei und die PIN sind die gleichen wie bei Elster-Formular. Dann in MEIN ELSTER wechseln und als neues

Formular KÖRPERSCHAFTSTEUERERKLÄRUNG (KST 1 B) auswählen. In der Anlagenauswahl GEM 1 auswählen.

Da die Angaben zum Verein hinterlegt sind, müssen dazu keine Einträge gemacht werden

Zeile 10a

Ob der Verein kirchliche, mildtätige oder gemeinnützige Zwecke verfolgt ergibt sich aus dem Freistellungsbescheid. Ebenso der entsprechende gemeinnützige Zweck.

Der wird aus der Liste ausgewählt. Angegeben sind nur die Katalogzwecke des § 52 AO.

Begründung der für gemeinnützig erklärten Zwecke im Sinne des § 52 Absatz 2 Satz 2 AO

Hier sind nur Angaben zu machen, wenn der Verein einen Zweck verfolgt, der nicht in § 52 bis 54 AO aufgelistet ist. Dafür muss aber eine Entscheidung der Finanzverwaltung vorliegen. Bisher ist nur Turnierbridge anerkannt worden.

Zeile 16

Die Satzung muss beim Finanzamt eingereicht werden. Das ist aber schon bei Beantragung der Gemeinnützigkeit der Fall. Sie muss nur erneut eingereicht werden, wenn Änderungen erfolgt sind, die dem Finanzamt noch nicht bekannt gegeben wurden. Satzungsänderungen müssen dem Finanzamt aber unverzüglich mitgeteilt werden, nicht erst mit der folgenden Steuererklärung. Unbedingt empfehlenswert ist es ohnehin, schon den Änderungsentwurf mit dem Finanzamt abzustimmen. Gab es keine Änderungen gegenüber der vorliegenden Fassung, wird das durch Ankreuzen von ABSCHRIFT DER SATZUNG LIEGT DEM FINANZAMT vor kenntlich gemacht.

Zeile 17

Beschlüsse über Beitragsänderungen (auch die Beitragsordnung) sind grundsätzlich dem Finanzamt vorzulegen. Soweit keine Änderungen erfolgt sind, kann auf die bisher bereits eingereichte Beitragsordnung Bezug genommen werden (liegt dem Finanzamt vor ankreuzen). In aller Regel verlangen die Finanzämter diese Nachweise aber nicht.

Gemeinnützigkeitsrelevant ist dabei, ob die **Höchstgrenzen für Mitgliedsbeiträge und Umlagen** (zusammen im Durchschnitt nicht mehr als 1.023 € je Mitglied und Jahr) sowie **Aufnahmegebühren** (im Durchschnitt nicht mehr als 1.534 €) nicht überschritten wurden und ob es sich (in Teilen).

Zeile 18

Hier werden zunächst die Gesamteinnahmen des Vereins abgeprüft – unabhängig davon, wie sie steuerlich zuzuordnen sind. Liegen die Einnahmen nicht über 35.000 €, entsteht so oder so keine Steuerpflicht; weitere Angaben – in den Zeilen 19 bis 28 – entfallen. Ist die Grenze überschritten, müssen detaillierte Angaben über die Aufteilung der Einnahmen gemacht werden, weil die Umsatzfreigrenze sich auf den steuerpflichtigen wirtschaftlichen Geschäftsbetrieb bezieht. Nur diese Einnahmen sind steuerpflichtig, müssen also von den Zweckbetriebseinnahmen getrennt ermittelt werden.

Zeile 19

Liegen die Einnahmen (Umsatz einschließlich Mehrwertsteuer) im steuerpflichtigen wirtschaftlichen Geschäftsbetrieb nicht über 35.000 € bleiben die Überschüsse daraus körperschaft- und gewerbesteuerfrei. Weitere Angaben zu Art und Umfang der wirtschaftlichen Geschäftsbetriebe – in den Zeilen 19 bis 28 – entfallen dann.

Zeile 20/22

Hier sind Angaben zu den steuerpflichtigen wirtschaftlichen Geschäftsbetrieben zu machen. Dazu gehören insbesondere

- gastronomische Einnahmen (auch der Verkauf von Speisen und Getränken außerhalb fester Gaststätten)
- Werbung, die der Verein in Eigenregie durchführt (also in der Regel nicht z. B. die Verpachtung von Werbeflächen)
- Erlöse aus dem Verkauf von Waren (z. B. Bücher, Fanartikel, Museumsshops usf.)
- Eintrittsgelder für gesellige Veranstaltungen, z. B. Vereinsfeste

Die unterschiedlichen steuerpflichtigen wirtschaftlichen Geschäftsbetriebe werden getrennt eingetragen. Anzugeben sind der Bruttoumsatz (also inklusive Umsatzsteuer), die im jeweiligen wirtschaftlichen Geschäftsbetrieb angefallenen Kosten (ebenfalls brutto) und der sich daraus ergebende Überschuss. Gemischte Aufwendungen (also Kosten, die z. T. dem Zweckbetrieb zuzuordnen sind, z. B. Mieten oder Personalkosten) werden anteilig angesetzt.

Hier nicht eingetragen werden wirtschaftliche Geschäftsbetriebe, für die eine Reingewinnschätzung erfolgt.

Zeile 22/23

Hier sind Angaben zu den Zweckbetrieben zu machen. Da die Überschüsse steuerfrei bleiben, wird hier lediglich der Umsatz abgefragt.

Umsatzsteuerrechtlich ist zu beachten, dass eine Vielzahl der Umsätze des Zweckbetriebs steuerfrei ist. Soweit eine Umsatzsteuerpflicht besteht, gilt hier in aller Regel der ermäßigte Steuersatz von 7%.

Zeilen 24 bis 26

Einnahmen aus dem Verkauf von Altmaterial (Lumpen, Altpapier, Schrott) werden dem steuerpflichtigen wirtschaftlichen Geschäftsbetrieb zugeordnet. Nach § 64 (5) AO hat der Verein aber die Möglichkeit, den Gewinn durch Schätzung zu ermitteln, wenn der Verkauf nicht über eine ständig dafür vorgehaltene Verkaufsstelle erfolgt. Beim Verkauf von Altmaterial kann also statt durch eine Gegenüberstellung von Kosten und Erträgen die Gewinnermittlung durch eine Reingewinnschätzung erfolgen.

Eine Reingewinnschätzung ist nicht nur eine Vereinfachungsregelung bei der Gewinnermittlung, sondern kann deutliche steuerliche Vorteile bringen. Das gilt natürlich nur dann, wenn die Besteuerungsgrenze von 35.000 € überschritten wurde. Der Verein hat hier ein **Wahlrecht**; die Beantragung erfolgt mit Ankreuzen in Zeile 24.

Da häufig kaum Kosten anfallen, weil die Helfer ehrenamtlich tätig sind oder Fahrzeuge unentgeltlich gestellt werden, ist der mit Pauschalsätzen geschätzte Reingewinn in den meisten Fällen niedriger als der durch Einnahmen-Überschuss-Rechnung ermittelte.

Angesetzt werden als Reingewinn

- bei Altpapier 5% und

- bei anderem Altmaterial 20%
- der Einnahmen (ohne Umsatzsteuer).

Die Regelung gilt nicht für den Einzelverkauf gebrauchter Sachen (Gebrauchtwarenhandel). Für Basare und ähnliche Einrichtungen ist deshalb eine Reingewinnschätzung nicht möglich.

Tatsächliche Aufwendungen können nicht mehr abgezogen werden, wenn die Reingewinnschätzung gewählt wurde. Die Einnahmen müssen als Grundlage für die Gewinnschätzung gesondert aufgezeichnet werden.

Hinweis: Der Verkauf von Altkleidern an Bedürftige kann aber ein Zweckbetrieb (Einrichtung der Wohlfahrtspflege) sein.

Wird die Option der Reingewinnschätzung nicht genutzt, sind die entsprechenden Einnahmen in Zeile 21 einzutragen.

Zeile 27

Wie bei der Altmaterialverwertung kann bei folgenden Einnahmen eine Reingewinnschätzung erfolgen.

- bei Werbemaßnahmen, die im Zusammenhang mit der steuerbegünstigten Tätigkeit stattfinden
- bei Totalisatorbetrieben (Rennwettgeschäft bei Pferderennen)
- bei der zweiten Fraktionierungsstufe der Blutspendedienste

Werbemaßnahmen in Zusammenhang mit der steuerbegünstigten Tätigkeit

Nach § 64 Abs. 6 Nr. 1 AO kann der Gewinn aus Werbemaßnahmen pauschal ermittelt werden, wenn sie im Zusammenhang mit der steuerbegünstigten Tätigkeit einschließlich Zweckbetrieben stattfinden. Beispiele für solche Werbemaßnahmen sind die Trikot- oder Bandenwerbung bei Sportveranstaltungen, die ein Zweckbetrieb sind (Amateursport), oder die Werbung in Programmheften oder auf Plakaten bei kulturellen Veranstaltungen. Dies gilt auch für Sponsoring – nicht aber für Werbeeinnahmen in Zusammenhang mit wirtschaftlichen Geschäftsbetrieben, z.B. bei einem Vereinsfest mit nur geselligem Charakter.

Der pauschal unterlegte Reingewinn liegt bei 15%.

Zeile 28

Die Gewinnpauschalierung führt dazu, dass damit in Zusammenhang stehenden Ausgaben nicht in die Ermittlung des Gesamtergebnisses der steuerpflichtigen wirtschaftlichen Geschäftsbetriebe miteinbezogen werden dürfen. Falls das in Zeile 21 der Fall war, muss der entsprechende Betrag hier angegeben werden.

Zeile 29

Eine Körperschaft verfolgt nach § 53 der AO mildtätige Zwecke, wenn ihre Tätigkeit darauf gerichtet ist, Personen selbstlos zu unterstützen, die

- persönlich hilfsbedürftig sind oder
- aufgrund ihrer wirtschaftlichen Lage hilfsbedürftig sind.

Beide Regelungen sind alternativ, d. h. nur ein Kriterium muss zutreffen.

Nach Auffassung der Finanzverwaltung muss die mildtätige Körperschaft an Hand ihrer Unterlagen nachweisen können, dass die Höhe der Einkünfte und Bezüge sowie das Vermögen der unterstützten Personen die genannten Grenzen nicht übersteigen. Eine Erklärung der unterstützten Person reicht dafür allein nicht aus. Es muss eine Berechnung der maßgeblichen Einkünfte und des Vermögens erfolgen (AEAO, Ziffer 10 zu § 53).

Persönliche Hilfsbedürftigkeit

Persönliche Bedürftigkeit liegt vor bei Personen, "die infolge ihres körperlichen, geistigen oder seelischen Zustandes auf die Hilfe anderer angewiesen sind", also z.B. geistig oder körperlich Behinderte, psychiatrisch Betroffene usf. Dazu zählen regelmäßig auch Personen, die älter als 75 sind.

Wirtschaftliche Hilfsbedürftigkeit

Was unter wirtschaftlicher Hilfsbedürftigkeit zu verstehen ist, wird in § 53 Abs. 2 der AO definiert. Danach gelten Personen als wirtschaftlich hilfsbedürftig, wenn ihre Bezüge

- bei Alleinstehenden das Vierfache,
- bei Haushaltsvorständen das Fünffache

des Sozialhilferegelsatzes nicht überschreiten.

Mehrbedarfszuschläge werden dabei nicht hinzugerechnet. Ebenso werden Leistungen für die Unterkunft nicht gesondert berücksichtigt.

Zu den Bezügen zählen alle Einkünfte im Sinne des § 2 Abs. 1 des Einkommensteuergesetzes (also Erträge aus Land- und Forstwirtschaft, Gewerbebetrieb, selbständiger und nichtselbstständiger Arbeit, Kapitalvermögen, Vermietung und Verpachtung) sowie "andere zur Bestreitung des Unterhalts bestimmte oder geeignete Bezüge".

Nicht als wirtschaftlich hilfsbedürftig gelten Personen, die Vermögen besitzen, auch wenn ihre laufenden Einnahmen, die genannten Grenzen nicht überschreiten, soweit ihnen zugemutet werden kann, das Vermögen für ihren Unterhalt zu verwenden. Die Zumutbarkeit des Vermögenseinsatzes für den Unterhalt gilt dabei analog zum Sozialhilfegesetz.

Die Hilfsbedürftigkeit der Personen, denen der Verein Mittel zuwendet, ist nachzuweisen. Entsprechende Unterlagen müssen aufbewahrt werden.

Zeile 30/31

Für bestimmte mildtätigte Organisationen entfällt der Einzelnachweis der wirtschaftlichen Hilfsbedürftigkeit auf Antrag (§ 53 Nr. 2 Satz 8 AO), wenn auf Grund der besonderen Art der gewährten Unterstützungsleistung sichergestellt ist, dass nur wirtschaftlich hilfsbedürftige Personen unterstützt werden.

In Frage kommen hier vor allem Tafelvereine, Kleiderkammern, Suppenküchen und Obdachlosenasyle.

Wie der Antrag im Einzelnen aussehen muss, erläutert der AEAO nicht. Betont wird lediglich, dass die pauschale Behauptung, dass die Leistungen sowieso nur von Hilfebedürftigen in Anspruch genommen werden, nicht ausreicht. Genannt wird hier als Beispiel ein Sozialkaufhaus, bei dem Leistungen an jeden erbracht werden, der sie in Anspruch nehmen möchte. Hier kommt eine Befreiung nicht in Betracht.

Nach Auffassung der Finanzverwaltung sind die besonderen Gegebenheiten vor Ort sowie Inhalte und Bewerbungen des konkreten Leistungsangebotes zu berücksichtigen. Die Einrichtung sollte also im entsprechenden Antrag nicht nur ihre konkreten Leistungen benennen, sondern auch die genauen Umstände, unter denen sie erbracht werden.

Es empfiehlt sich, im Antrag insbesondere darzustellen

- wie sich die Zielgruppe zusammensetzt,
- wie die besondere lokale Sozialstruktur ist
- wie die Zielgruppe angesprochen wird
- warum davon auszugehen ist, dass nicht Bedürftige die Leistungen nicht oder nur in Ausnahmefällen in Anspruch nehmen werden

Zeile 32

Für Einrichtungen der Wohlfahrtspflege (z. B. Alten- und Pflegeheime) gilt eine vereinfachte Regelung nach § 66 AO. Danach genügt es, wenn mindestens zwei Drittel ihrer Leistungen Personen zugutekommen, die unter die Definition für wirtschaftliche Hilfsbedürftigkeit nach § 53 AO fallen.

Auch hier müssen entsprechende Nachweise vorgelegt werden.

Zeile 33

Ein Krankenhaus gilt nach § 67 AO als Zweckbetrieb:

- wenn es in den Anwendungsbereich der Bundespflegesatzverordnung fällt und mindestens 40% der jährlichen Pflegetage auf Patienten entfallen, bei denen nur Entgelte für allgemeine Krankenhausleistungen berechnet werden.
- oder wenn es nicht in den Anwendungsbereich der Bundespflegesatzverordnung fällt, aber mindestens 40% der jährlichen Pflegetage auf Patienten entfallen, bei denen kein höheres Entgelt als nach der Bundespflegesatzverordnung berechnet wird.

Ein entsprechender Anteil der Patienten muss also nach allgemeinen Kassensätzen abgerechnet werden. Es dürfen demnach nicht überwiegend Privatpatienten behandelt werden.

Zeilen 34 - 38

Die Rücklagen, die hier angegeben werden, beziehen sich ausschließlich auf die zeitnahe Mittelverwendung, es handelt sich hier nicht um gewinnmindernde Rückstellungen u.Ä. Entsprechend werden sie in der Gewinnermittlung nicht ertragsmindernd ausgewiesen. Lediglich in der Bilanz können sie (als sogenannte Gewinnrücklagen) aufgeführt werden.

Grundsätzlich muss ein gemeinnütziger Verein alle zugeflossenen Mittel zeitnah für die Satzungszwecke einsetzen, d.h. spätestens im Jahr nach dem Zufluss.

Ausnahmen davon sind

- zweckgebundene Rücklagen (Zeile 34)
- Wiederbeschaffungsrücklagen (Zeile 35)
- freie Rücklagen (Zeile 36)
- Rücklagen zum Erhalt der prozentualen Beteiligung an Kapitalgesellschaften (Zeile 37)
- Zuführungen zum Vermögen nach § 62 Abs. 3 AO (Zeile 38)

Die Entwicklung der Rücklagen und die Berechnungsgrundlage für Einstellungen in die freie Rücklage müssen auf einem gesonderten Blatt erläutert werden. Das dient auch als buchhalterischer Nachweis, insbesondere bei den freien Rücklagen

Zeile 34 – Zweckgebundene Rücklagen

Zweckgebundene Rücklagen können grundsätzlich dann gebildet werden, wenn das erforderlich ist, um die Satzungszwecke nachhaltig zu erfüllen. Dazu gehört vor allem das Sammeln von Mitteln für

- Bau, Anschaffung oder Instandsetzung von Anlagen (z. B. Sportanlagen) oder Gebäuden. Das gilt auch für die Vermögensverwaltung, nicht aber in steuerpflichtigen wirtschaftlichen Geschäftsbetrieben.
- Betriebsmittelrücklagen für laufende Ausgaben (z. B. Gehälter, Mieten) oder besondere Förderzwecke (z. B. Künstlerstipendien, Sporthilfe)

Voraussetzung für eine solche Rücklage ist:

- das Vorliegen eines konkreten Zwecks
- eine Zeitplanung für die Verwendung; in begründeten Ausnahmefällen kann davon abgesehen werden
- das Vorhaben ist realistisch und finanziell möglich.

Als Quellen für die Bildung der zweckgebundenen Rücklage können alle Mittel des Vereins dienen, also auch zeitnah zu verwendende Mittel wie z.B. Spenden.

Zeile 35 – Wiederbeschaffungsrücklagen

Die Wiederbeschaffungsrücklage ist ein Sonderfall der zweckgebundenen Rücklage. Sie vereinfacht lediglich den Nachweis für Wirtschaftsgüter, die bereits vorhanden sind und nach der entsprechenden Nutzungsdauer ersetzt werden müssen. Die Vereinfachung besteht konkret darin,

- dass die Rücklage ohne weitere Begründung gebildet werden kann. Es genügt, dass ein entsprechendes Wirtschaftsgut bereits vorhanden ist und zweckgebunden genutzt wird. Die zweckgebundene Nutzung mobiler Anlagegüter rechtfertigt also allein schon die Bildung der Rücklage.
- dass die Höhe der Rücklage sich regelmäßig aus den Abschreibungsraten für das zu ersetzenden Wirtschaftsgut ergibt. Nur wenn die zu bildende Rücklage höher sein soll, als der Wert des zu ersetzenden Wirtschaftsguts, ist ein weiterer Nachweis erforderlich.

Für Immobilien (Bauten) gilt diese Vereinfachungsregelung nicht (AEAO zu § 62 Abs. 1 Nr. 2).

Vorausgesetzt für die Bildung einer Wiederbeschaffungsrücklage ist, dass

- eine Neuanschaffung wirklich geplant ist
- und das entsprechende Wirtschaftsgut im steuerbegünstigten Bereiche verwendet wird

Zeile 36 – Freie Rücklagen

Ohne konkrete Zweckbindung und zeitliche Befristung können nach § 62 Abs. 1 Nr. 3 AO freie Rücklagen in folgenden Umfang gebildet werden:

- höchstens ein Drittel der Überschüsse aus der Vermögensverwaltung
- bis zu 10% der Einnahmen aus dem ideellen Bereich (hier kommt es nicht auf eventuelle Überschüsse an)

- bis zu 10% der Überschüsse/Gewinne aus den Zweckbetrieben und
- bis zu 10% der Überschüsse/Gewinne aus den steuerpflichtigen wirtschaftlichen Geschäftsbetrieben.

Die Berechnung erfolgt jeweils getrennt, d. h. bei Verlusten in einem Bereich können die Rücklagen in den anderen steuerlichen Bereichen trotzdem gebildet werden

Auch freie Rücklagen unterliegen der Vermögensbindung. Sie dürfen also der gemeinnützigen Körperschaft nicht grundsätzlich entzogen werden – die Freistellung bezieht sich nur auf die zeitnahe Mittelverwendung. Gewinnausschüttung oder überhöhte Vergütungen sind auch daraus nicht erlaubt. Möglich ist es aber – anders als bei zweckgebundenen Rücklagen – damit Investitionen in steuerpflichtigen wirtschaftlichen Geschäftsbetrieben zu tätigen. Die Rücklagen dürfen aber dabei nicht – durch Verluste – aufgezehrt werden.

Zeile 37

Nach § 62 Abs. 1 Nr. 4 AO darf eine Körperschaft Mittel zum Erwerb von Gesellschaftsrechten ansammeln, mit denen sie – typischerweise im Fall einer Kapitalerhöhung – die bestehende prozentuale Beteiligung an Kapitalgesellschaften erhält.

Beispiel:
Der Verein hat an einer GmbH mit einem gesamten Stammkapital von 25.000 Euro einen Anteil von 5.000 Euro. Die GmbH erhöht nun ihr Stammkapital auf 50.000 Euro. Der Verein darf zum Erhalt des eigenen 20-Prozentanteils eine Rücklage von 5.000 Euro bilden.

Die Bildung dieser Rücklage ist ohne Rücksicht auf die Grenzen bei freien Rücklagen möglich. Diese Beträge werden aber bei den freien Rücklagen angerechnet. Der in Zeile 45 mögliche Höchstbetrag verringert sich also um die hier angegebene Summe.

Zeile 38

Neben den eben genannten Rücklagen darf eine gemeinnützige Körperschaft nach § 62 Abs. 3 AO folgende Mittel ihrem Vermögen zuführen – muss sie also nicht zeitnah einsetzen:

- Erbschaften, wenn der Erblasser keine Verwendung für den laufenden Aufwand der Körperschaft vorgeschrieben hat,
- Zuwendungen (Spenden, Umlagen), bei denen der Geber ausdrücklich erklärt, dass sie für das Vermögen des Vereins gedacht sind
- Zuwendungen auf Grund eines Spendenaufrufs des Vereins, aus dem hervorgeht, dass die Beträge zur Aufstockung des Vermögens erbeten werden,
- Sachzuwendungen, die ihrer Natur nach zum Vermögen gehören (z. B. Anlagegüter, Immobilien).

Die hier angegebenen Beträge müssen aus der Bemessungsgrundlage für die freie Rücklage nach § 62 Abs. 1 Nr. 3 – Zeile 36 – herausgerechnet werden.

§ 62 Abs. 4 AO gilt nur für Stiftungen. Es geht hier um Vermögenszuführungen in der Gründungsphase.

Zeile 39

Nach der Regelung des § 58 Nr. 3 AO dürfen für die Vermögensausstattung (dazu gehört auch die Gründung) gemeinnütziger Körperschaften nicht nur freie Rücklagen benutzt werden, sondern auch

- die Überschüsse aus der Vermögensverwaltung
- die Gewinne aus wirtschaftlichen Geschäftsbetrieben einschließlich der Zweckbetriebe

- bis zu 15 Prozent der sonstigen zeitnah zu verwendenden Mittel – also der Einnahmen des ideellen Bereichs
- Berechnungsgrundlage dieser Grenzen sind die Verhältnisse des vorangegangenen Kalender- oder Wirtschaftsjahres.

Außerdem

- müssen die steuerbegünstigten Zwecke von Empfänger- und Geberkörperschaft übereinstimmen. Das kann aber auch einer von mehreren Zwecken sein.
- dürfen die zugewandten Mittel und deren Erträge nicht für weitere Mittelweitergaben nach § 58 Nr. 3 AO zur Vermögensausstattung verwendet werden
- unterliegen die zugewendeten Mittel und Erträge beim Empfänger der steuerbegünstigten Mittelverwendungspflicht

Zeile 40

Eine gemeinnützige Körperschaft darf ihre Mittel nur satzungsgemäß verwenden. Die hier einzutragenden Beträge beziehen sich auf Stiftungen, die mit einem Teil ihrer Erträge den Stifter und seine Nachkommen unterstützen dürfen. Vereine sollten hier tunlichst keine Einträge machen. Die typischen unentgeltlichen Zuwendungen bei Vereine (40-Euro-Grenze bei Sachgeschenken) fallen als Annehmlichkeiten in die Mitgliederpflege oder sind Repräsentationsaufwendungen.

15.2 Die Anlage Gem 1A

Die Anlage Sportvereine (Gem 1A) muss von allen gemeinnützigen Sportvereinen ausgefüllt werden – auch dann, wenn der Verein keine bezahlten Sportler einsetzt.

Unter Sportvereinen sind alle gemeinnützigen Körperschaften zu verstehen, bei denen die Förderung des Sports Satzungszweck ist, also z. B. auch Sportverbände. Das gilt auch für Sportvereine, die Fußballveranstaltungen unter Einsatz ihrer Lizenzspieler nach der Lizenzordnung Spieler der Organisation "Die Liga-Fußballverband e.V. - Ligaverband" durchführen.

Zeile 1

Einzutragen sind hier alle Einnahmen aus sportlichen Veranstaltungen.

Als sportliche Veranstaltung gelten die organisatorischen Maßnahmen eines Sportvereins, die es aktiven Sportlern (auch Nichtmitgliedern) ermöglichen, Sport zu treiben. Das gilt für Wettkämpfe ebenso wie für das Training.

Zu den sportlichen Veranstaltungen gehören auch:

- Sportreisen, wenn die sportliche Betätigung wesentlicher und notwendiger Bestandteil der Reise ist (z. B. Reise zum Wettkampfort). Reisen, bei denen die Erholung der Teilnehmer im Vordergrund steht (Touristikreisen), zählen dagegen nicht zu den sportlichen Veranstaltungen, selbst wenn anlässlich der Reise auch Sport getrieben wird.
- Sportkurse und Sportlehrgänge für Mitglieder und Nichtmitglieder (Sportunterricht), wenn kein bezahlter Sportler als Auszubildender teilnimmt. Dass Trainer oder Lehrgangsleiter für ihre Tätigkeit bezahlt werden, ist ohne Belang. Ebenso wie die Bezahlung der Sportkurse erfolgt (Beiträge, Sonderbeiträge oder Sonderentgelte).

Nicht zu den sportlichen Veranstaltungen gehören:

- Der Verkauf von Speisen und Getränken – auch an Wettkampfteilnehmer, Schiedsrichter, Kampfrichter, Sanitäter usw. Hier handelt es sich um einen eigenen steuerpflichtigen wirtschaftlichen Geschäftsbetrieb.
- Die Vermietung von Sportstätten und Sportgeräten für sportliche Zwecke (nicht aber z. B. der Sporthalle für eine Privatfeier). Eine Vermietung von Sportstätten auf längere Dauer (mehr als 6 Monate) ist dem Bereich der steuerfreien Vermögensverwaltung zuzuordnen. Die Frage der Behandlung als "sportliche Veranstaltung" stellt sich hier nicht.
- Die Vermietung von Sportstätten und Sportgeräten auf kurze Dauer. Sie wird aber als Zweckbetrieb behandelt, wenn es sich bei den Mietern um Mitglieder des Vereins handelt.

Zeile 2

Nach § 67a AO gelten sportliche Veranstaltungen eines Sportvereins als Zweckbetrieb, wenn die Einnahmen (einschließlich Umsatzsteuer) insgesamt 45.000 € im Jahr nicht übersteigen. Diese Vereinfachungsregelung zielt auf den Einsatz bezahlter Sportler. Bleibt der Umsatz innerhalb der genannten Grenze, können auch bezahlte Sportler an den Veranstaltungen teilnehmen, ohne dass ein steuerpflichtiger wirtschaftlicher Geschäftsbetrieb entsteht.

Der Verein kann aber hier durch Ankreuzen den Verzicht auf die Anwendung der Zweckbetriebsgrenze erklären. Das ist in zwei Fällen sinnvoll:

- Der Verein führt Veranstaltungen mit bezahlten Sportlern durch, bei denen die Einnahmen unterhalb der Zweckbetriebsgrenze bleiben, und macht mit diesen Veranstaltungen Verluste. Optiert er durch Verzicht auf die Anwendung der Zweckbetriebsgrenze zum steuerpflichtigen wirtschaftlichen Geschäftsbetrieb, kann er die Verluste mit Überschüssen aus anderen steuerpflichtigen Betrieben verrechnen und senkt so die Steuerlast. Der Nachteil ist jedoch, dass dann (bis auf wenige Sonderfälle) keine zweckgebundenen Mittel zu Deckung der Verluste eingesetzt werden dürfen.
- Der Verein überschreitet die Freigrenze von 45.000 €, setzt aber bei den Sportveranstaltungen keine bezahlten Sportler ein. Bei Verzicht auf die Anwendung der Zweckbetriebsgrenze gelten diese Veranstaltungen als Zweckbetrieb. Sie bleiben unabhängig von Umsatz und Gewinn körperschaft- und gewerbesteuerfrei. Auch die „Quersubventionierung" des Sportbetriebes aus anderen Mitteln (Spenden, Zuschüsse usf.) ist dann uneingeschränkt möglich.

Bei der Nutzung der Option sollten Sie langfristige Finanzplanungen anstellen, weil der Verzicht auf die Anwendung der Zweckbetriebsgrenze Ihren Verein für fünf Jahre bindet. Erst nach Ablauf dieser Frist können Sie die steuerliche Zuordnung wieder ändern.

Zeile 3

Wurde bereits in früheren Jahren auf die Option verzichtet, wird das hier angekreuzt, wenn die 5jährige Bindungsfrist noch nicht ablaufen ist.

Zeilen 4 bis 7

Ist die Bindungsfrist in einem der drei Jahre abgelaufen, auf die sich die Gem-1-Erklärung bezieht, gibt es zwei Möglichkeiten:

- Der Verzicht wird fortgesetzt (Zeile 6). Es entsteht dann keine neue Bindungsfrist, d. h. es kann jedes Jahr neu optiert werden.
- Der Verzicht wird widerrufen (Zeile 7). Weitere Angaben in den folgenden Zeilen sind dann nicht mehr nötig, weil alle Einnahmen aus den sportlichen Veranstaltungen (laut Zeile 1) in den steuerpflichtigen Bereich fallen. Ob bezahlte Sportler eingesetzt werden oder nicht (zweite Seite des Formulars), ändert steuerlich dann nichts mehr.

Zeile 8

Hier sind nur Angaben zu machen, wenn auf die Anwendung der Zweckbetriebsgrenze verzichtet wurde.

Sportliche Veranstaltungen sind dann ein Zweckbetrieb, wenn

- kein Sportler des Vereins teilnimmt, der – auch von Dritten – Vergütungen und andere Vorteile erhält, die über eine Aufwandsentschädigung (siehe unten) hinaus gehen. Das gilt für die sportliche Betätigung genauso wie für einen anderweitigen Einsatz, für die

Nutzung von Namen oder Bild des Sportlers und seiner sportlichen Betätigung zu Werbezwecken.

- kein vereinsfremder Sportler teilnimmt, der vom Verein oder einem Dritten im Zusammenwirken mit dem Verein über eine Aufwandsentschädigung hinaus Vergütungen oder andere Vorteile erhält.

Im Anwendungserlass zur AO (AEAO, zu § 67a Abs. 3 Nr. 32) wird die Höhe dieser „Aufwandsentschädigung" festgelegt: Danach gelten bei Sportlern des Vereins Zahlungen, die im Jahresdurchschnitt nicht mehr als 400 € je Monat betragen, als Aufwandsentschädigung, ohne dass ein Einzelnachweis über die tatsächlich entstandenen Aufwendungen geführt werden muss.

Das gilt aber nicht für Zahlungen an andere (vereinsfremde) Sportler. Hier führt jede Zahlung, die über eine Erstattung des tatsächlichen (nachgewiesenen) Aufwands hinausgeht, zum Verlust der Zweckbetriebseigenschaft der Veranstaltung.

Die Grenze von 400 € bezieht sich aber nur auf die Zweckbetriebsoption, nicht auf die Lohnsteuer- und Sozialversicherungspflicht. Auch Zahlungen bis 400 € im Monatsschnitt führen regelmäßig zu entsprechenden Melde- und Abgabenpflichten des Vereins als Arbeitgeber.

Werden höhere Aufwendungen erstattet, sind die gesamten Aufwendungen im Einzelnen nachzuweisen. Dabei muss es sich um Aufwendungen persönlicher oder sachlicher Art handeln, die dem Grund nach Werbungskosten oder Betriebsausgaben sein können; das wären z. B. Aufwendungen für Sportkleidung und -geräte, Fahrtkosten usf. Die Regelung gilt für alle Sportarten.

Für den Nachweis, dass die Zahlungen überwiegend nur die Aufwendungen der Sportler decken, sollte der Verein entsprechende Aufzeichnungen erstellen und Belege aufbewahren.

Wichtig: Die 400-€-Grenze gilt nur für Sportler des Vereins. Jede Zahlung an einen vereinsfremden Sportler, die über einen Aufwandsersatz hinaus geht, bedeutet den Verlust der Zweckbetriebseigenschaft der Sportveranstaltung.

Zeile 9:

Alle anderen sportlichen Veranstaltungen sind ein steuerpflichtiger wirtschaftlicher Geschäftsbetrieb. Dieser schließt die Steuervergünstigung nicht aus, wenn die Vergütungen oder andere Vorteile ausschließlich aus wirtschaftlichen Geschäftsbetrieben, die nicht Zweckbetriebe sind, oder von Dritten geleistet werden.

Zeile 10:

Veranstaltungen mit bezahlten Sportlern sind dem wirtschaftlichen Geschäftsbetrieb zuzuordnen, wenn nicht nach den genannten Bedingungen ein Zweckbetrieb vorliegt.

Grundsätzlich dürfen für den „wirtschaftlichen Geschäftsbetrieb Sport" keine zweckgebundenen Mittel des Vereins verwendet werden. Die Gemeinnützigkeit ist aber nicht gefährdet, wenn die Vergütungen oder andere Vorteile an bezahlte Sportler aus den steuerpflichtigen wirtschaftlichen Geschäftsbetrieben oder von Dritten geleistet werden. Es kann dann das Feld „Ja" ankreuzt werden.

Wurden andere Mittel des Vereins verwendet, gelten die allgemeinen Vorschriften zur Deckung von Verlusten des steuerpflichtigen wirtschaftlichen Geschäftsbetriebs durch zweckgebundene Mittel (AEAO Ziffer 4 ff. zu § 55 Absatz 1 Nummer 1).

Unter VERGÜTUNGEN AN SPORTLER werden alle Sportler aufgelistet, die Vergütungen oder andere Vorteile erhalten haben. Wichtig ist anzukreuzen, ob es sich um Sportler des Vereins handelt, weil für sie die 400-Euro-Pauschale gilt.

Für ausländische Sportler, die Vergütungen aus selbstständiger Tätigkeit erhalten, muss der Verein einen Vorwegabzug bei der Einkommensteuer (§ 50a EStG) vornehmen. Für welche Sportler, dass der Fall ist wird hier angegeben.

15.3 Die Anlage EÜR

Die Gewinnermittlung für nicht bilanzierende Unternehmen muss mit einem eigenen Formular „Anlage EÜR" nachgewiesen werden (§ 60 Abs. 4 EStDV). Das gilt mit Einschränkungen auch für gemeinnützige Vereine.

Vereine, die nicht bilanzieren und entsprechende Umsätze im steuerpflichtigen wirtschaftlichen Geschäftsbetrieb haben, müssen mit der Steuererklärung auch das EÜR-Formular abgeben. Allgemeiner Abgabetermin ist der 31.05. des Folgejahres.

Das EÜR-Formular ergänzt die Körperschaftsteuererklärung. Es ersetzt nicht die hier nötigen Formulare.

15.3.1 Welche Vereine müssen die Anlage EÜR abgeben?

Für nicht gemeinnützige Vereine gilt das gleiche wie für Selbstständige und Gewerbetreibende: Haben sie wirtschaftliche Einnahmen (die also nicht in den nichtunternehmerischen Bereich fallen, wie z. B. Mitgliedsbeiträge), sind sie verpflichtet, die Anlage EÜR der Körperschaftsteuererklärung beizufügen.

Ab dem Veranlagungszeitraum 2017 sind grundsätzlich alle Steuerpflichtigen, die ihren Gewinn durch Einnahmenüberschussrechnung ermitteln, zur Übermittlung der standardisierten Anlage EÜR nach amtlich vorgeschriebenem Datensatz durch Datenfernübertragung verpflichtet.

Die frühere Regelung, nach der bei Betriebseinnahmen von weniger als 17.500 Euro die Abgabe einer formlosen Einnahmenüberschussrechnung als ausreichend angesehen worden ist, läuft damit aus.

In Härtefällen kann das Finanzamt auf Antrag weiterhin von einer Übermittlung nach amtlich vorgeschriebenem Datensatz durch Datenfernübertragung verzichten. Für diese Fälle gibt es bei den Finanzämtern Papiervordrucke der Anlage EÜR.

Die Einnahmen-Überschussrechnung kommt in Betracht für

- Gewerbetreibende und andere Selbstständige, deren Umsatz nicht höher ist als 600.000 € im Kalenderjahr oder deren Gewinn nicht höher ist als 60.000 € im Kalenderjahr (§ 141 AO).
- Land- und Forstwirte, deren Umsatz nicht höher ist als 600.000 EUR oder der Gewinn aus Land- und Forstwirtschaft nicht höher ist als 60.000 EUR oder der Wirtschaftswert der selbst bewirtschafteten Flächen nicht höher ist als 25 000 EUR.

Diese steuerlichen Vorgaben für die Buchhaltung gelten auch für Vereine. Bei gemeinnützigen Vereinen beziehen sich diese Grenzen aber nur auf die steuerpflichtigen wirtschaftlichen Geschäftsbetriebe.

Aufgrund anderer als steuerlicher gesetzlicher Vorschriften sind nur Lohnsteuerhilfevereine und Pflegevereine mit mehr als 6 Pflegeplätzen zur Bilanzierung verpflichtet.

Es gilt deshalb: Wenn der Verein nicht schon wegen interner (Satzungs-)Vorschriften bilanziert, muss er dies nur nach Aufforderung durch das Finanzamt, wenn die genannten Grenzen überschritten wurden. Im Zweifelsfall ist der Verein also nicht bilanzierungspflichtig und muss – bei Überschreitung der 35.000-Euro-Grenze im wirtschaftlichen Geschäftsbetrieb – die Anlage EÜR abgeben.

Gemeinnützige Vereine, die nicht bilanzieren, müssen das Formular nur abgeben, wenn sie im steuerpflichtigen wirtschaftlichen Geschäftsbetrieb Einnahmen von über 35.000 € (einschließlich Umsatzsteuer) haben. Das bedeutet, nur wenn die Umsatzgrenze zur Körperschaft- und Gewerbesteuerpflicht überschritten ist, ist neben der Körperschaft- und Gewebesteuererklärung auch das EÜR-Formular einzureichen.

Einzutragen sind nur die Daten des einheitlichen steuerpflichtigen wirtschaftlichen Geschäftsbetriebes (§ 64 Abs. 2 AO). Die Einnahmen bzw. Umsatzerlöse und Aufwendungen der anderen steuerlichen Bereiche (ideeller Bereich, Vermögensverwaltung, Zweckbetrieb) werden nicht miteinbezogen. Die Gewinnermittlung erfolgt dort wie bisher formlos.

Für den steuerpflichtigen wirtschaftlichen Geschäftsbetrieb musste auch nach den bisherigen Regelungen eine getrennte Gewinnermittlung erfolgen – jetzt aber nach den Vorgaben des EÜR-Formulars.

15.3.2 Erläuterungen zum Formular

Das Formular betrifft überwiegend Einzelunternehmer und Personengesellschaften (GbR, Partnerschaftsgesellschaft) eine Reihe von Angaben ist deswegen für Vereine irrelevant, weil bei Ihnen eine klare Trennung zwischen dem Vermögen der Körperschaft und der (Organ-)Mitglieder besteht. Das ist z.B. bei Fahrten zwischen Wohn- und Vereinssitz der Fall.

Zeile 4: Wirtschaftsjahr

Zeitraum für die Gewinnermittlung ist das Wirtschaftsjahr. Das Wirtschaftsjahr umfasst grundsätzlich einen Zeitraum von 12 Monaten und entspricht im Allgemeinen dem Kalenderjahr.

Von einem abweichenden Wirtschaftsjahr spricht man, wenn das Wirtschaftsjahr als Gewinnermittlungszeitraum nicht mit dem Kalenderjahr übereinstimmt. Zulässig ist das aber für die steuerlichen Nachweise nur bei Vereinen, die bilanzieren (OFD Frankfurt, 20.06.2005, S 0170 A - 17 - St II 1.03 und OFD Kiel 25.6.1991, S 0182 A/S 2740 A - St 141). Bei der Gewinnermittlung durch EÜR gilt also das Kalenderjahr als Gewinnermittlungszeitraum. Nur bei Land- und Forstwirten ist trotz Gewinnermittlung durch EÜR ein abweichendes Wirtschaftsjahr zulässig.

Betriebseinnahmen

Betriebseinnahmen sind grundsätzlich dem Jahr zuzuordnen, in dem sie dem Verein zugeflossen sind (Zahlungszeitpunkt). Dazu gehören auch regelmäßig wiederkehrende Betriebseinnahmen, wenn der Verein sie in einem Zeitraum von 10 Tagen nach oder vor dem Steuerjahr vereinnahmt (z. B. Mieten).

Ertragssteuerfreie Betriebseinnahmen müssen hier nicht eingetragen werden. In Frage kämen hier z. B. Investitionszulagen.

Zeile 11: Betriebseinnahmen als umsatzsteuerlicher Kleinunternehmer

Hier tragen Vereine ihre (Brutto-)Betriebseinnahmen ein, die umsatzsteuerlich unter die Kleinunternehmergrenze fallen. Eintragungen zu den Zeilen 13 bis 16 entfallen dann.

Der Verein ist Kleinunternehmer, wenn sein Gesamtumsatz (§ 19 UStG) im vorangegangenen Kalenderjahr 17.500 Euro nicht überstiegen hat und im laufenden Kalenderjahr voraussichtlich 50.000 Euro nicht übersteigen wird und er nicht zur Umsatzsteuer optiert hat (Wahlrecht).

Für gemeinnützige3 Verein ist hier zu beachten, dass auch die Umsätze im Zweckbetrieb (und z. T. in der Vermögensverwaltung) regelmäßig umsatzsteuerpflichtig sind. Trotz Unterschreiten der Kleinunternehmergrenze im wirtschaftlichen Geschäftsbetrieb ist der Verein also eventuell kein Kleinunternehmer.

Zeile 13: Land- und Forstwirte: Betriebseinnahmen nach Durchschnittssätzen

Diese Zeile betrifft nur Land- und Forstwirte, deren Umsätze nicht nach den allgemeinen Vorschriften zu versteuern sind, sondern nach Durchschnittssätzen.

Zeile 14: Umsatzsteuerpflichtige Betriebseinnahmen

Hier werden sämtliche umsatzsteuerpflichtigen Betriebseinnahmen des wirtschaftlichen Geschäftsbetriebes mit Nettobeträgen (also Einnahmen ohne Umsatzsteuer) eingetragen, gleichgültig, ob der Umsatzsteuersatz 19% oder 7% beträgt. Die auf diese Betriebseinnahmen entfallende Umsatzsteuer wird gesondert in Zeile 14 angegeben.

Nicht dazu gehören Einnahmen aus dem Verkauf von Wirtschaftsgütern des Anlagevermögens, z. B. eines Vereins-Pkws; diese Einnahmen werden in Zeile 16 eingetragen.

Zeile 15: Umsatzsteuerfreie, nicht umsatzsteuerbare Betriebseinnahmen sowie Betriebseinnahmen, für die der Leistungsempfänger die Umsatzsteuer nach § 13 b UStG schuldet

Hier sind umsatzsteuerfreie und nicht umsatzsteuerbare Betriebseinnahmen anzugeben, die in § 4 UStG aufgeführt sind:

Dazu gehören z. B. Auslandsumsätze, Schadensersatzleistungen, Versicherungsleistungen, Entschädigungen, erhaltene Mahngebühren und Einnahmen aus der kurzfristigen Vermietung von Immobilien.

Andere steuerfreie Einnahmen wie z. B. Zinsen oder Mieten aus langfristiger Vermietung werden in der Regel der Vermögensverwaltung zugeordnet und sind damit hier nicht einzutragen.

Das gleiche gilt für die Umsätze nach § 4 UStG: Für Verein sind das besonders

- Nr. 18 (Wohlfahrtsverbände)
- Nr. 21 (Bildungsveranstaltungen)
- Nr. 20 (Kultureinrichtungen u.a.)
- Nr. 22 (Bildungs-, Kultur- und Sportveranstaltungen)
- Nr. 23 (Beherbergung und Beköstigung von Jugendlichen im Zusammenhang mit Erziehungszwecken)
- Nr. 24 (Jugendherbergswerke usf.)
- Nr. 25 (Träger der Jugendhilfe)

Hier wird es sich aber in aller Regel um Zweckbetriebseinrichtungen handeln. Die Umsätze werden dann hier nicht eingetragen.

Ebenfalls hier eingetragen werden Betriebseinnahmen, für die der Leistungsempfänger aufgrund der sog. Steuerschuldumkehr die Umsatzsteuer schuldet (§ 13b UStG). Für Vereine dürfte aber das nur in Ausnahmefällen zutreffen.

Zeile 16: Vereinnahmte Umsatzsteuer sowie Umsatzsteuer auf unentgeltliche Wertabgaben

In dieser Zeile werden die vereinnahmten Umsatzsteuerbeträge auf

- die Betriebseinnahmen (Ausgangsrechnungen zu 7% und 19%) aus Zeile 11
- auf unentgeltliche Wertabgaben (Zeilen 15 und 16)
- den Verkauf von Wirtschaftsgütern des Anlagevermögens

eingetragen.

Dazu gehört auch falsch oder unberechtigt in Rechnung gestellte Umsatzsteuer.

Es werden aber nur die Umsatzsteuerbeträge eingetragen, die sich auf Leistungen des **wirtschaftlichen Geschäftsbetriebes** beziehen.

Zeile 17: Vom Finanzamt erstattete und ggf. verrechnete Umsatzsteuer

Hier sind die Umsatzsteuerbeträge einzutragen, die das Finanzamt aufgrund der Umsatzsteuer-Voranmeldungen und der Umsatzsteuererklärung erstattet hat. Ebenso Erstattungsbeträge, die das Finanzamt mit anderen Steuerschulden verrechnet hat.

Die vom Verein gezahlte Umsatzsteuer müssen Sie in Zeile 44 angeben.

Zeile 18: Veräußerung oder Entnahme von Anlagevermögen

Hier werden Erlöse aus der Veräußerung von Wirtschaftsgütern des Anlagevermögens (z. B. Pkw, Computer, Sportgeräte) eingetragen (und zwar ohne Umsatzsteuer), **soweit sie dem steuerpflichtigen wirtschaftlichen Geschäftsbetrieb zugeordnet waren**.

Zwar kennt ein Verein keine Privatentnahmen (die wären schon gemeinnützigkeitsrechtlich unzulässig). Wenn aber Anlagegüter, die bisher im wirtschaftlichen Geschäftsbetrieb genutzt wurden, in den nichtunternehmerischen Bereich überführt werden, wird dies wie eine Privatentnahme behandelt.

Auf den Verkaufserlös bzw. Entnahmewert muss **Umsatzsteuer** berechnet werden:

- Bei Veräußerung ist stets Umsatzsteuer zu berechnen, und zwar auch dann, wenn das Wirtschaftsgut ohne Vorsteuerabzug erworben wurde, z. B. bei Kauf von (BMF-Schreiben vom 27.08.2004).
- Bei Entnahme aus dem Betriebsvermögen des wirtschaftlichen Geschäftsbetriebs muss Umsatzsteuer nur dann berechnet werden, wenn das Wirtschaftsgut mit Vorsteuerabzug erworben wurde (§ 3 Abs. 1b Nr. 1 UStG).

Zeile 19: Private Kfz-Nutzung

Eine private Kfz-Nutzung in diesem Sinn kennt ein Verein nicht. Werden Pkw des Vereins von Mitarbeitern privat genutzt, wird der private Nutzungsanteil wie Sachlohn behandelt und entsprechend versteuert (Lohnsteuer). Die hierfür angesetzten Beträge sind dann den Lohnkosten zuzuordnen (Zeile 25).

Bei steuerbegünstigten Körperschaften ist die **Nutzung außerhalb des steuerpflichtigen wirtschaftlichen Geschäftsbetriebes** anzugeben (also im Zweckbetrieb oder ideellen Bereich).

Das wäre aber nur dann der Fall, wenn der Pkw von Anfang an voll dem steuerpflichtigen wirtschaftlichen Geschäftsbetrieb zugeordnet wurde. In der Regel wird bei gemischter Nutzung aber bereits vorweg ein Aufteilung der laufenden Kosten (Treibstoff, Versicherung usf.) und Abschreibungen vorgenommen. Für den Anteil der Aufwendungen für den Pkw außerhalb des wirtschaftlichen Geschäftsbetriebs wird dann kein „privater“ Nutzungsanteil mehr veranschlagt.

Zeile 20: Sonstige Sach-, Nutzungs- und Leistungsentnahmen

Hier werden die „Privatanteile“ für Sach-, Nutzungs- und Leistungsentnahmen eingetragen (ohne Umsatzsteuer). Hier gilt das Gleiche wie zu Zeile 17: Die private Nutzung durch (auch ehrenamtliche) Mitarbeiter ist ein Sachlohn. Werden Waren und Verbrauchsmaterialen in den steuerfreien Bereich überführt, oder Anlagen, die voll dem wirtschaftlichen Geschäftsbetrieb zugeordnet sind, dort genutzt, wird dies hier eingetragen.

Zeile 21: Auflösung von Rücklagen und/oder Ansparabschreibungen

Werden Rücklagen oder Ansparabschreibungen aufgelöst, führt dies zu Betriebseinnahmen. Hier ist der Übertrag aus Zeile 86 einzutragen.

Zeile 22: Summe der Betriebseinnahmen

Die Summe der Betriebseinnahmen ergibt sich aus Zeile 8 bis 19 und wird zur Ermittlung des Gewinns/Verlusts in Zeile 61 übertragen.

Betriebsausgaben

Wie die Betriebseinnahmen müssen auch die Betriebsausgaben mit dem Nettowert (ohne Umsatzsteuer) eingetragen werden. Die zugehörigen Vorsteuerbeträge werden in Zeile 44 eingetragen.

Vereine, die die **Kleinunternehmeroption** nutzen, geben ihre Betriebsausgaben mit den Bruttobeträgen ein, da sie die darin enthaltene Umsatzsteuer nicht als Vorsteuer abziehen dürfen.

Betriebsausgaben sind in dem Jahr anzusetzen, in denen sie bezahlt wurden. Zum betreffenden Jahr gehören regelmäßig wiederkehrende Betriebsausgaben auch dann noch, wenn sie 10 Tagen nach oder vor Jahresende bezahlt werden, z. B. laufende Versicherungsbeiträge, Pachten, Mieten, Gehälter.

Zeile 23: Betriebsausgabenpauschale für bestimmte Berufsgruppen

Für Vereine gibt es hier **keine Einträge** zu machen. Die Übungsleiterpauschale nach § 3 Nr. 26 EStG fällt für den Verein entweder unter die Personalkosten.

Zeile 25: Waren, Rohstoffe und Hilfsstoffe einschl. Nebenleistungen

Hier werden die Anschaffungskosten für Waren und Verbrauchsmaterialien (einschließlich der entstandenen Nebenkosten, z. B. Lieferkosten) eingetragen.

Vereine mit Einnahme-Überschuss-Rechnung müssen keine Inventur machen. Alle eingekauften Waren und Verbrauchsmaterialien werden zum Zeitpunkt der Anschaffung als Aufwendungen veranschlagt. Eventuell zum Jahresende vorhandene Restbestände an Waren und Material werden nicht von den Ausgaben für die Anschaffung abgezogen.

Zeile 26: Bezogene Fremdleistungen

Das sind Aufwendungen für Dienstleistungen von Fremdunternehmen (z. B. Handwerkern, Dozenten, Honorarkräften, Ausgaben für Leiharbeit). Dazu gehören alle nicht abhängig Beschäftigten. Ausgaben für eigene Mitarbeiter werden in Zeile 25 eingetragen.

Zu erfassen sind die von Dritten erbrachten Dienstleistungen, die in unmittelbarem Zusammenhang mit dem Betriebszweck des wirtschaftlichen Geschäftsbetriebes stehen (z. B. Fremdleistungen für Erzeugnisse und andere Umsatzleistungen).

Zeile 27: Ausgaben für eigenes Personal

Das sind Betriebsausgaben für Gehälter, Löhne und Versicherungsbeiträge für die Arbeitnehmer des Vereins (auch Minijobs und kurzfristige Beschäftigung). Dazu gehören:

- die gezahlten Nettolöhne
- abgeführte Lohnsteuer, Kirchensteuer und Solidarzuschlag
- abgeführte Sozialversicherungsbeiträge
- Sachlohnanteile (z. B. Gutscheine, private PKW-Nutzung)
- freiwillige soziale Leistungen (z. B. Direktversicherung)

Zeile 28 - 36: Abschreibungen

Abnutzbare bewegliche und unbewegliche Wirtschaftsgüter müssen grundsätzlich "abgeschrieben" werden, d. h. die Anschaffungs- oder Herstellungskosten sind auf die betriebsgewöhnliche Nutzungsdauer zu verteilen, wenn die betriebliche Nutzungsdauer länger als ein Jahr ist. Absetzbar ist dann jedes Jahr die sog. "Absetzung für Abnutzung" (AfA).

Nur geringwertige Wirtschaftsgüter (GWG) werden sofort als Aufwendungen verbucht (dazu in Zeile 33).

Die Abschreibungsbeträge können Sie leicht anhand des **Anlageverzeichnisses** ermitteln (siehe unten).

Zeile 28: Abschreibungen auf unbewegliche Wirtschaftsgüter

Unbewegliche Wirtschaftsgüter des Anlagevermögens sind insbesondere Gebäude, Gebäudeteile, Außenanlagen, Hofbefestigungen, Parkplätze und Straßen. Grund und Boden gehört zu den nicht abnutzbaren Wirtschaftgütern. **Unbebaute Grundstücke** können deshalb nicht abgeschrieben werden.

Zeile 29: Abschreibungen auf immaterielle Wirtschaftsgüter

Immaterielle Wirtschaftsgüter können abnutzbar oder nicht abnutzbar sein:

- Nicht abnutzbar sind beispielsweise entgeltlich erworbene Verkehrskonzessionen. Diese können nicht abgeschrieben werden.
- Abnutzbar und damit abschreibungsfähig sind z. B. Firmenwerte, eingetragene Marken und ähnliche Schutzrechte, Nutzungsrechte und Software.

Immaterielle abnutzbare Wirtschaftsgüter können nur linear (nicht degressiv) abgeschrieben werden. Möglich ist aber eine außergewöhnliche Abschreibung.

Die immateriellen Wirtschaftsgüter des Anlagevermögens müssen Sie in einem besonderen Anlageverzeichnis aufführen (siehe unten).

Zeile 30: Abschreibungen auf bewegliche Wirtschaftsgüter

Zu den beweglichen Wirtschaftsgütern gehören Maschinen, Anlagen und Betriebsvorrichtungen (z. B. Kegelbahn), Computer oder Büro- und Geschäftsausstattung (Büromöbel- und -geräte).

Im Anschaffungsjahr wird die Jahres-AfA nur zeitanteilig angesetzt, und zwar für jeden Monat exakt mit einem Zwölftel (also nicht tagesgenau). Kauft der Verein also z. B. einen PC im Mai (egal an welchem Tag des Monates) kann er nur 8 Zwölftel (für Mai bis Dezember) der Jahres-Afa ansetzen. Das Entsprechende gilt bei einem Verkauf des Wirtschaftsgutes.

Zeile 31: Sonderabschreibungen nach § 7g EStG

Bei neuen beweglichen Wirtschaftsgütern können neben den normalen im Jahr der Anschaffung/Herstellung und den vier folgenden Jahren Sonderabschreibungen bis zu 20% der Anschaffungs-/Herstellungskosten in Anspruch genommen werden.

Eine Sonderabschreibung ist (von Betrieben der Land- und Forstwirtschaft abgesehen) nur möglich,

- wenn das Wirtschaftsgut mindestens ein Jahr nach seiner Anschaffung oder Herstellung in einer inländischen Betriebsstätte bleibt und
- es im Jahr der Inanspruchnahme der Sonderabschreibungen zu mindestens 90% im wirtschaftlichen Geschäftsbetrieb genutzt wird und
- für die Anschaffung oder Herstellung des Wirtschaftsgutes eine Rücklage (in einem vorangegangenen Wirtschaftsjahr) gebildet wurde (dazu in Zeile 50).

Zeile 33: Aufwendungen für geringwertige Wirtschaftsgüter

Geringwertige Wirtschaftsgüter (GWG) können im Jahr der Anschaffung, Herstellung oder Einlage in voller Höhe als Betriebsausgaben abgesetzt werden.

Zeile 34: Auflösung von Sammelposten nach § 6 Abs. 2a EstG

Nach § 6 Abs. 2a EStG sind bewegliche abnutzbare Wirtschaftgüter des Anlagevermögens mit Anschaffungs- oder Herstellungskosten von mehr als 150 € bis zu 1 000 € in einen jahrgangsbezogenen Sammelposten einzustellen. Dieser Sammelposten ist über eine Dauer von fünf Jahren gleichmäßig verteilt gewinnmindernd aufzulösen. Die Einbeziehung der Wirtschaftgüter in einem Sammelposten bedingt eine zusammenfassende Behandlung der einzelnen Wirtschaftsgüter. In der Folge wirken sich Vorgänge nicht aus, die sich nur auf das einzelne Wirtschaftgüter beziehen. Durch Veräußerungen, Entnahmen oder Wertminderungen wird der Wert des Sammelpostens nicht beeinflusst.

Diese Regelung ist seit ab 2010 optional. Wahlweise kann auch die bisherige Abschreibungsregelung für geringwertige Wirtschaftsgüter (bis 410 €) genutzt werden.

Zeile 35: Restbuchwert der im Kalenderjahr ausgeschiedenen Wirtschaftsgüter

Wurden betriebliche Wirtschaftsgüter verkauft, wegen Zerstörung verschrottet oder aus dem wirtschaftlichen Geschäftsbetrieb in den steuerfreien Bereich übertragen, wird hier der Restbuchwert (Anschaffungskosten abzüglich der bisherigen Afa) angegeben. Der Restbuchwert wird als Betriebsausgabe behandelt, weil ja der Verkaufserlös als Einnahme verbucht wurde.

Zeile 36: Miete/Pacht für Geschäftsräume und betrieblich genutzte Grundstücke

Für Vereine spielt das keine Rolle.

Zeile 37: Miete/Pacht für Geschäftsräume und betrieblich genutzte Grundstücke

Miete, Pacht und Nebenkosten (Strom, Heizung, Reinigung usf.) für die im wirtschaftlichen Geschäftsbetrieb genutzten Räume und Flächen (Hallen, Plätze). Werden Teile der Flächen im steuerfreien Bereich genutzt, muss eine Aufteilung vorgenommen werden. Hier wird nur der auf den wirtschaftlichen Geschäftsbetrieb entfallende Anteil eingetragen.

Zeile 38:

Trifft für Vereine nicht zu.

Zeile 39: Sonstige Aufwendungen für betrieblich genutzte Grundstücke

Das sind Kosten für eigene Immobilien, die im wirtschaftlichen Geschäftsbetrieb genutzt werde (z. B. für Gastronomie, Sporthallen zur Vermietung an Nichtmitglieder). Dazu gehören Aufwendungen für Instandhaltung und Reparaturen, Grundsteuer, Versicherungsbeiträge sowie für laufende Betriebskosten, z. B. für Strom, Wasser, Abwasser, Heizung usw. Gesondert angegeben werden Abschreibungen und Schuldzinsen.

Zeile 40: Aufwendungen für Telekommunikation

Hierzu gehören auch Aufwandserstattungen für die entsprechenden Sachkosten z. B. an Vorstandsmitglieder, die von Zuhause aus für den Verein tätig sind. In der Regel müssen dann **Einzelnachweise** erbracht werden. Für **Telekommunikationskosten** kann aber aus den Rechnungsbeträgen für einen repräsentativen Zeitraum von drei aufeinander folgenden Monaten ein **Durchschnittsbetrag** gebildet und für das ganze Jahr zugrunde gelegt werden.

Zeile 41: Übernachtungs- und Reisenebenkosten bei Geschäftsreisen des Steuerpflichtigen

Das kommt für Vereine nicht in Frage.

Zeile 42: Fortbildung

Hier handelt es sich um Fortbildungskosten für (auch ehrenamtliche) Mitarbeiter. Die Art der Fortbildung muss sich allerdings auf die Vereinstätigkeit beziehen (z. B. Trainerlehrgang, Buchhaltungskurs für Kassenwart). Wiederum wird nur der auf dem wirtschaftlichen Geschäftsbetriebe bezogene Anteil angesetzt.

Zeile 43: Rechts- und Steuerberatung, Buchführung

Neben Steuer- und Rechtsberatungskosten gehören dazu auch Anwalts- und Gerichtskosten, die für den wirtschaftlichen Geschäftsbetrieb angefallen sind (eventuell anteilig).

Zeile 44: Miete/Leasing für bewegliche Wirtschaftsgüter

Das gilt für alle beweglichen Wirtschaftsgüter außer Kfz.

Zeile 45: Beiträge, Gebühren, Abgaben und Versicherungen

Dazu gehören z.B. Verbandsbeiträge oder Registergebühren.

Zeile 46: Werbekosten

Das sind nur Werbekosten der steuerpflichtigen wirtschaftlichen Geschäftsbetriebe (z.B. Shops, Gaststätten),

Zeile 47: Schuldzinsen

Bei Schuldzinsen sind zwei Fälle zu unterscheiden:

- Schuldzinsen zur Finanzierung von Anlagegütern des wirtschaftlichen Geschäftsbetriebs sind in voller Höhe als Betriebsausgaben abziehbar und hier einzutragen.
- Übrige Schuldzinsen für betriebliche Darlehen. Diese können in bestimmten Fällen (siehe unten) nur teilweise abziehbar sein und müssen dann aufgeteilt werden in einen abziehbaren und einen nicht abziehbaren Betrag.

Schuldzinsen (auf Bankdarlehen oder Zinsen auf Ratenfinanzierungen beim Kauf), die zur Finanzierung von Anlagegütern anfallen, die voll im wirtschaftlichen Geschäftsbetrieb genutzt werden, sind hier einzutragen und werden hier als betriebliche Ausgaben angesetzt.

Wird ein Wirtschaftsgut gemischt genutzt, sind die anteiligen Zinsen anzusetzen.

Zeile 48: Übrige Schuldzinsen

Die Schuldzinsen sind nur dann in voller Höhe als Betriebsausgaben im wirtschaftlichen Geschäftsbetrieb absetzbar, wenn dem wirtschaftlichen Geschäftsbetrieb nicht mehr Vermögen entnommen wird, als Gewinn entstand (Einlagen sind bei Vereinen praktisch kaum von Belang und können deshalb vernachlässigt werden).

Falls aber die Entnahmen höher sind als der Gewinn (**Überentnahmen**), können die darauf entfallenden Schuldzinsen nicht ohne weiteres abgesetzt werden (§ 4 Abs. 4a EStG).

- Betragen die nicht auf den wirtschaftlichen Geschäftsbetrieb entfallenden Schuldzinsen weniger als 2.050 EUR, können sie ohne Rücksicht auf eine eventuelle Überentnahme in voller Höhe abgesetzt werden.
- Falls die übrigen Schuldzinsen mehr als 2.050 EUR betragen, müssen Sie aufgeteilt werden in einen abziehbaren und einen nicht abziehbaren Teil. Der nicht abzugsfähige Betrag wird einfach mit 6 % der Überentnahme ermittelt und dem Gewinn hinzugerechnet. Gab es in den vorangegangenen Wirtschaftsjahren bereits Überentnahmen, werden diese mit eingerechnet. Wurde der Gewinn in den vorangegangenen Jahren nicht vollständig entnommen, mindern diese Unterentnahmen die Bemessungsgrundlage. Der Hinzurechnungsbetrag zum Gewinn wird aber auf einen Höchstbetrag beschränkt, und zwar auf die im Wirtschaftsjahr insgesamt angefallenen Schuldzinsen abzüglich der auf Anlagegüter entfallenden Schuldzinsen und vermindert um 2.050 EUR.

Zeile 49: Gezahlte Vorsteuerbeträge

Die in Eingangsrechnungen enthaltenen Vorsteuerbeträge gehören zum Zeitpunkt ihrer Bezahlung zu den Betriebsausgaben und sind hier einzutragen. Dazu zählen nicht die nach Durchschnittssätzen ermittelten Vorsteuerbeträge.

Bei gemeinnützigen Vereinen sind hier nur die Vorsteuerbeträge für Leistungen an den steuerpflichtigen wirtschaftlichen Geschäftsbetrieb einzutragen.

Zeile 50: An das Finanzamt gezahlte und ggf. verrechnete Umsatzsteuer

Die aufgrund der Umsatzsteuervoranmeldungen oder aufgrund der Umsatzsteuerjahreserklärung an das Finanzamt gezahlte und ggf. verrechnete Umsatzsteuer ist hier einzutragen. Von gemeinnützigen Vereinen ist hier nur der Anteil einzutragen, der auf die Umsätze des steuerpflichtigen wirtschaftlichen Geschäftsbetriebs entfällt.

Zeile 52: Übrige Betriebsausgaben

Hier werden alle Kosten eingetragen, die nicht schon oben berücksichtigt worden sind. dazu gehören z. B.

- Beiträge für Verbände
- Beiträge für betriebliche Versicherungen
- Schadensersatzzahlungen aus betrieblichen Gründen

Zeile 53: Geschenke

Aufwendungen für Geschenke an Personen, die nicht Arbeitnehmer sind (z. B. an Geschäftspartner), sind bis 35 Euro pro Person und Jahr abzugsfähig. Aus dem Beleg oder den Aufzeichnungen muss der Geschenkempfänger zu ersehen ist. Wenn wegen der Art des zugewendeten Gegenstandes (z. B. Taschenkalender) zu vermuten ist, dass die Freigrenze von 35 Euro nicht überschritten wird, ist eine Angabe der Empfängernamen nicht erforderlich.

Die Ausgaben für Geschenke müssen einzeln und getrennt von den übrigen Betriebsausgaben aufgezeichnet, also auf ein eigenes Konto verbucht werden.

Zeile 54: Bewirtungsaufwendungen

Aufwendungen für die Bewirtung von Personen aus "geschäftlichem Anlass" sind nur zu 70% als Betriebsausgaben absetzbar und zu 30 % nicht absetzbar. Sie müssen entsprechend aufgeteilt und mit beiden Beträgen hier angegeben werden. Es handelt sich hier natürlich nur um Bewirtungskosten, die den wirtschaftlichen Geschäftsbetrieb betreffen.

Nicht dazu gehört die Bewirtung von Vereinsmitgliedern und Mitarbeitern. Aufwendungen für Getränke, Gebäck usw. anlässlich von Vorstandssitzungen oder Mitgliederversammlungen sind sogenannte Aufmerksamkeiten und in voller Höhe als Betriebsausgaben absetzbar. Typischerweise werden sie aber nicht dem wirtschaftlichen Geschäftsbetrieb zugeordnet.

Die Umsatzsteuer, die in den Bewirtungskosten enthalten ist, ist in voller Höhe als Betriebsausgabe absetzbar.

Zeile 55: Verpflegungsmehraufwendungen

Bei Vereinen werden Verpflegungsmehraufwendungen hier nicht eingetragen. Als Reisekosten der Mitarbeiter gehören sie zu den übrigen Betriebsausgaben.

Zeile 56: Aufwendungen für ein häusliches Arbeitszimmer

Kommen bei Vereinen nicht in Frage. Die Kosten für ein häusliches Arbeitszimmer des Vorstands, das er für die Vereinsarbeit nutzt, gehören – soweit erstattet werden – zu den Raumkosten.

Zeile 57: Sonstige beschränkt abziehbare Betriebsausgaben

Bei Vereinen spielt das regelmäßig keine Rolle.

Zeile 58: Gewerbesteuer

Bei Vereinen ist die Gewerbesteuer nicht abziehbar.

Zeilen 59 bis 64: Kraftfahrzeugkosten und andere Fahrtkosten

Hierzu gehören Kosten

- für Fahrzeuge (PKW, LKW), die zum Betriebsvermögen des wirtschaftlichen Geschäftsbetriebs gehören
- für betriebliche Fahrten im wirtschaftlichen Geschäftsbetrieb mit einem Fahrzeug, das zum steuerbegünstigten Bereich gehört,
- für Dienstfahrten der Vereinsmitarbeiter mit öffentlichen Verkehrsmitteln, z. B. Bus, Bahn, Flugzeug, Taxi.

Falls das Fahrzeug nicht ausschließlich im wirtschaftlichen Geschäftsbetrieb genutzt wird,

- werden entweder die gesamten Fahrzeugkosten nur anteilig hier zugeordnet (nach einem entsprechenden Aufteilungsschlüssel oder einzeln für die betrieblichen Fahrten im wirtschaftlichen Geschäftsbetrieb ermittelt) oder
- das Fahrzeug wird voll dem wirtschaftlichen Geschäftsbetrieb zugeordnet, also alle Fahrzeugkosten hier verbucht, und der Nutzungsanteil für die steuerfreien Bereiche wird in Zeile 10 eingetragen

Zeile 63: Kraftfahrzeugkosten für Wege zwischen Wohnung und Betriebsstätte;

Dies trifft für Vereine nicht zu. Erstattungen für Fahrten der Mitglieder oder Mitarbeiter vom Wohn- zum Vereinssitz gehören zu den Personalkosten.

Zeile 64: Mindestens abziehbare Kraftfahrzeugkosten für Wege zwischen Wohnung und Betriebsstätte

Dies trifft für Vereine nicht zu.

Zeile 73ff:

Die Zeile 73 bis 95 spielen bei Vereinen meiste keine Rolle und bleiben hier deshalb unkommentiert.

15.4 Abweichungen gegenüber der Gewinnermittlung im Formular Gem 1 – Reingewinnschätzung

Die Wahlmöglichkeiten des § 64 Abs. 5 AO (Ansatz des Gewinns mit dem branchenüblichen Reingewinn bei der Verwertung unentgeltlich erworbenen Altmaterials) und des § 64 Abs. 6 AO (Gewinnpauschalierung bei bestimmten wirtschaftlichen Geschäftsbetrieben, die eng mit der steuerbegünstigten Tätigkeit oder einem Zweckbetrieb verbunden sind) bleiben unberührt.

Der mit dem Vordruck EÜR ermittelte Gewinn braucht deshalb nicht mit dem bei der Besteuerung anzusetzenden Gewinn übereinzustimmen.

Die **Reingewinnschätzung** kann statt einer Gegenüberstellung von Kosten und Erträgen in folgenden Fällen erfolgen.

- beim Verkauf von Altmaterial
- bei Werbemaßnahmen, die im Zusammenhang mit der steuerbegünstigten Tätigkeit stattfinden
- bei Totalisatorbetrieben
- bei der zweiten Fraktionierungsstufe der Blutspendedienste

Verkauf von Altmaterial

Einnahmen aus dem Verkauf von Altmaterial (Lumpen, Altpapier, Schrott) werden dem steuerpflichtigen wirtschaftlichen Geschäftsbetrieb zugeordnet. Nach § 64 (5) AO hat der Verein aber die Möglichkeit, den Gewinn durch Schätzung zu ermitteln, wenn der Verkauf nicht über eine ständig dafür vorgehaltene Verkaufsstelle erfolgt.

Angesetzt werden dabei als Reingewinn

- bei Altpapier 5% und
- bei anderem Altmaterial 20%

der Einnahmen (ohne Umsatzsteuer).

Die Regelung gilt nicht für den Einzelverkauf gebrauchter Sachen (Gebrauchtwarenhandel). Für Basare und ähnliche Einrichtungen ist deshalb eine Reingewinnschätzung nicht möglich.

Werbemaßnahmen in Zusammenhang mit der steuerbegünstigten Tätigkeit

Nach § 64 Abs. 6 Nr. 1 AO kann der Gewinn aus Werbemaßnahmen pauschal ermittelt werden, wenn sie im Zusammenhang mit der steuerbegünstigten Tätigkeit einschließlich Zweckbetrieben stattfinden. Beispiele für solche Werbemaßnahmen sind die Trikot- oder Bandenwerbung bei Sportveranstaltungen, die ein Zweckbetrieb sind, oder die Werbung in Programmheften oder auf Plakaten bei kulturellen Veranstaltungen. Dies gilt auch für Sponsoring.

Nicht aber für Werbeeinnahmen in Zusammenhang mit wirtschaftlichen Geschäftsbetrieben, z.B. bei einem Vereinsfest.

Der pauschal unterlegte Reingewinn liegt bei 15%. Die Einnahmen müssen als Grundlage für die Gewinnschätzung gesondert aufgezeichnet werden (also auf einem eigenen Konto).

Wichtig: Tatsächliche Aufwendungen können nicht mehr abgezogen werden, wenn die Reingewinnschätzung gewählt wurde. Im EÜR-Formular werden die entsprechenden Betriebsausgaben nicht mit eingetragen.

15.5 Anlageverzeichnis

Das Bundesfinanzministerium stellt ein Muster des Anlageverzeichnisses in Form einer Excel-Tabelle bereit. Anders als das EÜR-Formular ist dieser Vordruck aber nicht verpflichtend.

Die Anschaffungs- oder Herstellungskosten für nicht abnutzbare Anlagegüter sind im Rahmen der Einnahmen-Überschussrechnung erst im Zeitpunkt ihrer Veräußerung oder Entnahme als Betriebsausgaben zu berücksichtigen (§ 4 Abs. 3 Satz 4 EStG). Sie müssen ebenfalls in das Verzeichnis mit aufgenommen werden.

16 Zuordnung der Belege/Kontierung

Überschreitet der Verein im steuerpflichtigen wirtschaftlichen Geschäftsbetrieb die Umsatzfreigrenze, kommen zusätzliche Aufzeichnungspflichten auf ihn zu, damit die Angaben in der Anlage EÜR gemacht werden können.

16.1 Umsatzsteuerkonten

Da sich die Anlage EÜR nur auf den steuerpflichtigen wirtschaftlichen Geschäftsbetrieb bezieht, müssen für die Umsätze in diesem Bereich getrennte Umsatzsteuerkonten geführt werden. In der Fibu-Software bedeutet dies die Einrichtung eigener Steuerschlüssel für den wirtschaftlichen Geschäftsbetrieb.

Das gleiche gilt für Umsatzsteuerzahlungen und Umsatzsteuererstattungen ans und vom Finanzamt. Im EÜR-Formular sind diese ebenfalls getrennt für den wirtschaftlichen Geschäftsbetrieb auszuweisen. Es muss also bei den entsprechenden Zahlbeträgen eine Aufteilungsbuchung gemacht werden.

In der Umsatzsteuervoranmeldung erfolgt eine solche Aufteilung nicht. Sie eignet sich also nicht als Grundlage für die Aufteilungsbuchung.

Ebenfalls neu ist, dass die erstatteten und die gezahlten Umsatzsteuerbeträge getrennt eingetragen werden. In der bisherigen formlosen Gewinnermittlung durften Zahlungen ans und vom Finanzamt saldiert werden. Jetzt wird für beides ein **eigenes Konto** benötigt.

16.2 Aufwendungen für zum Betriebsvermögen gehörende Betriebsgebäude

Kosten für vereinseigene Immobilien (Instandhaltung, Reinigung, Strom, Heizung, Wasser usf.) müssen getrennt von den Kosten für gemietete/gepachtete Räume und Flächen verbucht werden. Die entsprechenden Kosten werden also auf getrennten Konten erfasst.

16.3 Gliederung der Gewinnermittlung

Für die Gewinnermittlung im steuerpflichtigen wirtschaftlichen Geschäftsbetrieb ergibt sich dann folgende Gliederung. Die für Vereine nicht zutreffenden Posten des EÜR-Formulars wurden außer Acht gelassen.

A. Betriebseinnahmen

1. Umsatzsteuerpflichtige Betriebseinnahmen
2. Umsatzsteuerfreie Betriebseinnahmen/Betriebseinnahmen, für die der Leistungsempfänger die USt schuldet
3. Vereinnahmte Umsatzsteuer
4. Vom Finanzamt erstattete und ggf. verrechnete Umsatzsteuer
5. Veräußerung oder Entnahme von Anlagevermögen
6. Auflösung von Rücklagen und/oder Ansparabschreibungen

Summe Betriebseinnahmen

Betriebsausgaben

1. Waren, Rohstoffe und Hilfsstoffe
2. Bezogene Leistungen
3. AfA auf unbewegliche Wirtschaftsgüter
4. AfA auf immaterielle Wirtschaftsgüter
5. AfA auf bewegliche Wirtschaftsgüter
6. Sonderabschreibungen

7 a. Aufwendungen für geringwertige Wirtschaftsgüter

7 b. Auflösung von Sammelposten nach § 6 Abs. 2a EstG

8. Restbuchwert der ausgeschiedenen Anlagegüter
9. Kraftfahrzeugkosten und andere Fahrtkosten
10. Raumkosten und sonstige Grundstücksaufwendungen
    a. Miete/Pacht für Geschäftsräume und betrieblich genutzte Grundstücke
    b. Aufwendungen für betrieblich genutzte Grundstücke
11. Schuldzinsen
    a. zur Finanzierung von Anschaffungs-/Herstellungskosten von Wirtschaftsgütern des Anlagevermögens
    b. Übrige Schuldzinsen
12. Übrige beschränkt abziehbare Betriebsausgaben
    a. Geschenke
    a.a. nicht abziehbar
    a.b. abziehbar

b. Bewirtung
b.a. nicht abziehbar
b.b. abziehbar
c. Reisekosten
d. Sonstige
d.a. nicht abziehbar
d.b. abziehbar
13. Sonstige unbeschränkt abziehbare Betriebsausgaben
a. Porto, Telefon, Büromaterial
b. Fortbildung, Fachliteratur
c. Rechts- und Steuerberatung, Buchführung
d. Übrige Betriebsausgaben
14. Gezahlte Vorsteuerbeträge
15. An das Finanzamt gezahlte und ggf. verrechnete Umsatzsteuer
16. Bildung von Rücklagen und/oder Ansparabschreibungen

Summe Betriebsausgaben

Gewinn/Verlust

Einführung/Hinweise

Das Kontierungslexikon bezieht sich auf den Kontenrahmen der **DATEV SKR** (Sonderkontenrahmen) **49** (Branchenlösung für Vereine, Stiftungen, Gemeinnützige GmbHs) in der Fassung für 2010. Der ältere Vereinskontenrahmen SKR 99 wird von der DATEV seit 2005 nicht mehr gepflegt.

Auch wenn nicht der SKR 49 genutzt wird, liefert das Lexikon neben den genauen Kontierungsangaben detaillierte Hinweise zur steuerlichen Behandlung der jeweiligen Geschäftsvorfälle.

Welcher Kontenrahmen eignet sich?

Es gibt keine steuerrechtliche Verpflichtung zur Nutzung bestimmter Kontenrahmen. Vorgeschrieben ist lediglich, die Aufzeichnungen geordnet vorzunehmen und Einnahmen und Ausgaben getrennt aufzuzeichnen. Natürlich muss die Kontierung die Gliederungsvorgaben des EÜR-Vordrucks, bzw. die gesetzliche Gliederung der Gewinn-und-Verlust-Rechnung (GuV) und Bilanz berücksichtigen. Dabei wird sich aber der Kontenplan (also die konkrete Aufteilung und Ordnung der Konten in einem bestimmten Verein) nicht nach den steuerlichen Mindesterfordernissen, sondern nach den Informations- und Organisationsbedürfnissen des Vereins richten.

Ein Spezialkontenrahmen zur Gemeinnützigkeit ist nicht unbedingt erforderlich. Viele Vereine haben im Wesentlichen nur Einnahmen im nichtunternehmerischen Bereich. Die übrigen Einnahmen und Ausgaben können mit wenigen zusätzlichen Konten erfasst werden. Ein nach steuerlichen Bereichen gegliederter Kontenplan ist dann nicht erforderlich. Es können dann vertraute Kontenrahmen benutzt werden (wie z. B. der SKR 03). Dort fehlen zwar Konten für die typischen Einnahmen des ideellen Bereiches (Mitgliedsbeiträge, Spenden) die können aber ergänzt werden (bei den Umsatzerlöskonten).

Anders wenn auch in anderen steuerlichen Bereichen nennenswerte Einnahmen und Ausgaben vorliegen. Die getrennte Erfolgsrechnung – also die Aufteilung aller Einnahmen und Ausgaben auf ideellen Bereich, Vermögensverwaltung, Zweckbetriebe und steuerpflichtige wirtschaftliche Geschäftsbetriebe stellt hier besondere Anforderungen an die Kontierung. Der Kontenplan muss das wiederspiegeln. Die für gewerbliche Unternehmen gängigen Kontenrahmen (z. B. SKR 03, SKR 04) tun dies nicht und sind deswegen hier meist nicht geeignet.

Neben der unterschiedlichen ertragsteuerlichen Behandlung gibt es in Vereinen und gemeinnützigen Körperschaften auch regelmäßig ein Nebeneinander von umsatzsteuerpflichtigen und umsatzsteuerfreien Einnahmen. Das ergibt sich zum einen aus dem Vorhandensein eines nichtunternehmerischen Bereiches, zum anderen aus einer Reihe von Befreiungsregelung (besonders § 4 Nr. 18 bis 25 UStG). Da von der Steuerpflicht der Ausgangsumsätze der Vorsteuerabzug bei den Eingangsumsätzen abhängt, ist eine Trennung nach steuerfreien und steuerpflichtigen Bereichen erforderlich und wird im SKR 49 auch so umgesetzt.

Aufbau des DATEV-Vereinskontenrahmens

Der SKR 49 gliedert die Einnahmen und Ausgaben zunächst nach den steuerlichen Bereichen und dann nach Erlös- und Kostenarten. Das führt zu einer sehr viel größeren Zahl von Konten als z. B. beim SKR 03. Andererseits sind in einigen steuerlichen Bereichen einzelne Erlös- und Kostenarten nicht vorhanden. In der Regel wird man hier entsprechende Konten einfügen, weil die Buchung auf Sammelkonten (sonstige Erlöse/Kosten) bei regelmäßig vorkommenden Geschäftsvorfällen nicht sinnvoll ist.

Kontenklasse	Kontenarten
0	Bestandskonten Aktiva
1	Bestandskonten Passiva
2	ideeller Bereich
3	ertragsneutrale Posten
4	Vermögensverwaltung
5	Zweckbetrieb Sport
6	andere Zweckbetriebe
7	wirtschaftlicher Geschäftsbetrieb Sport
8	übrige wirtschaftliche Geschäftsbetriebe
9	Vortragskonten, statistische Konten
10000 - 69999	Personenkonten: Debitoren
70000 - 99999	Personenkonten: Kreditoren

Der SKR 49 bildet die große Bedeutung der Sportvereine in eigenen Kontenklassen (5 und 7) ab. Für Nicht-Sportvereine sind diese Bereiche natürlich überflüssig. Umgekehrt sind die Zweckbetriebe anderer Vereine in der Kontenklasse 6 nur ungenügend abgebildet. Auch hier werden dann Anpassungen durch das Einfügen entsprechender Konten nötig sein.

Kontenbereich 0 und 1

Anders als die gängigen Kontenrahmen teilt der SKR 49 die Bestandskonten nicht nach Anlage- und Umlaufvermögen, sondern nach aktiven und passiven Bestandskonten (also nach der Bilanzseite). Das ist ungewohnt, weil so die häufig bebuchten Konten Kasse und Bank nicht die vertrauten Nummern 1000 und 1200 haben.

Für die Bestandskonten (Finanzkonten, Anlagevermögen, Verbindlichkeiten usf.) ist eine Trennung nach steuerlichen Bereichen nicht erforderlich.

Kontenbereich 2 und 3

Der nicht unternehmerische Bereich ist aufgeteilt in die Bereiche 2 und 3. Die gemeinnützigkeitsspezifischen Konten finden sich dabei im Bereich 3. Schlüssige Gründe für die Doppelung des ideellen Bereiches sind nicht zu finden.

Kontenbereich 5 und 7

Eigens ausgewiesen sind im Kontenrahmen die Bereiche *Zweckbetrieb Sport* und *wirtschaftlicher Geschäftsbetrieb Sport*, weil die steuerliche Einordnung von Amateur- und Profisport unterschiedlich ist und nach § 67a Abgabenordnung eine Wahlmöglichkeit für die Zweckbetriebszuordnung besteht. Die Einhaltung der 45.000-Euro-Grenze beim Einsatz bezahlter Sportler muss dann eigens (durch getrennte Verbuchung) nachgewiesen werden.

Im Bereich 5 werden umsatzsteuerpflichtige und umsatzsteuerfrei Einnahmen (ab 5700) und entsprechend Eingangsumsätze mit und ohne Vorsteuerabzug unterschieden.

Kontenbereich 6

Die Zweckbetriebe von Nichtsportvereinen finden sich im Bereich 6. Unterschieden wird dabei nach umsatzsteuerfreien und -steuerpflichtigen Zweckbetrieben. Naturgemäß kann der SKR 49 nicht das ganze Spektrum gemeinnütziger Tätigkeiten abbilden. Es fehlen also Konten für viele besondere Zweckbetriebe. Häufig wird im Bereich 6 deswegen eine weitgehende Umgestaltung der Konten erforderlich sein.

Kontenbereich 8

Die steuerpflichtigen wirtschaftlichen Geschäftsbetriebe (mit Ausnahme des Sports) finden sich im Bereich 8. Abgebildet sind hier nur die häufigsten Geschäftsbetriebe. Auch hier werden deshalb vielfach Konten geändert oder ergänzt werden müssen.

Die Auflistung der Konten bietet an vielen Stellen eine Wahl zwischen gesammelter oder differenzierter Erfassung.

Beispiel: 5000 Eintrittsgelder Sport 1 ist ein Sammelkonto. Wahlweise können die Einnahmen aber auch stärker unterschieden werden nach:
5005 Eintrittsgelder aus Wettkämpfen 7 % USt
5010 Eintrittsgelder aus Fußballspielen 7 % USt
5015 Eintrittsgelder aus Sportturnen 7 % USt usf.

Diese Unterscheidung ist nur für den Bedarf des internen Rechnungswesens gedacht. Steuerliche Vorgaben gibt es dafür in der Regel nicht.

- Auswertungen, Mitglieder- und Finanzstatistiken für Presse und Mitgliederversammlungen in Form von Diagrammen sowie Darstellungsmöglichkeiten über Altersstruktur, Mitgliederentwicklung, Geschlechterverteilung, Termine, Ehrungen und Finanzen erstellen und analysieren.
- bei der Kostenstellenplanung automatisch den Jahresetat auf alle Monate verteilen
- verschiedene Kostengruppen anlegen
- sich automatisch Zahlungen auswerten und protokollieren lassen u.v.a.m

Die Beiträge werden bei der „redmark vereinsverwaltung" automatisch per DTA-Diskette eingezogen und verbucht.

Lizensierte Versionen der Programme erhalten sie unter *www.redmark.de/shop/verein.*

DATEV-Kontenrahmen

Branchenpaket für Vereine, Stiftungen, Gemeinnützige GmbHs (SKR 49)
Gültig für 2017

Kontenklassen-Übersicht

Konten-klasse	Kontenarten	USt-Hinweise
0	**Bestandskonten** Aktiva	Vorsteuerabzug möglich
1	**Bestandskonten** Passiva	keine USt
2	**Erfolgskonten für Ideellen Bereich** = Einnahmen und Ausgaben gemeinnütziger Vereine und nicht gemeinnütziger Vereine, die keiner Einkunftsart zuzurechnen sind (Tätigkeitsbereich 2000)	keine USt Ausnahme: Erwerbsteuer aus i. g. Erwerb o. Vorsteuerabzug
3	**Erfolgskonten für ertragsteuerneutrale Posten** = bei der steuerlichen Gewinnermittlung gemeinnütziger Vereine und nicht gemeinnütziger Vereine nicht anzusetzende **Einnahmen** und **Ausgaben** (Tätigkeitsbereich 3000)	keine USt
4	**Erfolgskonten für Vermögensverwaltung** = steuerbegünstigte Einnahmen und Werbungskosten gemeinnütziger Vereine und nicht gemeinnütziger Vereine aus **Vermögensverwaltung** (Tätigkeitsbereich 4000)	0 % + 7 % + 19 % USt-Vorsteuerabzug möglich
5	**Erfolgskonten für ertragsteuerfreie Zweckbetriebe Sport** = Betriebseinnahmen und Betriebsausgaben aus **steuerbegünstigten sportlichen Veranstaltungen** gemeinnütziger Vereine nach § 67a Abs. 1 oder Abs. 3 S. 1 AO (Tätigkeitsbereich 5000)	0 % + 7 % USt-Vorsteuerabzug möglich
6	**Erfolgskonten für andere ertragsteuerfreie Zweckbetriebe** = Betriebseinnahmen und Betriebsausgaben aus **anderen steuerbegünstigten Zweckbetrieben** gemeinnütziger Vereine (Tätigkeitsbereich 6000)	0 % + 7 % USt-Vorsteuerabzug möglich
7	**Erfolgskonten für ertragsteuerpflichtige Geschäftsbetriebe Sport** = Betriebseinnahmen und Betriebsausgaben aus **nicht steuerbegünstigten sportlichen Betätigungen** gemeinnütziger Vereine und nicht gemeinnütziger Vereine (Tätigkeitsbereich 7000)	0 % + 7 % + 19 % USt-Vorsteuerabzug möglich
8	**Erfolgskonten für andere ertragsteuerpflichtige Geschäftsbetriebe** = Betriebseinnahmen und Betriebsausgaben aus **anderen nicht steuerbegünstigten wirtschaftlichen Geschäftsbetrieben** gemeinnütziger Vereine und nicht gemeinnütziger Vereine (Tätigkeitsbereich 8000)	0 % + 7 % + 19 % USt-Vorsteuerabzug möglich
9	**Statistikkonten** - Vortragskonten	keine USt

Erläuterungen zu den Funktionsbezeichnungen:

KU = keine Errechnung der Umsatzsteuer möglich

V = Zusatzfunktion „Vorsteuer"

M = Zusatzfunktion „Umsatzsteuer"

AV = automatische Errechnung der Vorsteuer

AM = automatische Errechnung der Umsatzsteuer

S = Sammelkonten

F = Konten mit allgemeiner Funktion

R = Buchungssperre

KU	0600-0629	V	0790
V	0630-0633	KU	0791-0794
M	0634-0639	V	0795
KU	0640-0734	KU	0796-0815
V	0735	KU	0820-0869
KU	0736-0739	KU	0877-0884
V	0740	KU	0895-0905
KU	0741-0770	KU	0910-0989
KU	0775-0782		
KU	0785		

R 0002

ANLAGEVERMÖGEN

Vermögensposten	Konto	Klasse 0
Immaterielle Vermögensgegenstände		
Entgeltlich erworbene Konzessionen, gewerbliche Schutzrechte und ähnliche Rechte und Werte sowie Lizenzen an solchen Rechten und Werten	0010	Entgeltlich erworbene Konzessionen, gewerbliche Schutzrechte und ähnliche Rechte und Werte sowie Lizenzen an solchen Rechten und Werten
	0015	Konzessionen
	0016	Ablöse bezahlte Sportler
	0017	Ablöse unbezahlte Sportler bis 2.556 Euro
	0018	Ablöse unbezahlte Sportler über 2.556 Euro
	0020	Gewerbliche Schutzrechte
	0025	Ähnliche Rechte und Werte
	0026	Rechtswerte
	0027	EDV-Software
	0030	Lizenzen an gewerblichen Schutzrechten und ähnlichen Rechten und Werten
Geschäfts- oder Firmenwert	0035	Geschäfts- oder Firmenwert
Geleistete Anzahlungen	0038	Anzahlungen auf Geschäfts- oder Firmenwert
	0039	Geleistete Anzahlungen auf immaterielle Vermögensgegenstände
Geschäfts- oder Firmenwert	0040	Verschmelzungsmehrwert
Sachanlagen		
Grundstücke, grundstücksgleiche Rechte und Bauten	0050	Unbebaute Grundstücke
	0055	Grundstückswerte eigener Grundstücke bebaut mit Gebäuden
	0060	Grundstückswerte eigener Grundstücke bebaut mit Anlagen
	0065	Grundstücke mit Substanzverzehr
	0070	Grundstücksgleiche Rechte (Erbbaurecht, Dauerwohnrecht, unbebaute Grundstücke)
Gebäude	0100	Gebäude
	0110	Vereinsheim
	0111	Sporthallen
	0112	Sportanlagen
	0120	Vereinsgaststätte
	0125	Sonstige Vereinsgebäude
	0130	Geschäftsbauten
	0135	Fabrikbauten
	0150	Garagen
	0155	Außenanlagen
	0160	Hof- und Wegebefestigungen
	0165	Wohnbauten
	0170	Einrichtungen für Gebäude
	0175	Ausbauten, Anbauten und Zubauten
	0180	Einbauten Pachtgrundstück
	0185	Bauten auf fremden Grundstücken
Technische Anlagen und Maschinen	0200	Technische Anlagen
	0205	Maschinen
	0210	Betriebsvorrichtungen
	0215	Sportvorrichtungen
	0220	Vereinsheimausstattung

ANDERE ANLAGEN, BETRIEBS- UND GESCHÄFTSAUSSTATTUNG

Vermögensposten	Konto	Klasse 0
Fahrzeuge, Transportmittel	0250	Kraftfahrzeuge, Transportmittel
	0255	Pkw
	0260	Anhänger
	0265	Pflegemaschinen
Vereinsausstattung /Sonstige Anlagen und Ausstattung (Stiftung/GmbH)	0300	Vereinsausstattung
	0305	Vereinskleidung
	0310	Sportgeräte
	0315	Werkzeuge
	0320	Büroeinrichtung
	0335	Sonstiges Inventar
	0340	Geringwertige Wirtschaftsgüter
	0341	Wirtschaftsgüter größer 150 bis 1.000 EUR (Sammelposten)
Sonstige Anlagen und Ausstattung	0400	Sonstige Anlagen und Ausstattung
	0405	Betriebsausstattung
	0410	Geschäftsausstattung
	0415	Büroeinrichtung
	0420	Ladeneinrichtung
	0425	Werkzeuge
	0430	Einbauten
	0475	Geringwertige Wirtschaftsgüter
	0476	Wirtschaftsgüter größer 150 bis 1.000 EUR (Sammelposten)
Geleistete Anzahlungen, Anlagen im Bau	0480	Geleistete Anzahlungen Grundstücke/Gebäude
	0485	Gebäude im Bau
	0490	Geleistete Anzahlungen sonstige Sachanlagen
	0495	Sonstige Sachanlagen im Bau
Finanzanlagen		
Anteile an verbundenen Unternehmen	0500	Anteile an verbundenen Unternehmen (Anlagevermögen)
	0504	Anteile an herrschender oder mit Mehrheit beteiligter Gesellschaft
Ausleihungen an verbundene Unternehmen	0505	Ausleihungen an verbundene Unternehmen
Beteiligungen	0510	Beteiligungen
	0513	Typisch stille Beteiligungen
	0516	Atypisch stille Beteiligungen
	0517	Beteiligungen an Kapitalgesellschaften
	0518	Beteiligungen an Personengesellschaften
Ausleihungen an Unternehmen, mit denen ein Beteiligungsverhältnis besteht	0540	Ausleihungen an Unternehmen, mit denen ein Beteiligungsverhältnis besteht
Wertpapiere des Anlagevermögens	0545	Wertpapiere des Anlagevermögens
Sonstige Ausleihungen	0550	Sonstige Ausleihungen
	0555	Geleistete Kautionen
	0560	Darlehen

UMLAUFVERMÖGEN

Vermögensposten	Konto	Klasse 0
Vorräte		
Roh-, Hilfs- und Betriebsstoffe	0600	Roh-, Hilfs- und Betriebsstoffe (Bestand)
Unfertige Erzeugnisse, Leistungen	0610	Unfertige Erzeugnisse, unfertige Leistungen (Bestand)

Vermögensposten	Klasse 0
Fertige Erzeugnisse, Waren	0620 Waren (Bestand) 0621 Fertige Erzeugnisse (Bestand) 0625 Bestände Waren/Material aus Sachspenden
Geleistete Anzahlungen	0630 Geleistete Anzahlungen auf Vorräte
Erhaltene Anzahlungen	0634 Erhaltene Anzahlungen auf Bestellungen (von Vorräten offen abgesetzt)
Eingeforderte, noch ausstehende Kapitaleinlagen (gGmbH/Stiftung)	0640 Ausstehende Einlagen auf das gezeichnete Kapital, eingefordert (Forderungen, nicht eingeforderte ausstehende Einlagen s. Konto 1144)
Eingeforderte Nachschüsse (gGmbH)	0641 Nachschüsse (Forderungen, Gegenkonto 1149)
Forderungen, sonstige Vermögensgegenstände	
Forderungen aus Lieferungen und Leistungen oder *sonstige Verbindlichkeiten*	S 0650 Forderungen aus Lieferungen und Leistungen R 0651 Forderungen aus Lieferungen und Leistungen F 0652 Forderungen aus Lieferungen und Leistungen ohne Kontokorrent F 0653 - Restlaufzeit bis 1 Jahr F 0654 - Restlaufzeit größer 1 Jahr F 0655 Forderungen aus Vereinsbereichen F 0656 Wechsel aus Lieferungen und Leistungen F 0657 - Restlaufzeit bis 1 Jahr F 0658 - Restlaufzeit größer 1 Jahr F 0659 Wechsel aus Lieferungen und Leistungen, bundesbankfähig F 0660 Forderungen nach § 11 Abs. 1 Satz 2 EStG für § 4 Abs. 3 EStG F 0661 Zweifelhafte Forderungen F 0662 - Restlaufzeit bis 1 Jahr F 0663 - Restlaufzeit größer 1 Jahr
Forderungen aus Lieferungen und Leistungen	0665 Einzelwertberichtigungen auf Forderungen - Restlaufzeit bis 1 Jahr 0666 - Restlaufzeit größer 1 Jahr 0667 Pauschalwertberichtigung auf Forderungen - Restlaufzeit bis 1 Jahr 0668 - Restlaufzeit größer 1 Jahr
Forderungen aus Lieferungen und Leistungen oder *sonstige Verbindlichkeiten*	F 0670 Forderungen aus Lieferungen und Leistungen gegen Gesellschafter F 0671 - Restlaufzeit bis 1 Jahr F 0672 - Restlaufzeit größer 1 Jahr
Forderungen aus Lieferungen und Leistungen	0673 Gegenkonto zu sonstige Vermögensgegenstände bei Buchungen über Debitorenkonto
Forderungen aus Lieferungen und Leistungen oder *sonstige Verbindlichkeiten*	0674 Gegenkonto 0653-0654, 0661-0664, 0670-0672, 0675-0679, 0687-0689, 0697-0699 bei Aufteilung Debitorenkonto
Forderungen gegen verbundene Unternehmen	0675 Wertberichtigungen auf Forderungen gegen verbundene Unternehmen - Restlaufzeit bis 1 Jahr 0676 - Restlaufzeit größer 1 Jahr
Forderungen gegen Unternehmen, mit denen ein Beteiligungsverhältnis besteht	0677 Wertberichtigungen auf Forderungen gegen Unternehmen, mit denen ein Beteiligungsverhältnis besteht - Restlaufzeit bis 1 Jahr 0678 - Restlaufzeit größer 1 Jahr

Vermögensposten	Klasse 0
Forderungen gegen verbundene Unternehmen oder *Verbindlichkeiten gegenüber verbundenen Unternehmen*	0680 Forderungen gegen verbundene Unternehmen 0681 - Restlaufzeit bis 1 Jahr 0682 - Restlaufzeit größer 1 Jahr 0683 Besitzwechsel gegen verbundene Unternehmen 0684 - Restlaufzeit bis 1 Jahr 0685 - Restlaufzeit größer 1 Jahr 0686 Besitzwechsel gegen verbundene Unternehmen, bundesbankfähig F 0687 Forderungen aus Lieferungen und Leistungen gegen verbundene Unternehmen F 0688 - Restlaufzeit bis 1 Jahr F 0689 - Restlaufzeit größer 1 Jahr
Forderungen gegen Unternehmen, mit denen ein Beteiligungsverhältnis besteht oder *Verbindlichkeiten gegenüber Unternehmen, mit denen ein Beteiligungsverhältnis besteht*	0690 Forderungen gegen Unternehmen, mit denen ein Beteiligungsverhältnis besteht 0691 - Restlaufzeit bis 1 Jahr 0692 - Restlaufzeit größer 1 Jahr 0693 Besitzwechsel gegen Unternehmen, mit denen ein Beteiligungsverhältnis besteht 0694 - Restlaufzeit bis 1 Jahr 0695 - Restlaufzeit größer 1 Jahr 0696 Besitzwechsel gegen Unternehmen, mit denen ein Beteiligungsverhältnis besteht, bundesbankfähig F 0697 Forderungen aus Lieferungen und Leistungen gegen Unternehmen, mit denen ein Beteiligungsverhältnis besteht F 0698 - Restlaufzeit bis 1 Jahr F 0699 - Restlaufzeit größer 1 Jahr
Sonstige Vermögensgegenstände	0700 Sonstige Vermögensgegenstände 0701 - Restlaufzeit bis 1 Jahr 0702 - Restlaufzeit größer 1 Jahr
Sonstige Vermögensgegenstände oder *sonstige Verbindlichkeiten*	F 0705 Geldtransit
Sonstige Vermögensgegenstände	0707 Forderungen gegen GmbH-Gesellschafter 0708 - Restlaufzeit bis 1 Jahr 0709 - Restlaufzeit größer 1 Jahr
Sonstige Vermögensgegenstände oder *sonstige Verbindlichkeiten*	F 0710 Verrechnungskonto für Gewinnermittlung § 4 Abs. 3 EStG, nicht ergebniswirksam
Sonstige Vermögensgegenstände	0712 Forderungen gegen Vorstandsmitglieder und Geschäftsführer 0713 - Restlaufzeit bis 1 Jahr 0714 - Restlaufzeit größer 1 Jahr
Sonstige Vermögensgegenstände oder *sonstige Verbindlichkeiten*	F 0715 Überleitungskonto Kostenstellen
Sonstige Verbindlichkeiten	F 0716 Verrechnungskonto erhaltene Anzahlungen bei Buchung über Debitorenkonto
Sonstige Vermögensgegenstände	0717 Forderungen gegen sonstige Gesellschafter 0718 - Restlaufzeit bis 1 Jahr 0719 - Restlaufzeit größer 1 Jahr
Sonstige Vermögensgegenstände oder *sonstige Verbindlichkeiten*	F 0720 Verrechnungskonto Ist-Versteuerung

Vermögensposten	Klasse 0
Sonstige Vermögensgegenstände	0721 Forderungen gegen Personal aus Lohn- und Gehaltsabrechnung 0722 - Restlaufzeit bis 1 Jahr 0723 - Restlaufzeit größer 1 Jahr 0724 Kautionen 0725 - Restlaufzeit bis 1 Jahr 0726 - Restlaufzeit größer 1 Jahr 0727 Darlehen 0728 - Restlaufzeit bis 1 Jahr 0729 - Restlaufzeit größer 1 Jahr
Saldo USt-Konten (nur Überschussrechner)	0730 Gegenkonto Bruttovorumsatz AV 0735 Nettoaufwand 7 % Vorumsatz AV 0740 Nettoaufwand 19 % Vorumsatz
Sonstige Vermögensgegenstände oder *sonstige Verbindlichkeiten (Überschussrechner - keine Zuordnung)*	0745 Umsatzsteuerforderungen laufendes Jahr
Sonstige Vermögensgegenstände *(Überschussrechner - keine Zuordnung)*	0746 Umsatzsteuerforderungen 0747 Umsatzsteuerforderungen Vorjahr 0748 Umsatzsteuerforderungen frühere Jahre
Sonstige Vermögensgegenstände oder *sonstige Verbindlichkeiten (Überschussrechner - keine Zuordnung)*	F 0755 Zurückzuzahlende Vorsteuer gem. § 15a Abs. 1 UStG, unbewegliche Wirtschaftsgüter F 0756 Zurückzuzahlende Vorsteuer, § 15a Abs. 2 UStG F 0757 Zurückzuzahlende Vorsteuer, § 15a Abs. 1 UStG, bewegliche Wirtschaftsgüter F 0758 Nachträglich abziehbare Vorsteuer, § 15a Abs. 2 UStG F 0759 Nachträglich abziehbare Vorsteuer gem. § 15a Abs. 1 UStG, unbewegliche Wirtschaftsgüter F 0760 Nachträglich abziehbare Vorsteuer, § 15a Abs. 1 UStG, bewegliche Wirtschaftsgüter
Sonstige Vermögensgegenstände oder *sonstige Verbindlichkeiten (Saldo USt-Konten - Überschussrechner)*	S 0761 Abziehbare Vorsteuer aus der Auslagerung von Gegenständen aus einem Umsatzsteuerlager S 0770 Abziehbare Vorsteuer S 0775 Abziehbare Vorsteuer 7 % S 0780 Abziehbare Vorsteuer 19 % F 0785 Pauschalierte Vorsteuer
Saldo USt-Konten (nur Überschussrechner)	AV 0790 Nettoaufwand 7 % aus innergemeinschaftlichem Erwerb AV 0795 Nettoaufwand 19 % aus innergemeinschaftlichem Erwerb
Sonstige Vermögensgegenstände oder *sonstige Verbindlichkeiten (Saldo USt-Konten - Überschussrechner)*	S 0810 Abziehbare Vorsteuer aus innergemeinschaftlichem Erwerb S 0811 Abziehbare Vorsteuer aus innergemeinschaftlichem Erwerb 19 % S 0815 Abziehbare Vorsteuer aus innergemeinschaftlichem Erwerb von Neufahrzeugen von Lieferanten ohne Umsatzsteuer-Identifikationsnummer 0820 Gegenkonto Vorsteuer § 4/3 EStG

Vermögensposten	Klasse 0
Sonstige Vermögensgegenstände oder *sonstige Verbindlichkeiten (Überschussrechner - keine Zuordnung)*	S 0825 Aufzuteilende Vorsteuer S 0830 Aufzuteilende Vorsteuer 7 % S 0835 Aufzuteilende Vorsteuer 19 % S 0838 Aufzuteilende Vorsteuer nach §§ 13a/13b UStG 19 % S 0839 Aufzuteilende Vorsteuer nach §§ 13a/13b UStG S 0840 Aufzuteilende Vorsteuer aus innergemeinschaftlichem Erwerb 0841 Aufzuteilende Vorsteuer Anlagevermögen S 0844 Aufzuteilende Vorsteuer aus innergemeinschaftlichem Erwerb 19 % 0845 Aufzuteilende Vorsteuer Ausgaben B 4000-8000
Sonstige Vermögensgegenstände oder *sonstige Verbindlichkeiten (Saldo USt-Konten - Überschussrechner)*	S 0849 Abziehbare Vorsteuer nach § 13b UStG[28)] S 0850 Abziehbare Vorsteuer nach § 13b UStG 19 %[28)] S 0853 Vorsteuer in Folgeperiode/im Folgejahr abziehbar 0855 Auflösung Vorsteuer aus Vorjahr § 4/3 EStG 0857 Vorsteuer aus Investitionen § 4 Abs. 3 EStG
Sonstige Vermögensgegenstände oder *sonstige Verbindlichkeiten (Überschussrechner - keine Zuordnung)*	0859 Gegenkonto für Vorsteuer nach Durchschnittssätzen für § 4 Abs. 3 EStG F 0860 Entstandene Einfuhrumsatzsteuer F 0865 Vorsteuer nach allgemeinen Durchschnittssätzen UStVA Kz. 63 S 0866 Vorsteuer aus Erwerb als letzter Abnehmer innerhalb eines Dreiecksgeschäfts
Sonstige Vermögensgegenstände	0867 Forderungen gegen typisch stille Gesellschafter 0868 - Restlaufzeit bis 1 Jahr 0869 - Restlaufzeit größer 1 Jahr
Sonstige Vermögensgegenstände oder *sonstige Verbindlichkeiten*	0870 Durchlaufende Posten Einnahmen 0875 Durchlaufende Posten Ausgaben
Sonstige Vermögensgegenstände	0877 Steuererstattungsansprüche gegenüber anderen Ländern 0878 Körperschaftsteuerrückforderung 0879 Körperschaftsteuerguthaben nach § 37 KStG - Restlaufzeit bis 1 Jahr 0880 - Restlaufzeit größer 1 Jahr F 0881 Forderungen an das Finanzamt aus abgeführtem Bauabzugsbetrag 0882 Forderungen gegenüber Bundesagentur für Arbeit 0883 Forderungen aus Gewerbesteuerüberzahlungen
Sonstige Vermögensgegenstände oder *sonstige Verbindlichkeiten*	0885 Sammelkonto aufzuteilende Ausgaben 0890 Sammelkonto aufzuteilende Einnahmen F 0895 Forderungen aus Lieferungen und Leistungen zum allgemeinen Umsatzsteuersatz oder eines Kleinunternehmers (EÜR) F 0896 Forderungen aus Lieferungen und Leistungen zum ermäßigten Umsatzsteuersatz (EÜR) F 0897 Forderungen aus steuerfreien oder nicht steuerbaren Lieferungen und Leistungen (EÜR) F 0898 Forderungen aus Lieferungen und Leistungen nach Durchschnittssätzen gemäß § 24 UStG (EÜR) F 0899 Gegenkonto 0895-0898 bei Aufteilung der Forderungen nach Steuersätzen (EÜR)

Vermögensposten	Klasse 0
Wertpapiere	
Anteile an verbundenen Unternehmen	0900 Anteile an verbundenen Unternehmen (Umlaufvermögen)
Sonstige Wertpapiere	0910 Finanzwechsel 0915 Sonstige Wertpapiere
Kasse, Bank	F 0920 Kasse F 0925 Hauptkasse F 0930 Nebenkasse 1 F 0935 Nebenkasse 2
Kasse, Bank oder *Verbindlichkeiten gegenüber Kreditinstituten*	F 0940 Bank (Postbank) F 0945 Bank F 0950 Bank 1 F 0955 Bank 2
Kasse, Bank	F 0960 Schecks
	RECHNUNGSABGRENZUNGSPOSTEN
Rechnungsabgrenzungsposten	0990 Aktive Rechnungsabgrenzung

Vermögensposten	Klasse 1
	KU 1000-1069 KU 1080-1099 KU 1118-1119 KU 1125-1153 KU 1155-1159 KU 1180-1219 KU 1300-1329 M 1330-1334 KU 1335-1682 KU 1685-1819 M 1820-1825 KU 1826-1827 M 1828-1839 KU 1840-1880 KU 1885-1989
	VERMÖGEN / EIGENKAPITAL
Gewinnrücklagen	
Gebundene Rücklagen	1000 Gebundene Rücklage gem. § 62 Abs. 1 Nr. 1 AO 1002 Betriebsmittelrücklage 1004 Wiederbeschaffungsrücklage gem. § 62 Abs. 1 Nr. 2 AO 1010 Rücklagen ideeller Bereich bis 2020 1011 Rücklagen ideeller Bereich bis 2021 1012 Rücklagen ideeller Bereich bis 2022 1013 Rücklagen ideeller Bereich bis 2023 1014 Rücklagen ideeller Bereich bis 2024[8] 1015 Rücklagen ideeller Bereich bis 2015 1016 Rücklagen ideeller Bereich bis 2016 1017 Rücklagen ideeller Bereich bis 2017 1018 Rücklagen ideeller Bereich bis 2018 1019 Rücklagen ideeller Bereich bis 2019 1020 Rücklagen Vermögensverwaltung bis 2020 1021 Rücklagen Vermögensverwaltung bis 2021 1022 Rücklagen Vermögensverwaltung bis 2022 1023 Rücklagen Vermögensverwaltung bis 2023 1024 Rücklagen Vermögensverwaltung bis 2024[8] 1025 Rücklagen Vermögensverwaltung bis 2015 1026 Rücklagen Vermögensverwaltung bis 2016 1027 Rücklagen Vermögensverwaltung bis 2017 1028 Rücklagen Vermögensverwaltung bis 2018 1029 Rücklagen Vermögensverwaltung bis 2019 1030 Rücklagen Zweckbetriebe bis 2020 1031 Rücklagen Zweckbetriebe bis 2021 1032 Rücklagen Zweckbetriebe bis 2022 1033 Rücklagen Zweckbetriebe bis 2023 1034 Rücklagen Zweckbetriebe bis 2024[8] 1035 Rücklagen Zweckbetriebe bis 2015 1036 Rücklagen Zweckbetriebe bis 2016 1037 Rücklagen Zweckbetriebe bis 2017 1038 Rücklagen Zweckbetriebe bis 2018 1039 Rücklagen Zweckbetriebe bis 2019 1040 Rücklagen Geschäftsbetriebe bis 2020 1041 Rücklagen Geschäftsbetriebe bis 2021 1042 Rücklagen Geschäftsbetriebe bis 2022 1043 Rücklagen Geschäftsbetriebe bis 2023 1044 Rücklagen Geschäftsbetriebe bis 2024[8] 1045 Rücklagen Geschäftsbetriebe bis 2015 1046 Rücklagen Geschäftsbetriebe bis 2016 1047 Rücklagen Geschäftsbetriebe bis 2017 1048 Rücklagen Geschäftsbetriebe bis 2018 1049 Rücklagen Geschäftsbetriebe bis 2019
Freie Rücklagen	1070 Freie Rücklage gem. § 62 Abs. 1 Nr. 3 AO 1074 Rücklage aus Vermögensverwaltung
Sonstige Rücklagen	1075 Rücklage aus sonstigen zeitnah zu verwendenden Mitteln 1076 Rücklage zum Erwerb von Gesellschaftsrechten gem. § 62 Abs. 1 Nr. 4 AO

Vermögensposten	Klasse 1
Ergebnisvorträge	
Ergebnisvorträge allgemein (nur Vereine)	1080 Ergebnisvorträge allgemein
Vortrag ideeller Bereich	1082 Vortrag ideeller Bereich
Vortrag Vermögensverwaltung	1084 Vortrag Vermögensverwaltung
Vortrag Zweckbetriebe Sport	1085 Vortrag Zweckbetriebe Sport
Vortrag sonstige Zweckbetriebe	1086 Vortrag sonstige Zweckbetriebe
Vortrag Geschäftsbetriebe Sport	1087 Vortrag Geschäftsbetriebe Sport
Vortrag sonstige Geschäftsbetriebe	1088 Vortrag sonstige Geschäftsbetriebe
Stiftungskapital (nur Stiftungen)	
Errichtungskapital	1100 Errichtungskapital
Zustiftungskapital	1103 Zustiftungskapital
Zuführung aus Ergebnisrücklagen	1105 Zuführung aus Ergebnisrücklagen
Umschichtungsergebnisse	
Ergebnisse Vermögensumschichtung	1110 Ergebnisse Vermögensumschichtung
Ergebnisrücklagen (nur Stiftungen)	
Kapitalerhaltungsrücklage	1115 Kapitalerhaltungsrücklage
Ansparrücklage	1118 Ansparrücklage § 62 Abs. 4 AO
Sonstige Ergebnisrücklagen	1120 Sonstige Ergebnisrücklagen (Falls Sie die Rücklagen nach dem Zeitpunkt der Auflösung differenziert ausweisen möchten, buchen Sie bitte auf den Konten 1000 ff)
Mittelvortrag	1125 Mittelvortrag
Gezeichnetes Kapital	
Gezeichnetes Kapital (nur GmbH)	1140 Gezeichnetes Kapital
Nicht eingeforderte ausstehende Einlagen (GmbH und Stiftung)	1144 Ausstehende Einlagen auf das gezeichnete Kapital, nicht eingefordert (Passivausweis, vom gezeichneten Kapital offen abgesetzt; eingeforderte ausstehende Einlagen s. Konto 0640)
Kapitalrücklage (GmbH und Stiftung)	
Kapitalrücklage	1145 Kapitalrücklage 1149 Nachschusskapital (nur GmbH) -Gegenkonto 0641

Vermögensposten	Klasse 1
Gewinnrücklagen (nur GmbH)	
Gesetzliche Rücklage	1150 Gesetzliche Rücklage
Satzungsmäßige Rücklagen	1155 Satzungsmäßige Rücklagen
Andere Gewinnrücklagen	1158 Andere Gewinnrücklagen (Falls Sie die Rücklagen nach dem Zeitpunkt der Auflösung differenziert ausweisen möchten, buchen Sie bitte auf den Konten 1000 ff)
Jahresüberschuss/ -fehlbetrag	
Jahresergebnis (Vortrag)	1160 Jahresergebnis (Vortrag)
Vereinskapital/ Sonstige nicht zeitnah zu verwendende Mittel (Stiftung/GmbH)	1170 Vereinskapital / sonstige nicht zeitnah zu verwendende Mittel gemäß § 62 Abs. 3 AO[8)]
	SONDERPOSTEN
Sonderposten mit Rücklageanteil	1180 Sonderposten mit Rücklageanteil
Nutzungsgebundenes Kapital	1185 Nutzungsgebundenes Kapital
Längerfristig gebundene Spenden	1190 Längerfristig gebundene Spenden[8)]
Noch nicht satzungsgemäß verwendete Spenden	1195 Noch nicht satzungsgemäß verwendete Spenden[8)]
	RÜCKSTELLUNGEN
Pensionsrückstellungen	1200 Rückstellungen für Pensionen und ähnliche Verpflichtungen
Steuerrückstellungen	1210 Steuerrückstellungen
Sonstige Rückstellungen	1220 Sonstige Rückstellungen
	FÖRDERUNGSVERPFLICHTUNGEN
Bewilligungen (nur Stiftungen)	1230 Bewilligungen
Rückgängig gemachte Bewilligungen (nur Stiftungen)	1235 Rückgängig gemachte Bewilligungen
	VERBINDLICHKEITEN
Anleihen	1300 Anleihen, nicht konvertibel 1301 - Restlaufzeit bis 1 Jahr 1302 - Restlaufzeit 1 bis 5 Jahre 1303 - Restlaufzeit größer 5 Jahre 1315 Anleihen, konvertibel 1316 - Restlaufzeit bis 1 Jahr 1317 - Restlaufzeit 1 bis 5 Jahre 1318 - Restlaufzeit größer 5 Jahre

Vermögensposten	Klasse 1
Erhaltene Anzahlungen auf Bestellungen	1330 Erhaltene Anzahlungen auf Bestellungen (Verbindlichkeiten) 1331 Erhaltene Anzahlungen - Restlaufzeit bis 1 Jahr 1332 - Restlaufzeit 1 bis 5 Jahre 1333 - Restlaufzeit größer 5 Jahre
Verbindlichkeiten aus Lieferungen und Leistungen oder *sonstige Vermögensgegenstände*	F 1335 Verbindlichkeiten aus Lieferungen und Leistungen gegenüber Gesellschaftern F 1336 - Restlaufzeit bis 1 Jahr F 1337 - Restlaufzeit 1 bis 5 Jahre F 1338 - Restlaufzeit größer 5 Jahre 1339 Gegenkonto 1335-1338,1347-1349, 1365-1369, 1375-1379 bei Aufteilung Kreditorenkonto S 1340 Verbindlichkeiten aus Lieferungen und Leistungen F 1341 Verbindlichkeiten aus Lieferungen und Leistungen zum allgemeinen Umsatzsteuersatz (EÜR) F 1342 Verbindlichkeiten aus Lieferungen und Leistungen zum ermäßigten Umsatzsteuersatz (EÜR) F 1343 Verbindlichkeiten aus Lieferungen und Leistungen ohne Vorsteuerabzug (EÜR) F 1344 Gegenkonto 1341-1343 bei Aufteilung der Verbindlichkeiten nach Steuersätzen (EÜR) F 1345 Verbindlichkeiten Investitionen § 4/3 EStG F 1346 Verbindlichkeiten aus Lieferungen und Leistungen ohne Kontokorrent F 1347 - Restlaufzeit bis 1 Jahr F 1348 - Restlaufzeit 1 bis 5 Jahre F 1349 - Restlaufzeit größer 5 Jahre
Verbindlichkeiten aus Wechseln	F 1350 Wechselverbindlichkeiten F 1351 - Restlaufzeit bis 1 Jahr F 1352 - Restlaufzeit 1 bis 5 Jahre F 1353 - Restlaufzeit größer 5 Jahre
Verbindlichkeiten gegenüber verbundenen Unternehmen oder *Forderungen gegen verbundene Unternehmen*	1360 Verbindlichkeiten gegenüber verbundenen Unternehmen 1361 - Restlaufzeit bis 1 Jahr 1362 - Restlaufzeit 1 bis 5 Jahre 1363 - Restlaufzeit größer 5 Jahre F 1365 Verbindlichkeiten aus Lieferungen und Leistungen gegenüber verbundenen Unternehmen F 1366 - Restlaufzeit bis 1 Jahr F 1367 - Restlaufzeit 1 bis 5 Jahre F 1368 - Restlaufzeit größer 5 Jahre
Verbindlichkeiten gegenüber Unternehmen, mit denen ein Beteiligungsverhältnis besteht oder *Forderungen gegenüber Unternehmen, mit denen ein Beteiligungsverhält nis besteht*	1370 Verbindlichkeiten gegenüber Unternehmen, mit denen ein Beteiligungsverhältnis besteht 1371 - Restlaufzeit bis 1 Jahr 1372 - Restlaufzeit 1 bis 5 Jahre 1373 - Restlaufzeit größer 5 Jahre F 1375 Verbindlichkeiten aus Lieferungen und Leistungen gegenüber Unternehmen, mit denen ein Beteiligungsverhältnis besteht F 1376 - Restlaufzeit bis 1 Jahr F 1377 - Restlaufzeit 1 bis 5 Jahre F 1378 - Restlaufzeit größer 5 Jahre
Verbindlichkeiten für satzungsgemäße Leistungen	1380 Verbindlichkeiten für satzungsgemäße Leistungen
Verbindlichkeiten aus erteilten Zusagen (nur Stiftungen)	1385 Verbindlichkeiten aus erteilten Zusagen

Vermögensposten	Klasse 1
Verbindlichkeiten aus nicht zweckentsprechend verwendeten Mitteln	1390 Verbindlichkeiten aus nicht zweckentsprechend verwendeten Mitteln
Verbindlichkeiten aus bedingt rückzahlungspflichtigen Spenden	1395 Verbindlichkeiten aus bedingt rückzahlungspflichtigen Spenden
Verbindlichkeiten gegenüber Kreditinstituten oder *Kasse, Bank*	1500 Verbindlichkeiten gegenüber Kreditinstituten 1510 - Restlaufzeit bis 1 Jahr 1520 - Restlaufzeit 1 bis 5 Jahre 1530 - Restlaufzeit größer 5 Jahre 1540 Verbindlichkeiten gegenüber Kreditinstituten aus Teilzahlungsverträgen 1550 - Restlaufzeit bis 1 Jahr 1560 - Restlaufzeit 1 bis 5 Jahre 1570 - Restlaufzeit größer 5 Jahre 1575 -98 (frei, in Bilanz kein Restlaufzeitvermerk)
Verbindlichkeiten gegenüber Kreditinstituten	1599 Gegenkonto 1500-1574 bei Aufteilung der Konten 1575-1598
Sonstige Verbindlichkeiten	1600 Verbindlichkeiten gegenüber Gesellschaftern 1601 - Restlaufzeit bis 1 Jahr 1602 - Restlaufzeit 1 bis 5 Jahre 1603 - Restlaufzeit größer 5 Jahre 1605 Verbindlichkeiten gegenüber Gesellschaftern für offene Ausschüttungen 1610 Darlehen typisch stiller Gesellschafter 1611 - Restlaufzeit bis 1 Jahr 1612 - Restlaufzeit 1 bis 5 Jahre 1613 - Restlaufzeit größer 5 Jahre 1615 Darlehen atypisch stiller Gesellschafter 1616 - Restlaufzeit bis 1 Jahr 1617 - Restlaufzeit 1 bis 5 Jahre 1618 - Restlaufzeit größer 5 Jahre 1620 Partiarische Darlehen 1621 - Restlaufzeit bis 1 Jahr 1622 - Restlaufzeit 1 bis 5 Jahre 1623 - Restlaufzeit größer 5 Jahre 1625 Erhaltene Kautionen 1626 - Restlaufzeit bis 1 Jahr 1627 - Restlaufzeit 1 bis 5 Jahre 1628 - Restlaufzeit größer 5 Jahre 1630 Darlehen 1631 - Restlaufzeit bis 1 Jahr 1632 - Restlaufzeit 1 bis 5 Jahre 1633 - Restlaufzeit größer 5 Jahre 1635 -78 (frei, in Bilanz kein Restlaufzeitvermerk) 1679 Gegenkonto 1600-1624, 1630-1634 und 1800-1805 bei Aufteilung der Konten 1635-1678 1680 Agenturwarenabrechnung 1681 Kreditkartenabrechnung 1682 Verbindlichkeiten gegenüber Arbeitsgemeinschaften 1685 Verbindlichkeiten gegenüber GmbH-Gesellschaftern 1686 - Restlaufzeit bis 1 Jahr 1687 - Restlaufzeit 1 bis 5 Jahre 1688 - Restlaufzeit größer 5 Jahre 1690 Verbindlichkeiten gegenüber stillen Gesellschaftern 1691 - Restlaufzeit bis 1 Jahr 1692 - Restlaufzeit 1 bis 5 Jahre 1693 - Restlaufzeit größer 5 Jahre

Vermögensposten	Klasse 1
Sonstige Vermögensgegenstände	1695 Verrechnungskonto geleistete Anzahlungen bei Buchung über Kreditorenkonto
Sonstige Verbindlichkeiten oder *sonstige Vermögensgegenstände*	1700 Verbindlichkeiten aus Lohn- und Kirchensteuer 1705 Verbindlichkeiten im Rahmen der sozialen Sicherheit 1706 - Restlaufzeit bis 1 Jahr 1707 - Restlaufzeit 1 bis 5 Jahre 1708 - Restlaufzeit größer 5 Jahre 1710 Voraussichtliche Beitragsschuld gegenüber den Sozialversicherungsträgern
Sonstige Verbindlichkeiten	1712 Verbindlichkeiten aus Lohn und Gehalt 1715 Verbindlichkeiten aus Einbehaltungen (KapESt und SolZ, KiSt auf KapESt) für offene Ausschüttungen 1716 Verbindlichkeiten für Verbrauchsteuern 1720 Verbindlichkeiten aus Vermögensbildung 1721 - Restlaufzeit bis 1 Jahr 1722 - Restlaufzeit 1 bis 5 Jahre 1723 - Restlaufzeit größer 5 Jahre 1724 Ausgegebene Geschenkgutscheine
Sonstige Verbindlichkeiten oder *sonstige Vermögensgegenstände*	1730 Lohn- und Gehaltsverrechnungskonto 1731 Lohn- und Gehaltsverrechnung § 11 Abs. 2 Satz 2 EStG für § 4 Abs. 3 EStG 1732 Verbindlichkeiten im Rahmen der sozialen Sicherheit für § 4 Abs. 3 EStG
Sonstige Verbindlichkeiten	1798 Verbindlichkeiten für Einbehaltungen von Arbeitnehmern 1799 Verbindlichkeiten an das Finanzamt aus abzuführendem Bauabzugsbetrag 1800 Sonstige Verbindlichkeiten 1801 - Restlaufzeit bis 1 Jahr 1802 - Restlaufzeit 1 bis 5 Jahre 1803 - Restlaufzeit größer 5 Jahre 1804 Verbindlichkeiten zu Ausgaben § 11 Abs. 2 Satz 2 EStG 1806 Verbindlichkeiten aus Steuern und Abgaben 1807 - Restlaufzeit bis 1 Jahr 1808 - Restlaufzeit 1 bis 5 Jahre 1809 - Restlaufzeit größer 5 Jahre
Saldo USt-Konten (nur Überschussrechner)	1815 Gegenkonto Bruttoerlöse AM 1820 Nettoerlöse 7 % AM 1825 Nettoerlöse 19 % R 1826 -27 AM 1830 Nettoerlöse 0 % mit Vorsteuer-Abzug AM 1835 Nettoerlöse 0 % ohne Vorsteuer-Abzug AM 1836 Nettoerlöse 0 % aus innergemeinschaftlichen Lieferungen (steuerfrei)
Sonstige Verbindlichkeiten oder *sonstige Vermögensgegenstände (Saldo USt-Konten - Überschussrechner)*	S 1840 Umsatzsteuer S 1845 Umsatzsteuer 7 % S 1850 Umsatzsteuer 19 % R 1851 -52 S 1860 Umsatzsteuer aus innergemeinschaftlichem Erwerb S 1861 Umsatzsteuer innergemeinschaftlicher Erwerb Neufahrzeuge ohne USt-IdNr. S 1864 Umsatzsteuer aus im Inland steuerpflichtigen Leistungen 7 % S 1865 Umsatzsteuer aus im Inland steuerpflichtigen Leistungen 19 % S 1866 Umsatzsteuer aus im Inland steuerpflichtigen EU-Lieferungen R 1867 -68

Vermögensposten	Klasse 1
Sonstige Verbindlichkeiten *(Saldo USt-Konten - Überschussrechner)*	S 1869 Umsatzsteuer aus im anderen EU-Land steuerpflichtigen elektronischen Dienstleistungen S 1870 Umsatzsteuer aus im anderen EU-Land steuerpflichtigen Lieferungen S 1871 Umsatzsteuer aus im anderen EU-Land steuerpflichtigen sonstigen Leistungen
Sonstige Verbindlichkeiten oder *sonstige Vermögensgegenstände (Saldo USt-Konten - Überschussrechner)*	S 1872 Umsatzsteuer aus innergemeinschaftlichem Erwerb ohne Vorsteuerabzug S 1873 Umsatzsteuer aus innergemeinschaftlichem Erwerb 19 %
Steuerrückstellungen oder *sonstige Vermögensgegenstände (Überschussrechner - keine Zuordnung)*	S 1880 Umsatzsteuer nicht fällig S 1885 Umsatzsteuer nicht fällig 7 % S 1890 Umsatzsteuer nicht fällig 19 % R 1891 -92 S 1895 Umsatzsteuer nicht fällig aus im Inland steuerpflichtigen EU-Lieferungen S 1896 Umsatzsteuer nicht fällig aus im Inland steuerpflichtigen EU-Lieferungen 19 % R 1897 -98
Sonstige Verbindlichkeiten oder *sonstige Vermögensgegenstände (Saldo USt-Konten - Überschussrechner)*	S 1901 Umsatzsteuer nach § 13b UStG S 1902 Umsatzsteuer nach § 13b UStG, 19 % R 1903 -04 S 1905 Umsatzsteuer aus der Auslagerung von Gegenständen aus einem Umsatzsteuerlager
Sonstige Verbindlichkeiten *(Überschussrechner - keine Zuordnung)*	F 1910 Sammelkonto Umsatzsteuer-Vorauszahlung/-erstattung F 1911 Umsatzsteuer-Vorauszahlungen 1/11 F 1912 Nachsteuer, UStVA Kz. 65 1913 Umsatzsteuer frühere Jahre F 1914 In Rechnung unrichtig oder unberechtigt ausgewiesene Steuerbeträge, UStVA Kz. 69 1915 Steuerzahlungen an andere Länder 1916 Verbindlichkeiten aus Umsatzsteuer
Sonstige Verbindlichkeiten oder *sonstige Vermögensgegenstände (Überschussrechner - keine Zuordnung)*	S 1918 Umsatzsteuer in Folgeperiode fällig (§§ 13 Abs. 1 Nr. 6, 13b Abs. 2 UStG) 1919 Umsatzsteuer Vorjahr 1920 Umsatzsteuer laufendes Jahr 1930 Einfuhrumsatzsteuer aufgeschoben bis...
	RECHNUNGSABGRENZUNGSPOSTEN
Rechnungsabgrenzungsposten	1990 Passive Rechnungsabgrenzung

Ergebnisposten	Klasse 2
Erfolgskonten für Ideellen Bereich = Einnahmen und Ausgaben gemeinnütziger Vereine und nicht gemeinnütziger Vereine, die keiner Einkunftsart zuzurechnen sind (Tätigkeitsbereich 2000)	KU 2000-2929 V 2930 V 2935
	IDEELLER BEREICH
	EINNAHMEN
Sonstige nicht steuerbare Einnahmen	2000 Einnahmen Bereich 2000
Mitgliedsbeiträge	2110 Echte Mitgliedsbeiträge bis 300 EUR[32)] 2120 Echte Mitgliedsbeiträge 300 - 1.023 EUR[32)]
Aufnahmegebühren	2150 Aufnahmegebühren bis 300 EUR[32)] 2160 Aufnahmegebühren 300 - 1.534 EUR[32)] 2170 Umlagen
Zuschüsse	2300 Erhaltene nicht steuerbare Zuschüsse 2301 Zuschüsse von Verbänden 2302 Zuschüsse von Behörden 2303 Sonstige Zuschüsse
Sonstige nicht steuerbare Einnahmen	2400 Sonstige Einnahmen ideeller Bereich 2410 Steuerfreie Einnahmen nicht gemeinnütziger Vereine 2412 Zuwendungen Dritter (Sponsoren) 2420 Steuerfreie Einnahmen gemeinnütziger Vereine 2421 Erlöse aus Verkäufen Sachanlagevermögen (bei Buchgewinn) 2423 Erträge aus der Auflösung einer steuerlichen Rücklage 2425 Anlagenabgänge Sachanlagen (Restbuchwert bei Buchgewinn) 2450 Verrechnete/aufgeteilte Einnahmen ideeller Bereich 2451 Verrechnete Sachbezüge Arbeitnehmer 2490 Erträge aus Zuschreibungen des Sachanlagevermögens
Nicht anzusetzende Ausgaben	**AUSGABEN**
Abschreibungen	2500 Abschreibungen auf Sachanlagen 2501 Sofortabschreibung geringwertiger Wirtschaftsgüter 2502 Abschreibungen auf den Sammelposten Wirtschaftsgüter
Übrige Ausgaben	2503 Kalkulatorische Abschreibungen 2507 Verrechnete kalkulatorische Abschreibungen 2510 Ausgaben Bereich 2000
Personalkosten	2550 Anteilige Personalkosten 2551 Löhne und Gehälter 2553 Abgeführte Lohnsteuer 2554 Aufwandsentschädigungen Übungsleiter 2555 Gesetzliche soziale Aufwendungen 2556 Aushilfslöhne 2557 Sachzuwendungen und Dienstleistungen an Arbeitnehmer
Reisekosten	2560 Reisekosten Arbeitnehmer Verpflegungsmehraufwand 2561 Reisekosten Arbeitnehmer 2562 Reisekosten Arbeitnehmer Übernachtungsaufwand 2563 Reisekosten Arbeitnehmer Fahrtkosten 2564 Kilometergelderstattung Arbeitnehmer

Ergebnisposten	Klasse 2
Raumkosten	2660 Anteilige Raumkosten 2661 Miete, Pacht 2663 Raumnebenkosten
Übrige Ausgaben	2664 Reparaturen 2700 Kosten der Mitgliederverwaltung 2701 Bürobedarf 2702 Porto, Telefon 2703 Einzugskosten 2704 Sonstige Verwaltungskosten 2750 Verbrauchsabgaben und sonstige Beiträge 2751 Abgaben Landesverband 2752 Abgaben Fachverband 2753 Versicherungen, Beiträge 2800 Mitgliederpflege 2801 Vereinsmitteilungen 2802 Geschenke, Jubiläen, Ehrungen 2803 Ausbildungskosten 2804 Lehr- und Jugendarbeit 2810 Repräsentationskosten 2890 Erlöse aus Verkäufen Sachanlagevermögen (bei Buchverlust) 2892 Einstellungen in steuerliche Rücklagen 2893 Anlagenabgänge Sachanlagen (Restbuchwert bei Buchverlust) 2894 Rechts- und Beratungskosten 2900 Sonstige Kosten 2902 Verrechnete / aufgeteilte Kosten 2903 Nicht abziehbare Vorsteuer 2904 Anteilige Umsatzsteuerzahlungen[30)] AV 2930 Innergemeinschaftlicher Erwerb ohne Vorsteuer und 7 % Umsatzsteuer AV 2935 Innergemeinschaftlicher Erwerb ohne Vorsteuer und 19 % Umsatzsteuer

Ergebnisposten	Klasse 3	Ergebnisposten	Klasse 3
Erfolgskonten für ertragsteuerneutrale Posten = bei der steuerlichen Gewinnermittlung gemeinnütziger Vereine und nicht gemeinnütziger Vereine nicht anzusetzende Einnahmen und Ausgaben (Tätigkeitsbereich 3000)	KU 3200-3399 KU 3401 M 3410-3414 KU 3415-3419 M 3420-3449 V 3450 V 3455-3499 KU 3515-3549 V 3550-3599 KU 3615-3649 V 3650-3699 KU 3701-3749 V 3750-3753 KU 3770-3780 V 3781-3789 KU 3790-3799 KU 3801-3819 V 3850-3852 KU 3857-3860 V 3861-3863 KU 3864-3949 KU 3951-3956 KU 3958-3966 KU 3970-3999	**Vermögensverwaltung**	
		Steuerneutrale Einnahmen	3400 Steuerneutrale Einnahmen Bereich 4000 3401 Investitionszulage 3402 Erstattete Kapitalertragsteuer 3403 Erstattete und vergütete Körperschaftsteuer 3404 Solidaritätszuschlagerstattungen für Vorjahre 3410 Steuerfreie Erträge aus Wertpapieren (Bestand vor 01.01.2009) 3415 Ertrag aus pauschaler Vorsteuer § 23a UStG 3420 Erträge aus dem Abgang von Gegenständen des Anlagevermögens ertragsteuerfrei 3421 Erträge aus dem Abgang von Gegenständen des Anlagevermögens ertragsteuerfrei 0 % USt 3422 Erträge aus dem Abgang von Gegenständen des Anlagevermögens ertragsteuerfrei 7 % USt 3423 Erträge aus dem Abgang von Gegenständen des Anlagevermögens ertragsteuerfrei 19 % USt
	ERTRAGSNEUTRALE POSTEN	Nicht abziehbare Ausgaben	3450 Nicht abziehbare Ausgaben Bereich 4000 3451 Abgezogene Kapitalertragsteuer 3452 Abgezogene Körperschaftsteuer 3453 Solidaritätszuschlag 3455 Nicht abzugsfähige Bewirtungskosten[1)]
Ideeller Bereich		**Zweckbetriebe Sport**	
Sonstige steuerneutrale Einnahmen	3200 Steuerneutrale Einnahmen Bereich 2000	Steuerneutrale Einnahmen	3500 Steuerneutrale Einnahmen Bereich 5000 3515 Ertrag aus pauschaler Vorsteuer § 23a UStG
Schenkungen	3210 Schenkungen	Nicht abziehbare Ausgaben	3550 Nicht abziehbare Ausgaben Bereich 5000 3551 Ausgaben i. S. v. § 4 Abs. 5 EStG 3552 Geschenke nicht abzugsfähig 3553 Nicht abzugsfähige Bewirtungskosten 3590 Umsatzsteuer auf unentgeltliche Wertabgaben § 3 Abs. 1b, Abs. 9a UStG
Erbschaften/ Vermächtnisse	3211 Erbschaften 3212 Vermächtnisse		
Sonstige steuerneutrale Einnahmen	3215 Sonstige Einnahmen	**Sonstige Zweckbetriebe**	
		Steuerneutrale Einnahmen	3600 Steuerneutrale Einnahmen Bereich 6000 3615 Ertrag aus pauschaler Vorsteuer § 23a UStG
Spenden	3220 Erhaltene Spenden / Zuwendungen 3221 Geldzuwendungen gegen Zuwendungsbestätigung 3223 Geldzuwendungen ohne Zuwendungsbestätigung 3225 Sachzuwendungen gegen Zuwendungsbestätigung 3227 Sachzuwendungen ohne Zuwendungsbestätigung 3230 Aufwandszuwendungen gegen Zuwendungsbestätigung 3232 Aufwandszuwendungen ohne Zuwendungsbestätigung 3240 Ertrag aus Spendenverbrauch	Nicht abziehbare Ausgaben	3650 Nicht abziehbare Ausgaben Bereich 6000 3651 Ausgaben i. S. v. § 4 Abs. 5 EStG 3652 Geschenke nicht abzugsfähig 3653 Nicht abzugsfähige Bewirtungskosten 3690 Umsatzsteuer auf unentgeltliche Wertabgaben § 3 Abs. 1b, Abs. 9a UStG
		Geschäftsbetriebe Sport	
		Steuerneutrale Einnahmen	3700 Steuerneutrale Einnahmen Bereich 7000 3701 Investitionszulage 3710 Steuerfreie Einnahmen zum Verlustausgleich für Teilbereich 7000 Geschäftsbetrieb Sport 3711 Mitglieder-Umlagen zum Verlustausgleich für Teilbereich 7000 Geschäftsbetrieb Sport 3712 Mitglieder-Zuschüsse zum Verlustausgleich für Teilbereich 7000 Geschäftsbetrieb Sport 3715 Ertrag aus pauschaler Vorsteuer § 23a UStG
Sonstige nicht abziehbare Ausgaben	3250 Nicht abziehbare Ausgaben Bereich 2000		
Gezahlte/hingegebene Spenden	3251 Gezahlte Spenden / Zuwendungen 3252 Hingegebene Sachspenden/-zuwendungen	Nicht abziehbare Ausgaben	3750 Nicht abziehbare Ausgaben Bereich 7000 3754 Gewerbesteuer 3755 Körperschaftsteuer 3756 Solidaritätszuschlag zur KSt 3770 Säumnis-/Verspätungszuschläge 3780 Gewährte Spenden/Zuwendungen 3781 Ausgaben i. S. v. § 4 Abs. 5 EStG 3782 Geschenke nicht abzugsfähig 3783 Nicht abzugsfähige Bewirtungskosten 3790 Umsatzsteuer auf unentgeltliche Wertabgaben § 3 Abs. 1b, Abs. 9a UStG 3795 Aufwand aus Verrechnungsposten - Gegenkonto zu 7518/7520, 7851/7858
Sonstige nicht abziehbare Ausgaben	3260 Erbschaft-, Schenkungsteuer		

Ergebnisposten	Klasse 3
Sonstige wirtschaftliche Geschäftsbetriebe	
Steuerneutrale Einnahmen	3800 Steuerneutrale Einnahmen Bereich 8000 3801 Investitionszulage 3815 Ertrag aus pauschaler Vorsteuer § 23a UStG 3820 Erhaltene Steuerzinsen auf KSt
Nicht abziehbare Ausgaben	3850 Nicht abziehbare Ausgaben Bereich 8000 3853 Gewerbesteuer 3854 Solidaritätszuschlag zur KSt 3855 Körperschaftsteuer 3857 Säumnis-/Verspätungszuschläge 3861 Ausgaben i. S. v. § 4 Abs. 5 EStG 3862 Geschenke nicht abzugsfähig 3863 Nicht abzugsfähige Bewirtungskosten 3864 Gezahlte Zinsen auf hinterzogene Steuern 3870 Gezahlte Zinsen gemäß § 233a AO 3873 Gezahlte Aussetzungszinsen KSt 3890 Umsatzsteuer auf unentgeltliche Wertabgaben § 3 Abs. 1b, Abs. 9a UStG 3895 Aufwand aus Verrechnungsposten - Gegenkonto zu 8158-8166
	ERGEBNISVERWENDUNGSRECHNUNG
Für alle gemeinnützigen Körperschaften	
Ergebnisverwendung	3950 Ergebnisvortrag aus dem Vorjahr 3951 Verminderung des Kapitals aus realisierten Vermögensumschichtungen[1] 3952 Entnahmen aus den sonstigen nicht zeitnah zu verwendenden Mitteln/dem Vereinskapital[1] 3953 Entnahmen aus gebundenen Rücklagen gem. § 62 Abs. 1 Nr. 1 u. 2 AO 3955 Entnahmen aus freien Rücklagen gem. § 62 Abs. 1 Nr. 3 AO 3956 Entnahmen aus Rücklagen zum Erwerb von Gesellschaftsrechten gem. § 62 Abs. 1 Nr. 4 AO 3957 Entnahmen aus sonstigen Rücklagen 3958 Verminderung des nutzungsgebundenen Kapitals[1] 3961 Erhöhung des Kapitals aus Vermögensumschichtungen[1] 3962 Einstellungen in die sonstigen nicht zeitnah zu verwendenen Mittel/das Vereinskapital[1] 3963 Einstellungen in gebundene Rücklagen gem. § 62 Abs. 1 Nr. 1 u. 2 AO 3964 Erhöhung des nutzungsgebundenen Kapitals[1] 3965 Einstellungen in freie Rücklagen gem. § 62 Abs. 1 Nr. 3 AO 3966 Einstellungen in Rücklagen zum Erwerb von Gesellschaftsrechten gem. § 62 Abs. 1 Nr. 4 AO 3967 Einstellungen in die sonstigen Rücklagen
Zusätzlich für GmbHs und Stiftungen:	
Ergebnisverwendung	3968 Entnahmen aus der Kapitalrücklage 3969 Einstellungen in die Kapitalrücklage nach den Vorschriften über die vereinfachte Kapitalherabsetzung

Ergebnisposten	Klasse 3
Zusätzlich für Stiftungen:	
Ergebnisverwendung	3970 Entnahmen aus der Kapitalerhaltungsrücklage 3971 Verminderung des Stiftungskapitals aus realisierten Vermögensumschichtungen seit 2017 Konto 3951[8,27] 3974 Entnahmen aus der Ansparrücklage § 62 Abs. 4 AO 3975 Einstellungen in die Kapitalerhaltungsrücklage 3976 Erhöhung des Stiftungskapitals aus realisierten Vermögensumschichtungen seit 2017 Konto 3961[8,27] 3979 Einstellungen in die Ansparrücklage § 62 Abs. 4 AO
Zusätzlich für gemeinnützige GmbHs:	
Ergebnisverwendung	3980 Entnahmen aus der gesetzlichen Rücklage 3981 Entnahmen aus dem Ausgleichsposten für aktivierte eigene Anteile[8] 3982 Entnahmen aus satzungsmäßigen Rücklagen 3984 Erträge aus der Kapitalherabsetzung 3985 Einstellungen in die gesetzliche Rücklage 3986 Einstellungen in den Ausgleichsposten für aktivierte eigene Anteile[8] 3987 Einstellungen in satzungsmäßige Rücklagen
Zusätzlich für Vereine:	
Ergebnisverwendung	3994 Entnahmen aus dem Vereinskapital seit 2017 Konto 3952[8,27] 3996 Einstellungen in das Vereinskapital seit 2017 Konto 3962[8,27]

Ergebnisposten	Klasse 4	
Erfolgskonten für Vermögensverwaltung = steuerbegünstigte Einnahmen und Werbungskosten gemeinnütziger Vereine und nicht gemeinnütziger Vereine aus Vermögensverwaltung (Tätigkeitsbereich 4000)	M 4000-4149 M 4200-4342 KU 4343-4397 M 4398-4419 M 4488-4492 KU 4493-4497 M 4498-4499 V 4510-4529 KU 4530 V 4531-4589 M 4595-4599 KU 4600-4699 V 4710-4751 V 4894-4905 KU 4906	
		VERMÖGENSVERWALTUNG
		EINNAHMEN GV
Sonstige ertragsteuerfreie Einnahmen gemeinnütziger Vereine (gV)	4000	Steuerfreie Einnahmen gemeinnütziger Vereine aus Vermögensverwaltung
Miet- und Pachterträge (gV)	4110	Miet- und Pachterträge 0 % USt
	4111	Miet- und Pachterträge 7 % USt
	4120	Einnahmen aus Vermietung für längere Dauer
	4121	Vermietung längere Dauer 0 % USt
	4122	Vermietung Betriebsvorrichtungen längere Dauer 7 % USt
Zins- und Kurserträge (gV)	4150	Zinserträge 0 % USt
	4151	Erträge aus Wertpapieren 0 % USt
	4152	Kursgewinne aus Wertpapieren 0 % USt
	4153	Erträge aus Zuschreibungen von Wertpapieren
Erträge Werbung (gV)	4200	Erlöse von Werbeunternehmen
	4201	Erlöse Werbeunternehmen 7 % USt
	4202	Übertragene Werbeflächenrechte
	4203	Übertragene Lautsprecherwerbung
Sonstige ertragsteuerfreie Einnahmen gemeinnütziger Vereine (gV)	4239	Verrechnete/aufgeteilte Einnahmen
	4340	Erlöse aus Verkäufen Sachanlagevermögen (bei Buchgewinn)
	4343	Erträge aus der Auflösung einer steuerlichen Rücklage
	4345	Anlagenabgänge Sachanlagen (Restbuchwert bei Buchgewinn)
	4398	Umgebuchte Einnahmen wg. Verlust Gemeinnützigkeit - Gegenkonto 4498
		EINNAHMEN NGV
Sonstige ertragsteuerpflichtige Einnahmen nicht gemeinnütziger Vereine (ngV)	4400	Steuerpflichtige Einnahmen nicht gemeinnütziger Vereine
Miet- und Pachterträge (ngV)	4410	Miet- und Pachterträge 0 % USt
	4411	Miet- und Pachterträge 19 % USt
	4415	Sonstige Mieterträge
Zins- und Kurserträge (ngV)	4420	Zinserträge 0 % USt
	4421	Wertpapiererträge
	4422	Sonstige Kapitalerträge
	4443	Steuerpflichtige Kursgewinne aus Wertpapieren 0 % USt

Ergebnisposten	Klasse 4	
Sonstige ertragsteuerpflichtige Einnahmen nicht gemeinnütziger Vereine (ngV)	4488	Erträge aus Zuschreibungen des Finanzanlagevermögens[1)]
	4489	Verrechnete/aufgeteilte Einnahmen
	4490	Erlöse aus Verkäufen Sachanlagevermögen (bei Buchgewinn)
	4493	Erträge aus der Auflösung einer steuerlichen Rücklage
	4495	Anlagenabgänge Sachanlagen (Restbuchwert bei Buchgewinn)
	4498	Umgebuchte Einnahmen wegen Verlust Gemeinnützigkeit
		AUSGABEN / WERBUNGSKOSTEN
Abschreibungen	4500	Abschreibungen auf Sachanlagen
	4501	Sofortabschreibung geringwertiger Wirtschaftsgüter
	4503	Abschreibungen auf Finanzanlagen
	4504	Abschreibungen auf den Sammelposten Wirtschaftsgüter
Sonstige Ausgaben	4506	Kalkulatorische Abschreibungen
	4508	Verrechnete kalkulatorische Abschreibungen
	4510	Ausgaben Bereich 4000
	R 4530	
	4531	Sonstige Kosten
	4590	Einstellungen in steuerliche Rücklagen
	4595	Erlöse aus Verkäufen Sachanlagevermögen (bei Buchverlust)
	4600	Anlagenabgänge Sachanlagen (Restbuchwert bei Buchverlust)
	4700	Zinsen Vermögensverwaltung
	4710	Kosten Wertpapierverwaltung
	4711	Geldbeschaffungskosten
	4712	Nebenkosten des Geldverkehrs
	4750	Grundstücksaufwendungen
	4751	Grundstücksreparaturen
	4752	Versicherungen
	4894	Rechts- und Beratungskosten
	4900	Sonstige Kosten Vermögensverwaltung
	4901	Sonstige Kosten
	4902	Verrechnete/aufgeteilte Kosten
	4904	Anteilige Umsatzsteuerzahlungen[30)]
	4905	Aufzuteilende Vorsteuer[30)]
	F 4906	Abziehbare Vorsteuer[30)]
	4907	Nicht abziehbare Vorsteuer
	4965	Anteilige Raumkosten[1)]
	4966	Miete, Pacht[1)]
	4967	Raumnebenkosten[1)]
	4968	Bewirtungskosten (abzugsfähig)[1)]
	4970	Reisekosten Arbeitnehmer[1)]
	4971	Reisekosten Arbeitnehmer Verpflegungsmehraufwand[1)]
	4972	Reisekosten Arbeitnehmer Übernachtungsaufwand[1)]
	4973	Reisekosten Arbeitnehmer Fahrtkosten[1)]
	4974	Kilometergelderstattung Arbeitnehmer[1)]
		Personalaufwand
Löhne und Gehälter	4980	Löhne und Gehälter[1)]
	4981	Abgeführte Lohnsteuer[1)]
	4982	Freiwillige soziale Aufwendungen, lohnsteuerpflichtig[1)]
Soziale Abgaben	4990	Gesetzliche soziale Aufwendungen[1)]
	4991	Aufwendungen für Altersversorgung[1)]

Ergebnisposten	Klasse 5

Erfolgskonten für ertragsteuerfreie Zweckbetriebe Sport = Betriebseinnahmen aus steuerbegünstigten sportlichen Veranstaltungen gemeinnütziger Vereine nach § 67a AO (Tätigkeitsbereich 5000)

Teilbereich 5000 = Zweckbetriebe Sport 1, ertragsteuerfrei jedoch umsatzsteuerpflichtig

M	5000-5272	M	5700-5782
KU	5273-5274	KU	5783
M	5275-5279	M	5784-5786
V	5280-5299	KU	5787-5799
V	5500-5541	V	5800-5819
V	5545-5599	V	5860-5872
V	5605-5620	M	5873
KU	5621	V	5874
V	5622-5670	V	5876
M	5671	KU	5877
KU	5673	V	5878-5879
V	5674-5684	KU	5880-5881
KU	5685-5694	V	5882-5989
V	5695-5699		

Ertragsteuerfreie Zweckbetriebe sind:

a) Standardfall des § 67a Abs. 1 AO, wenn Zweckbetriebsgrenze 45.000 EUR (ab 2013) Jahresbruttoeinnahmen nicht überschritten wird (bei nachträglichem Überschreiten Vgl. TB 8980)

b) Optionsfall des § 67a Abs. 3 S. 1 AO „unbezahlter Sport" ohne Einnahmebegrenzung

ZWECKBETRIEBE SPORT

ZWECKBETRIEBE SPORT 1 (UST-PFLICHTIG)

Umsatzerlöse

EINNAHMEN/ERTRÄGE

- aus Eintrittsgeldern

5000 Eintrittsgelder Sport 1
5005 Eintrittsgelder aus Wettkämpfen 7 % USt
5010 Eintrittsgelder aus Fußballspielen 7 % USt
5015 Eintrittsgelder aus Sportturnen 7 % USt
5020 Eintrittsgelder aus sonstigen sportlichen Veranstaltungen 7 % USt
5021 Eintrittsgelder aus Sport 1 (7 % USt)
5022 Eintrittsgelder aus Sport 2 (7 % USt)
5023 Eintrittsgelder aus Sport 3 (7 % USt)

- aus Sportreisen

5050 Einnahmen aus Sportreisen
5055 Einnahmen nicht steuerbar nach UStG
5060 Einnahmen 0 % USt
5065 Einnahmen 7 % USt

- aus sonstigen sportlichen Veranstaltungen

5070 Einnahmen aus sonstigen sportlichen Veranstaltungen
5075 Einnahmen aus Leistungen gegenüber Nichtmitgliedern 7 % USt
5080 Erstattungen der Gastmannschaften
5085 Einnahmen aus Auswahlspielen 7 % USt
5090 Einnahmen aus USt-pflichtigen Sportkursen/-lehrgängen ohne bezahlte Sportler

- aus Leistungen an Mitglieder

5100 Einnahmen aus Leistungen gegenüber Mitgliedern
5105 Platzgebühren 7 % USt
5110 Hallengebühren 7 % USt
5115 Chartergebühren 7 % USt
5120 Unechte Mitgliedsbeiträge

Sonstige betriebliche Erträge

- aus veranstaltungsgebundenen Zuschüssen

5200 Einnahmen aus steuerbaren Zuschüssen für Zweckbetrieb Sport
5205 Zuschüsse von Verbänden und Organisationen
5210 Ausbildungszuschüsse von Verbänden und Organisationen
5215 Zuschüsse von Behörden
5220 Ausbildungszuschüsse von Behörden
5225 Sonstige Zuschüsse

Ergebnisposten	Klasse 5

- aus Sonstigem

5250 Sonstige Einnahmen Zweckbetrieb Sport
5255 Anteilige verrechnete Einnahmen/Umlagen

Umsatzerlöse aus Sonstigem

5260 Einnahmen aus Ablöse/Freigabe unbezahlter Sportler 7 % USt
5265 Ablösesummen über 2.556 EUR 7 % USt

Sonstige betriebliche Erträge

5270 Erlöse aus Verkäufen Sachanlagevermögen (bei Buchgewinn)
5273 Erträge aus der Auflösung einer steuerlichen Rücklage
5274 Anlagenabgänge Sachanlagen (Restbuchwert bei Buchgewinn)

Umsatzerlöse aus Sonstigem

5275 Einnahmen aus Nebenleistungen

Sonstige betriebliche Erträge

5279 Erträge aus Zuschreibungen des Sachanlagevermögens

Materialaufwand

AUSGABEN/AUFWENDUNGEN

Aufwendungen für RHB/bezogene Waren

5280 Aufwendungen für Roh-, Hilfs- und Betriebsstoffe und bezogene Waren

Aufwendungen für bezogene Leistungen

5290 Aufwendungen für bezogene Leistungen

Personalaufwand

Löhne und Gehälter

5300 Löhne und Gehälter
5305 Personalkosten Trainer/Übungsleiter
5310 Aufwandsentschädigung i. S. v. § 3 Nr. 26 EStG
5315 Aufwandsentschädigung pauschal an aktive Vereinsmitglieder
5320 Aushilfslöhne

Soziale Abgaben

5350 Gesetzliche soziale Aufwendungen

Löhne und Gehälter

5355 Abgeführte Lohnsteuer
5360 Freiwillige soziale Aufwendungen, lohnsteuerpflichtig

Soziale Abgaben

5400 Aufwendungen für Altersversorgung

Abschreibungen

Immaterielle Vermögensgegenstände und Sachanlagen

5450 Abschreibungen auf Sachanlagen
5455 Sofortabschreibung geringwertiger Wirtschaftsgüter
5456 Abschreibungen auf den Sammelposten Wirtschaftsgüter

Sonstige Kosten Zweckbetrieb Sport

5465 Kalkulatorische Abschreibungen
5467 Verrechnete kalkulatorische Abschreibungen

Immaterielle Vermögensgegenstände und Sachanlagen

5470 Abschreibungen auf Sportler-Ablösezahlungen

Umlaufvermögen, unüblich hoch

5490 Abschreibungen auf Umlaufvermögen, steuerrechtlich bedingt (soweit unüblich hoch)

Ergebnisposten		Klasse 5
Sonstige betriebliche Aufwendungen		
Entschädigungen, Sportveranstaltungen	5500	Reisekosten für aktive Vereinsmitglieder
	5503	Reisekosten Arbeitnehmer Verpflegungsmehraufwand
	5506	Reisekosten Arbeitnehmer
	5507	Reisekosten Arbeitnehmer Übernachtungsaufwand
	5508	Reisekosten Arbeitnehmer Fahrtkosten
	5509	Kilometergelderstattung Arbeitnehmer
	5512	Spesenersatz an aktive Sportler mit Kostennachweis
	5515	Spesenersatz an aktive Nichtmitglieder mit Kostennachweis
	5518	Sonstige veranstaltungsabhängige Kosten Sport 1
	5521	Entschädigungen an Nichtaktive
	5536	Transportkosten
	5539	Kostenerstattung der Gastmannschaften
	5542	Abgaben
	5545	Sonstige Kosten der Veranstaltung
Kosten der Sportanlagen	5550	Kosten der Sportanlagen
	5555	Miete, Pacht
	5560	Strom
	5561	Wasser
	5562	Gas, Heizung
	5565	Reparaturen
Allgemeine Kosten des Sportbetriebs	5570	Allgemeine Kosten des Sportbetriebs
	5575	Verwaltungskosten
	5580	Reisekosten
	5585	Reisekosten Arbeitnehmer Verpflegungsmehraufwand
	5590	Reisekosten Arbeitnehmer
	5591	Reisekosten Arbeitnehmer Übernachtungsaufwand
	5592	Reisekosten Arbeitnehmer Fahrtkosten
	5595	Kilometergelderstattung Arbeitnehmer
	5600	Versicherungen
	5605	Sportkleidung
	5610	Ausbildungskostenersatz
Betriebskosten Fahrzeuge, Transportmittel	5620	Betriebskosten Fahrzeuge, Transportmittel
	5621	Kfz-Steuern
	5622	Kfz-Versicherungen
	5623	Laufende Kfz-Betriebskosten
	5624	Kfz-Reparaturen
	5625	Sonstige Kfz-Kosten
Betriebskosten Ausstattung, Sportgeräte	5630	Betriebskosten Ausstattung/Sportgeräte
	5645	Reparaturen Ausstattung/Sportgeräte
Sonstige Kosten Zweckbetrieb Sport	5650	Sonstige Kosten Zweckbetrieb Sport 1
	5670	Verrechnete/aufgeteilte Kosten
	5671	Erlöse aus Verkäufen Sachanlagevermögen (bei Buchverlust)
	5672	Einstellungen in steuerliche Rücklagen
	5673	Anlagenabgänge Sachanlagen (Restbuchwert bei Buchverlust)
	5674	Rechts- und Beratungskosten
	5675	Anteilige Umsatzsteuerzahlungen[30)]
	5680	Aufzuteilende Vorsteuer[30)]
	F 5685	Abziehbare Vorsteuer[30)]
	5690	Nicht abziehbare Vorsteuer
	5695	Aufzuteilende Posten Teilbereich 5000 Zweckbetrieb Sport 1

Ergebnisposten		Klasse 5
Teilbereich 5700 = Zweckbetriebe Sport 2, ertrag- und umsatzsteuerfrei		**ZWECKBETRIEBE SPORT 2 (UST-FREI)**
Umsatzerlöse		**EINNAHMEN/ERTRÄGE**
- aus Sportunterricht (§ 4 Nr. 22a UStG)	5700	Erlöse Sport 2 zu 0 % i. S. v. § 4 Nr. 22a UStG
	5702	Einnahmen aus Vorträgen/Sport 0 % USt
	5704	Einnahmen aus Kursen/Sport 0 % USt
	5706	Einnahmen aus sonstigen Veranstaltungen 0 % USt
- aus Teilnehmergebühren	5720	Sport-Erlöse 0 % i. S. v. § 4 Nr. 22b UStG
	5722	Teilnehmergebühren 0 % USt
	5724	Startgelder 0 % USt
	5726	Meldegebühren 0 % USt
	5728	Teilnehmergebühren 0 % USt Sportwettkämpfe
- aus Sportunterricht Jugendhilfe	5740	Sport Jugendhilfe 0 % i. S. v. § 4 Nr. 25 S. 3b UStG
	5742	Einnahmen aus Lehrgängen Jugendhilfe Sport 0 % USt
	5744	Einnahmen aus Sportunterricht Jugendhilfe 0 % USt
- aus sportlichen Veranstaltungen Jugendhilfe	5750	Sport Jugendhilfe 0 % i. S. v. § 4 Nr. 25 S. 3a UStG
	5752	Einnahmen aus Darbietungen Jugendlicher 0 % USt
	5754	Einnahmen aus Darbietungen Jugendlicher und Erwachsener 0 % USt
- aus Sonstigem	5760	Sonstige Einnahmen 0 % USt Zweckbetrieb Sport 2
	5762	Anteilig verrechnete Einnahmen/Erlöse
Sonstige betriebliche Erträge	5780	Sonstige betriebliche Erträge
	5782	Veräußerungserlöse 0 % i. S. v. § 4 Nr. 12 UStG
	5783	Erträge aus der Auflösung einer steuerlichen Rücklage
Umsatzerlöse aus Sonstigem	5784	Einnahmen aus Nebenleistungen
Sonstige betriebliche Erträge	5785	Erlöse aus Verkäufen Sachanlagevermögen (bei Buchgewinn)
	5787	Anlagenabgänge Sachanlagen (Restbuchwert bei Buchgewinn)
Materialaufwand		**AUSGABEN/AUFWENDUNGEN**
Aufwendungen für Roh-, Hilfs- und Betriebsstoffe/bezogene Waren	5800	Aufwendungen für Roh-, Hilfs- und Betriebsstoffe und bezogene Waren
Aufwendungen für bezogene Leistungen	5810	Aufwendungen für bezogene Leistungen
Personalaufwand		
Löhne und Gehälter	5820	Personalkosten Übungsleiter, Trainer
	5822	Löhne und Gehälter
	5823	Aushilfslöhne
Soziale Abgaben	5830	Gesetzliche soziale Aufwendungen
Löhne und Gehälter	5831	Freiwillige soziale Aufwendungen, lohnsteuerpflichtig
Soziale Abgaben	5835	Aufwendungen für Altersversorgung

Ergebnisposten	Klasse 5
Abschreibungen	
Immaterielle Vermögensgegenstände und Sachanlagen	5840 Abschreibungen auf Sachanlagen 5844 Sofortabschreibung geringwertiger Wirtschaftsgüter 5845 Abschreibungen auf den Sammelposten Wirtschaftsgüter
Sonstige Kosten	5848 Kalkulatorische Abschreibungen 5849 Verrechnete kalkulatorische Abschreibungen
Immaterielle Vermögensgegenstände und Sachanlagen	5850 Abschreibungen geleistete Ablösezahlungen
Umlaufvermögen, unüblich hoch	5855 Abschreibungen auf Umlaufvermögen, steuerrechtlich bedingt (soweit unüblich hoch)
Sonstige betriebliche Aufwendungen	
Sportunterricht	5860 Kosten des Sportunterrichts
Darbietungen Jugendlicher und Erwachsener	5865 Unmittelbare Kosten Darbietungen Jugendlicher und Erwachsener
Sonstige Kosten	5870 Sonstige Kosten Teilbereich 5700 Zweckbetrieb Sport 2 5872 Sonstige Kosten sportliche Veranstaltungen 5873 Erlöse aus Verkäufen Sachanlagevermögen (bei Buchverlust) 5874 Sonstige Kosten Jugendhilfe 5875 Einstellungen in steuerliche Rücklagen 5876 Reisekosten 5877 Anlagenabgänge Sachanlagen (Restbuchwert bei Buchverlust) 5878 Betriebskosten Ausstattung, Geräte 5879 Rechts- und Beratungskosten 5880 Nicht abziehbare Vorsteuer 5882 Verrechnungskonto aufzuteilende Posten Teilbereich 5700 Zweckbetrieb Sport 2
	ERGEBNISUMBUCHUNG NACH 8980
Ergebnisumbuchung nach 8980	5990 Umgebuchte Einnahmen B 5000 - Gegenkonto 8980 5992 Umgebuchte Ausgaben B 5000 - Gegenkonto 8990

Ergebnisposten	Klasse 6
Erfolgskonten für andere ertragsteuerfreie Zweckbetriebe = Betriebseinnahmen und Betriebsausgaben aus anderen steuerbegünstigten Zweckbetrieben gemeinnütziger Vereine wie Kultur, Lotterien und Ausspielungen u. a. (Tätigkeitsbereich 6000) Teilbereich 6000 = sonstige Zweckbetriebe 1, ertragsteuerfrei jedoch umsatzsteuerpflichtig	M 6000-6044 · KU 6045-6049 · KU 6055-6059 · M 6060-6081 · KU 6082-6084 · M 6085-6169 · V 6170-6179 · V 6300-6334 · V 6336-6359 · M 6361 · KU 6363 · V 6364-6374 · KU 6375-6376 · V 6380-6449 · KU 6460-6474 M 6500-6544 · KU 6545-6549 · KU 6555-6559 · M 6560-6581 · KU 6582-6584 · M 6585-6669 · V 6670-6699 · V 6800-6834 · V 6839-6859 · M 6861 · V 6864-6874 · KU 6875-6879 · V 6880-6949 · KU 6960-6974
	SONSTIGE ZWECKBETRIEBE
	SONSTIGE ZWECKBETRIEBE 1 (UST-PFLICHTIG)
	EINNAHMEN/ERTRÄGE
Umsatzerlöse	6000 Umsatzerlöse 6005 Umsatzerlöse 7 % USt 6008 Vermietung Sportanlagen an Mitglieder 6010 Eintrittsgelder 6012 Zuwendungen Dritter (Sponsoren) 7 % USt 6015 Einnahmen aus Programmverkauf 6045 Direkt mit dem Umsatz verbundene Steuern
Bestandsveränderung	6050 Bestandsveränderungen
Andere aktivierte Eigenleistungen	6055 Andere aktivierte Eigenleistungen 6059 Aktivierte Eigenleistungen (den Herstellungskosten zurechenbare Fremdkapitalzinsen)
Sonstige betriebliche Erträge	6060 Sonstige betriebliche Erträge
Umsatzerlöse	6065 Einnahmen aus Nebenleistungen
Sonstige betriebliche Erträge	6070 Veranstaltungsgebundene Zuschüsse 6075 Anteilige verrechnete Einnahmen/Umlagen 6080 Erlöse aus Verkäufen Sachanlagevermögen (bei Buchgewinn) 6082 Erträge aus der Auflösung einer steuerlichen Rücklage 6084 Anlagenabgänge Sachanlagen (Restbuchwert bei Buchgewinn)
Einnahmen aus Umsatzerlösen	6085 Unentgeltliche Wertabgaben 7 % USt
Materialaufwand	**AUSGABEN/AUFWENDUNGEN**
Aufwendungen für Roh-, Hilfs- und Betriebsstoffe/bezogene Waren	6170 Aufwendungen für Roh-, Hilfs- und Betriebsstoffe und bezogene Waren
Aufwendungen für bezogene Leistungen	6180 Aufwendungen für bezogene Leistungen
Personalaufwand	
Löhne und Gehälter	6200 Löhne und Gehälter 6205 Personalkosten Übungsleiter 6210 Aufwandsentschädigung § 3 Nr. 26 EStG 6215 Aushilfslöhne
Soziale Abgaben	6250 Gesetzliche soziale Aufwendungen

Ergebnisposten	Klasse 6
Löhne und Gehälter	6255 Abgeführte Lohnsteuer 6260 Freiwillige soziale Aufwendungen, lohnsteuerpflichtig
Soziale Abgaben	6275 Aufwendungen für Altersversorgung
Abschreibungen	
Immaterielle Vermögensgegenstände und Sachanlagen	6280 Abschreibungen auf Sachanlagen 6285 Sofortabschreibung geringwertiger Wirtschaftsgüter 6286 Abschreibungen auf den Sammelposten Wirtschaftsgüter
Umlaufvermögen, unüblich hoch	6290 Abschreibungen auf Umlaufvermögen, steuerrechtlich bedingt (soweit unüblich hoch)
Sonstige betriebliche Aufwendungen	6295 Kalkulatorische Abschreibungen 6297 Verrechnete kalkulatorische Abschreibungen 6300 Sonstige betriebliche Aufwendungen 6301 Werbekosten 6302 Reparaturkosten Ausstattung 6303 Transportkosten 6305 Bewirtungskosten (abzugsfähig) 6310 Reisekosten 6315 Reisekosten Arbeitnehmer Verpflegungsmehraufwand 6320 Reisekosten Arbeitnehmer 6321 Reisekosten Arbeitnehmer Übernachtungsaufwand 6322 Reisekosten Arbeitnehmer Fahrtkosten 6325 Kilometergelderstattung Arbeitnehmer 6328 Veranstaltungsabhängige Kosten 6329 Reinigungskosten 6330 Gebäudekosten 6331 Strom 6332 Wasser 6333 Gas, Heizung 6334 Sonstige Raumkosten 6335 Gema-Gebühren 6336 Musikkosten 6339 Miete, Pacht 6340 Verwaltungskosten 6341 Porto, Telefon 6342 Zeitschriften, Bücher (Fachliteratur) 6343 Bürobedarf 6345 Geschenke (abzugsfähig) 6346 Repräsentationskosten 6350 Fahrzeuge, Transportmittel 6353 Kfz-Versicherungen 6355 Verrechnete / aufgeteilte Kosten
Zinsen und ähnliche Aufwendungen	6360 Anteilige Zinsaufwendungen
Sonstige betriebliche Aufwendungen	6361 Erlöse aus Verkäufen Sachanlagevermögen (bei Buchverlust) 6362 Einstellungen in steuerliche Rücklagen 6363 Anlagenabgänge Sachanlagen (Restbuchwert bei Buchverlust) 6364 Rechts- und Beratungskosten 6365 Anteilige Umsatzsteuerzahlungen[30)] F 6375 Abziehbare Vorsteuer[30)] 6377 Nicht abziehbare Vorsteuer 6380 Aufzuteilende Vorsteuer[30)] 6385 Aufzuteilende Posten Teilbereich 6000 Zweckbetrieb 1
Zinsen und ähnliche Aufwendungen	6450 Zinsen und ähnliche Aufwendungen

Ergebnisposten	Klasse 6
	R 6460 -64 R 6465 -74
Sonstige Steuern	6475 Sonstige Steuern
Teilbereich 6500 = sonstige Zweckbetriebe 2, ertrag- und umsatzsteuerfrei	**SONSTIGE ZWECKBETRIEBE 2 (UST-FREI)** **EINNAHMEN/ERTRÄGE**
Umsatzerlöse	6500 Umsatzerlöse 6505 Umsatzerlöse 0 % USt 6510 Eintrittsgelder 0 % USt 6515 Einnahmen aus Programmverkauf 6520 Einnahmen aus Unterricht i. S. v. § 4 Nr. 22a UStG 6525 Einnahmen kulturelle Veranstaltungen Jugendhilfe 6545 Direkt mit dem Umsatz verbundene Steuern
Bestandsveränderung	6550 Bestandsveränderung
Andere aktivierte Eigenleistungen	6555 Andere aktivierte Eigenleistungen 6559 Aktivierte Eigenleistungen (den Herstellungskosten zurechenbare Fremdkapitalzinsen)
Sonstige betriebliche Erträge	6560 Sonstige betriebliche Erträge
Umsatzerlöse	6565 Einnahmen aus Nebenleistungen
Sonstige betriebliche Erträge	6570 Veranstaltungsgebundene Zuschüsse 6575 Anteilige verrechnete Einnahmen/Umlagen 6580 Erlöse aus Verkäufen Sachanlagevermögen (bei Buchgewinn) 6582 Erträge aus der Auflösung einer steuerlichen Rücklage 6584 Anlagenabgänge Sachanlagen (Restbuchwert bei Buchgewinn)
Einnahmen aus Umsatzerlösen	6585 Unentgeltliche Wertabgaben 0 % USt
Materialaufwand	**AUSGABEN/AUFWENDUNGEN**
Aufwendungen für Roh-, Hilfs- und Betriebsstoffe/bezogene Waren	6670 Aufwendungen für Roh-, Hilfs- und Betriebsstoffe und bezogene Waren
Aufwendungen für bezogene Leistungen	6680 Aufwendungen für bezogene Leistungen
Personalaufwand	
Löhne und Gehälter	6700 Löhne und Gehälter 6705 Personalkosten Übungsleiter 6710 Aufwandsentschädigung § 3 Nr. 26 EStG 6715 Aushilfslöhne
Soziale Abgaben	6750 Gesetzliche soziale Aufwendungen
Löhne und Gehälter	6755 Abgeführte Lohnsteuer 6760 Freiwillige soziale Aufwendungen, lohnsteuerpflichtig
Soziale Abgaben	6775 Aufwendungen für Altersversorgung

Ergebnisposten	Klasse 6
Abschreibungen	
Immaterielle Vermögensgegenstände und Sachanlagen	6780 Abschreibungen auf Sachanlagen 6785 Sofortabschreibung geringwertiger Wirtschaftsgüter 6786 Abschreibungen auf den Sammelposten Wirtschaftsgüter
Umlaufvermögen, unüblich hoch	6790 Abschreibungen auf Umlaufvermögen, steuerrechtlich bedingt (soweit unüblich hoch)
Sonstige betriebliche Aufwendungen	6795 Kalkulatorische Abschreibungen 6797 Verrechnete kalkulatorische Abschreibungen 6800 Sonstige betriebliche Aufwendungen 6805 Bewirtungskosten (abzugsfähig) 6810 Reisekosten 6815 Reisekosten Arbeitnehmer Verpflegungsmehraufwand 6820 Reisekosten Arbeitnehmer 6821 Reisekosten Arbeitnehmer Übernachtungsaufwand 6822 Reisekosten Arbeitnehmer Fahrtkosten 6825 Kilometergelderstattung Arbeitnehmer 6830 Gebäudekosten 6831 Strom 6832 Wasser 6833 Gas, Heizung 6834 Sonstige Raumkosten 6835 Gema-Gebühren 6839 Miete, Pacht 6840 Verwaltungskosten 6841 Porto, Telefon 6842 Bürobedarf 6845 Geschenke (abzugsfähig) 6850 Fahrzeuge, Transportmittel 6853 Kfz-Versicherungen 6855 Verrechnete / aufgeteilte Kosten
Zinsen und ähnliche Aufwendungen	6860 Anteilige Zinsaufwendungen
Sonstige betriebliche Aufwendungen	6861 Erlöse aus Verkäufen Sachanlagevermögen (bei Buchverlust) 6862 Einstellungen in steuerliche Rücklagen 6863 Anlagenabgänge Sachanlagen (Restbuchwert bei Buchverlust) 6864 Rechts- und Beratungskosten 6865 Anteilige Umsatzsteuerzahlungen[30)] F 6875 Abziehbare Vorsteuer[30)] 6877 Nicht abziehbare Vorsteuer 6880 Aufzuteilende Vorsteuer[30)] 6885 Aufzuteilende Posten Teilbereich 6500 Zweckbetrieb 2 6890 Kosten des Unterrichts 6895 Kosten Darbietungen Jugendlicher und Erwachsener
Zinsen und ähnliche Aufwendungen	6950 Zinsen und ähnliche Aufwendungen
	R 6960 -64 R 6965 -74
Sonstige Steuern	6975 Sonstige Steuern
	ERGEBNISUMBUCHUNG NACH 8980
Ergebnisumbuchung nach 8980	6990 Umgebuchte Einnahmen B 6000 - Gegenkonto 8980 6992 Umgebuchte Ausgaben B 6000 - Gegenkonto 8990

Ergebnisposten	Klasse 7
Erfolgskonten für ertragsteuerpflichtige Geschäftsbetriebe Sport = Betriebseinnahmen und Betriebsausgaben aus nicht steuerbegünstigten sportlichen Betätigungen gemeinnütziger Vereine und nicht gemeinnütziger Vereine (Tätigkeitsbereich 7000)	M 7000-7152 KU 7153 M 7154-7159 KU 7160-7189 M 7190-7199 V 7200-7219 V 7300-7355 V 7358-7413 V 7416-7459 KU 7462-7499 V 7500-7507 KU 7508-7509 M 7510 KU 7511 V 7513-7516 V 7518-7799 M 7800-7841 KU 7842-7849 V 7850-7868 M 7869 V 7870-7871 V 7873 V 7875-7876 KU 7877-7878 V 7879-7999
Teilbereich 7000 = Geschäftsbetriebe Sport, ertragsteuerpflichtig	Ertragsteuerpflichtige Geschäftsbetriebe Sport sind: a) Standardfall des § 67a Abs. 1 S. 1 AO für gV, wenn Zweckbetriebsgrenze 45.000 EUR (ab 2013) Jahresbruttoeinnahmen überschritten wird b) Optionsfall des § 67a Abs. 3 S. 2 AO „bezahlter Sport" für gV c) Sportliche Veranstaltungen aller Art ngV **GESCHÄFTSBETRIEBE SPORT** **GESCHÄFTSBETRIEBE SPORT (UST-PFLICHTIG)**
Umsatzerlöse	**EINNAHMEN/ERTRÄGE**
- aus bezahltem Sport	7000 Einnahmen aus Geschäftsbetrieben Sport 7002 Einnahmen 19 % USt Sport 3 7004 Eintritt aus Wettkämpfen 19 % USt 7006 Eintritt aus Fußballspielen 19 % USt 7008 Eintritt aus Sportturnieren 19 % USt 7010 Eintritt aus sonstigen Sportveranstaltungen 19 % USt 7012 Zuwendungen Dritter (Sponsoren) 19 % USt 7021 Eintrittsgelder aus Sport 1 (19 % USt) 7022 Eintrittsgelder aus Sport 2 (19 % USt) 7023 Eintrittsgelder aus Sport 3 (19 % USt)
- aus Fußball mit Lizenzspielern	7050 Einnahmen aus Fußballspielen mit Lizenzspielern 7052 Eintrittsgelder 19 % USt 7054 Einnahmen aus Ablösesummen 19 % USt
- aus Sonstigem	7100 Sonstige Einnahmen Geschäftsbetrieb Sport 3 7102 Anteilige verrechnete Einnahmen 7104 Sonstige Erträge 7106 Einnahmen aus Sportkursen/-lehrgängen mit bezahlten Sportlern 7150 Einnahmen aus Ablöse bezahlter Sportler 19 % USt
Sonstige betriebliche Erträge	7152 Erlöse aus Verkäufen Sachanlagevermögen (bei Buchgewinn) Teilbereich 7000 7153 Anlagenabgänge Sachanlagen (Restbuchwert bei Buchgewinn)
Umsatzerlöse aus Sonstigem	7154 Einnahmen aus Nebenleistungen

Ergebnisposten	Klasse 7
Sonstige betriebliche Erträge	7160 Erträge aus der Auflösung einer steuerlichen Rücklage
	7190 Erträge aus Zuschreibungen des Sachanlagevermögen
Materialaufwand	**AUSGABEN/AUFWENDUNGEN**
Aufwendungen für Roh-, Hilfs- und Betriebsstoffe/ bezogene Waren	7200 Aufwendungen für Roh-, Hilfs- und Betriebsstoffe und bezogene Waren
Aufwendungen für bezogene Leistungen	7210 Aufwendungen für bezogene Leistungen
Personalaufwand	
Löhne und Gehälter	7220 Vergütungen an Sportler
	7224 Vergütungen i. S. v. § 67a Abs. 3 Satz 3 AO
	7226 Sportvergütungen an Aktive
	7228 Sonstige Vergütungen aktive Mitglieder
	7232 Personalkosten Trainer, Übungsleiter
	7234 Löhne und Gehälter
	7236 Aushilfslöhne
Soziale Abgaben	7250 Gesetzliche soziale Aufwendungen
Löhne und Gehälter	7252 Abgeführte Lohnsteuer
	7260 Freiwillige soziale Aufwendungen, lohnsteuerpflichtig
Soziale Abgaben	7265 Aufwendungen für Altersversorgung
Abschreibungen	
Immaterielle Vermögensgegenstände und Sachanlagen	7270 Abschreibungen auf Sachanlagen
	7274 Sofortabschreibung geringwertiger Wirtschaftsgüter
	7275 Abschreibungen auf den Sammelposten Wirtschaftsgüter
Sonstige Kosten	7278 Kalkulatorische Abschreibungen
	7279 Verrechnete kalkulatorische Abschreibungen
Umlaufvermögen, unüblich hoch	7280 Abschreibungen auf Umlaufvermögen, steuerrechtlich bedingt (soweit unüblich hoch)
Sonstige betriebliche Aufwendungen	
Entschädigungen, Sportveranstaltungen	7300 Reisekosten
	7302 Reisekosten Arbeitnehmer Verpflegungsmehraufwand
	7304 Reisekosten Arbeitnehmer
	7305 Reisekosten Arbeitnehmer Übernachtungsaufwand
	7306 Kilometergelderstattung Arbeitnehmer
	7307 Reisekosten Arbeitnehmer Fahrtkosten
	7308 Sonstiger Reisekostenersatz
	7310 Kostenerstattung an Gastmannschaften
	7312 Sonstige Vergütungen
	7314 Aufwand für andere Vorteile
	7316 Gezahlte Preisgelder an bezahlte Sportler
	7318 Aufwandsersatz
	7320 Anteilige Aufwandspauschale Teilbereich 7000 Geschäftsbetrieb Sport
Veranstaltungsabhängige Kosten	7350 Sonstige veranstaltungsabhängige Kosten
	7352 Reisekostenerstattung an Nichtaktive
	7354 Transportkosten
	7356 Abgaben
	7358 Sonstige Kosten

Ergebnisposten	Klasse 7
Kosten der Sportanlagen	7380 Kosten der Sportanlagen
	7384 Miete, Pacht
	7385 Strom
	7386 Wasser
	7387 Gas, Heizung
	7388 Reparaturen
Allgemeine Kosten des Sportbetriebs	7400 Allgemeine Kosten des Sportbetriebs
	7404 Verwaltungskosten
	7406 Reisekostenerstattung
	7408 Reisekosten Arbeitnehmer Verpflegungsmehraufwand
	7410 Reisekosten Arbeitnehmer
	7411 Reisekosten Arbeitnehmer Verpflegungsmehraufwand
	7412 Kilometergelderstattung Arbeitnehmer
	7413 Reisekosten Arbeitnehmer Fahrtkosten
	7414 Versicherungen
	7416 Sportkleidung
	7418 Ausbildungskostenersatz
Betriebskosten Fahrzeuge, Transportmittel	7430 Betriebskosten Fahrzeuge, Transportmittel
	7432 Laufende Kfz-Betriebskosten
Betriebskosten Ausstattung, Sportgeräte	7440 Betriebskosten Ausstattung/Sportgeräte
	7446 Reparaturkosten Ausstattung/Geräte
Gewerbesteuer, Abgaben	7460 Gewerbesteuer (bis 2007, ab 2008 Kto. 3754)[11]
Sonstige Steuern, Abgaben	7462 Sonstige Steuern, Abgaben
Sonstige Kosten	7500 Verschiedene Kosten Teilbereich 7000 Geschäftsbetrieb Sport
	7502 Verrechnete/aufgeteilte Kosten
	7504 Anteilige Umsatzsteuerzahlungen[30]
	7506 Aufzuteilende Vorsteuer[30]
	F 7508 Abziehbare Vorsteuer[30]
	7509 Nicht abziehbare Vorsteuer
	7510 Erlöse aus Verkäufen Sachanlagevermögen (bei Buchverlust)
	7511 Anlagenabgänge Sachanlagen (Restbuchwert bei Buchverlust)
	7512 Beiträge an Verbände und sonstige Beiträge
	7513 Rechts- und Beratungskosten
	7514 Anteilige Verwaltungskosten
	7516 Aufzuteilende Posten Teilbereich 7000 Geschäftsbetrieb Sport
	7517 Einstellungen in steuerliche Rücklagen
	7518 Ertrag aus Storno Aufwandspauschale - Gegenkonto 3795
	7520 Ertrag aus Storno Trainingskosten - Gegenkonto 3795
Teilbereich 7800 = Geschäftsbetriebe Nebentätigkeiten Sport, ertragsteuerpflichtig	**GESCHÄFTSBETRIEBE NEBENTÄTIGKEITEN SPORT**
Umsatzerlöse	**EINNAHMEN/ERTRÄGE**
Kommerzielle Werbung	7800 Werbeeinnahmen in eigener Regie bei Sport
	7801 Einnahmen Reklameflächen 19 % USt
	7802 Einnahmen Trikotwerbung 19 % USt
	7803 Einnahmen Sportgerätewerbung 19 % USt
	7804 Einnahmen Bandenwerbung 19 % USt
	7805 Einnahmen aus Plakatwerbung u. ä. 19 % USt
	7806 Einnahmen Lautsprecherwerbung 19 % USt
	7810 Einnahmen aus übertragenen Werberechten

Ergebnisposten	Klasse 7

Kommerzielle Werbung

7811 Einnahmen Trikotwerberechte 19 % USt
7812 Einnahmen Sportgeräte-Werberechte 19 % USt
7813 Einnahmen aus Werberechten
7820 Einnahmen Inserate/Werbeanzeigen
7821 Einnahmen Verkauf Embleme/Abzeichen

Kurzfristige Vermietung von Sportstätten an Nichtmitglieder

7830 Kurzfristige Vermietung von Sportstätten an Nichtmitglieder
7831 Kurzfristige Vermietung an Nichtmitglieder
7832 Stundenweise Vermietung von Spielfeldern 19 % USt
7833 Stundenweise Vermietung von Tennisplätzen 19 % USt
7834 Stundenweise Vermietung von Schwimmhallen 19 % USt
7835 Stundenweise Vermietung von Kegelbahnen 19 % USt
7836 Stundenweise Vermietung von Geräten 19 % USt
7837 Einnahmen Green Fee 19 % USt

Sonstiges

7840 Sonstige Einnahmen Teilbereich 7800 Geschäftsbetriebe Nebentätigkeiten Sport
7841 Erlöse aus Verkäufen Sachanlagevermögen (bei Buchgewinn) Teilbereich 7800 Geschäftsbetriebe Nebentätigkeiten Sport
7842 Erträge aus der Auflösung einer steuerlichen Rücklage
7844 Anlagenabgänge Sachanlagen (Restbuchwert bei Buchgewinn)

Sonstige betriebliche Aufwendungen

AUSGABEN/AUFWENDUNGEN

Ausgaben für Werbung

7850 Ausgaben zur Werbung
7851 Werbekosten-Pauschbetrag 85 % - Gegenkonto zu 3795
7852 Tatsächliche Kosten Werbung (bei Pauschalierung)
7854 Anteilige Druckkosten
7855 Anteilige Versandkosten
7856 Werbemittlungskosten
7858 Ertrag aus Storno tatsächliche Werbekosten (bei Pauschalierung - Gegenkonto zu 3795)

Ausgaben zur Sportstättenvermietung

7860 Ausgaben zur Sportstättenvermietung
7861 Anteilige Kostenumlage für Sportstätten

Sonstige Kosten

7869 Erlöse aus Verkäufen Sachanlagevermögen (bei Buchverlust)
7870 Verschiedene Kosten Teilbereich 7800 Geschäftsbetriebe Nebentätigkeiten Sport
7871 Verrechnete/aufgeteilte Kosten TB 7800
7872 Anlagenabgänge Sachanlagen (Restbuchwert bei Buchverlust)
7873 Rechts- und Beratungskosten
7874 Einstellungen in steuerliche Rücklagen
7875 Anteilige Umsatzsteuerzahlungen[30]
7876 Aufzuteilende Vorsteuer[30]
F 7877 Abziehbare Vorsteuer[30]
7878 Nicht abziehbare Vorsteuer
7879 Aufzuteilende Posten Teilbereich 7800 Geschäftsbetriebe Nebentätigkeiten Sport

Ergebnisposten	Klasse 8

Erfolgskonten für andere steuerpflichtige Geschäftsbetriebe = Betriebseinnahmen und Betriebsausgaben aus anderen nicht steuerbegünstigten wirtschaftlichen Geschäftsbetrieben gemeinnütziger Vereine und nicht gemeinnütziger Vereine (Tätigkeitsbereich 8000)

M	8000-8044	KU	8382-8383
KU	8045	KU	8450-8479
M	8046-8047	M	8500-8584
KU	8048-8051	KU	8585-8589
M	8052-8089	KU	8595-8599
KU	8095-8099	M	8600-8623
M	8100-8102	KU	8624-8639
KU	8103	M	8640-8649
M	8104-8113	V	8650-8709
M	8140-8149	V	8800-8829
V	8150-8174	M	8832
KU	8175-8199	KU	8833
V	8300-8315	V	8834-8841
V	8322-8369	KU	8842-8849
M	8372	KU	8900-8929
V	8374-8381		

Teilbereich 8000 = sonstige Geschäftsbetriebe 1, ertragsteuerpflichtig

SONSTIGE GESCHÄFTSBETRIEBE

SONSTIGE GESCHÄFTSBETRIEBE 1

EINNAHMEN/ERTRÄGE

Umsatzerlöse

8000 Einnahmen aus Umsatzerlösen
8002 Eintrittsgelder aus geselligen Veranstaltungen
8004 Erlöse aus Handelswaren
8006 Erlöse aus Leistungen
8008 Erlöse aus Leihgebühren
8010 Erlöse aus Geldspielautomaten
8011 Verrechnungskonto Geldspielautomaten
8012 Einnahmen aus Werbung Reklameflächen
8014 Anzeigengeschäfte (z. B. Vereinszeitschrift, Programme)
8016 Sonstige Werbeeinnahmen
8018 Kurzfristige Benutzungsgebühren von Nichtmitgliedern
8020 Erlöse umsatzsteuerfrei § 4 Nr. 7 ff UStG
8022 Einnahmen aus steuerschädlichen Lotterien und Ausspielungen § 4 Nr. 9b UStG
8024 Erlöse umsatzsteuerfrei § 4 Nr. 1-6 UStG
8026 Erlöse 7 % USt
8028 Erlöse Speisen/Getränke 7 % USt (kein Verzehr an Ort und Stelle)
8030 Erlöse 19 % USt
8032 Erlöse 19 % USt Speisen/Getränke 19 % USt (Verzehr an Ort und Stelle)
8036 Erlöse Festzeltbetrieb 19 % USt
8038 Getränkeumsatz
8044 Provisionserlöse
8045 Direkt mit dem Umsatz verbundene Steuern
8046 Erlösschmälerungen
S 8047 Gewährte Skonti[28]
8048 Nicht steuerbare Umsätze
8050 Umsatzsteuervergütungen
8052 Unentgeltliche Wertabgaben

Bestandsveränderung

8090 Bestandsveränderungen

Andere aktivierte Eigenleistungen

8095 Andere aktivierte Eigenleistungen
8099 Aktivierte Eigenleistungen (den Herstellungskosten zurechenbare Fremdkapitalzinsen)

Sonstige betriebliche Erträge

8100 Sonstige betriebliche Erträge
8102 Erlöse aus Verkäufen Sachanlagevermögen (bei Buchgewinn) Teilbereich 8000 Geschäftsbetrieb 1
8103 Anlagenabgänge Sachanlagen (Restbuchwert bei Buchgewinn)
8104 Verwendung von Gegenständen für Zwecke außerhalb des Unternehmens
8106 Unentgeltliche Erbringung einer sonstigen Leistung

Ergebnisposten	Klasse 8
Umsatzerlöse	8108 Erlöse Abfallverwertung 8110 Erlöse Leergut
Sonstige betriebliche Erträge	8112 Anteilige verrechnete Einnahmen
Sonstige Zinsen und ähnliche Einnahmen	8114 Erhaltene Zinsen auf Betriebssteuern
Sonstige betriebliche Erträge	8130 Erträge aus der Auflösung einer steuerlichen Rücklage 8140 Erträge aus Zuschreibungen des Sachanlagevermögens
Materialaufwand	**AUSGABEN/AUFWENDUNGEN**
Ausgaben für Roh-, Hilfs- und Betriebsstoffe und für bezogene Waren	8150 Wareneinkauf 8152 Wareneingang 7 % VSt 8154 Wareneingang 19 % VSt 8156 Handelswaren
Sonstige betriebliche Aufwendungen	8158 Tatsächliche Kosten Altpapiersammlungen 8160 Tatsächliche Kosten Altmaterialsammlungen 8162 Ausgabenpauschale 95 % Altpapier - Gegenkonto 3895 8164 Ausgabenpauschale 80 % Altmaterial - Gegenkonto 3895 8166 Ertrag aus Stornokosten Altpapier/Altmaterial
Ausgaben für Roh-, Hilfs- und Betriebsstoffe und für bezogene Waren	8168 Rohstoffe 8170 Hilfs- und Betriebsstoffe 8172 Bezugs- und Nebenkosten S 8174 Erhaltene Skonti[28]
Aufwendungen für bezogene Leistungen	8200 Aufwendungen für bezogene Leistungen
Personalaufwand	
Löhne und Gehälter	8210 Löhne und Gehälter 8212 Aushilfslöhne 8214 Bedienungsgelder
Soziale Abgaben	8230 Gesetzliche soziale Aufwendungen
Löhne und Gehälter	8232 Abgeführte Lohnsteuer 8234 Freiwillige soziale Aufwendungen, lohnsteuerpflichtig
Soziale Abgaben	8235 Aufwendungen für Altersversorgung
Abschreibungen	
Immaterielle Vermögensgegenstände und Sachanlagen	8240 Abschreibungen auf Sachanlagen 8242 Sofortabschreibung geringwertiger Wirtschaftsgüter 8243 Abschreibungen auf den Sammelposten Wirtschaftsgüter
Sonstige betriebliche Aufwendungen	8246 Kalkulatorische Abschreibungen 8256 Verrechnete kalkulatorische Abschreibungen
Umlaufvermögen, unüblich hoch	8270 Abschreibungen auf Umlaufvermögen, steuerrechtlich bedingt (soweit unüblich hoch)

Ergebnisposten	Klasse 8
Sonstige betriebliche Aufwendungen	8300 Anteilige Raumkosten 8302 Miete, Pacht 8303 Strom 8304 Wasser 8305 Gas, Heizung 8306 Reinigungskosten 8308 Verwaltungskosten 8310 Bürobedarf 8312 Porto 8313 Telefon 8314 Zinsen, Bankspesen
Steuern vom Einkommen	8316 Gewerbesteuer (bis 2007, ab 2008 Kto. 3853)[11]
Sonstige betriebliche Aufwendungen	8318 Versicherungen, Beiträge 8320 Sonstige Abgaben 8322 Laufende Kfz-Betriebskosten 8326 Garagenmieten 8327 Mietleasing Kfz 8328 Fremdfahrzeugkosten 8330 Werbe- und Reisekosten 8332 Geschenke (abzugsfähig) 8334 Bewirtungskosten (abzugsfähig) 8336 Reisekosten 8338 Reisekosten Arbeitnehmer Verpflegungsmehraufwand 8339 Reisekosten Arbeitnehmer 8340 Reisekosten Arbeitnehmer Übernachtungsaufwand 8341 Reisekosten Arbeitnehmer Fahrtkosten 8342 Kilometergelderstattung Arbeitnehmer 8370 Einstellungen in steuerliche Rücklagen 8372 Erlöse aus Verkäufen Sachanlagevermögen (bei Buchverlust) 8373 Anlagenabgänge Sachanlagen (Restbuchwert bei Buchverlust) 8374 Rechts- und Beratungskosten 8378 Anteilige Umsatzsteuerzahlungen[30] 8380 Aufzuteilende Vorsteuer[30] F 8382 Abziehbare Vorsteuer[30] 8384 Nicht abziehbare Vorsteuer
Erträge aus Beteiligungen	8400 Erträge aus Beteiligungen
Erträge aus anderen Wertpapieren	8410 Erträge aus anderen Wertpapieren
Sonstige Zinsen und ähnliche Erträge	8420 Sonstige Zinsen und ähnliche Erträge
Abschreibungen auf Finanzanlagen	8430 Abschreibungen auf Finanzanlagen (dauerhaft)
Zinsen und ähnliche Aufwendungen	8440 Zinsen und ähnliche Aufwendungen
	R 8450 -59 R 8460 -79
Sonstige Steuern	8480 Sonstige Steuern

Ergebnisposten	Klasse 8
Teilbereich 8500 = sonstige Geschäftsbetriebe 2, ertragsteuerpflichtig	
	SONSTIGE GESCHÄFTSBETRIEBE 2
	EINNAHMEN/ERTRÄGE
Umsatzerlöse	8500 Umsatzerlöse 8585 Direkt mit dem Umsatz verbundene Steuern
Bestandsveränderung	8590 Bestandsveränderungen
Andere aktivierte Eigenleistungen	8595 Andere aktivierte Eigenleistungen 8599 Aktivierte Eigenleistungen (den Herstellungskosten zurechenbare Fremdkapitalzinsen)
Sonstige betriebliche Erträge	8600 Sonstige betriebliche Erträge 8622 Erlöse aus Verkäufen Sachanlagevermögen (bei Buchgewinn) 8624 Anlagenabgänge Sachanlagen (Restbuchwert bei Buchgewinn) 8630 Erträge aus der Auflösung einer steuerlichen Rücklage 8640 Erträge aus Zuschreibungen des Sachanlagevermögens
Materialaufwand	**AUSGABEN/AUFWENDUNGEN**
Aufwendungen für Roh-, Hilfs- und Betriebsstoffe/bezogene Waren	8650 Aufwendungen für Roh-, Hilfs- und Betriebsstoffe und bezogene Waren
Aufwendungen für bezogene Leistungen	8700 Aufwendungen für bezogene Leistungen
Personalaufwand	
Löhne und Gehälter	8710 Löhne und Gehälter 8715 Aushilfslöhne
Soziale Abgaben	8720 Gesetzliche soziale Aufwendungen
Löhne und Gehälter	8725 Freiwillige soziale Aufwendungen, lohnsteuerpflichtig
Soziale Abgaben	8735 Aufwendungen für Altersversorgung
Abschreibungen	
Immaterielle Vermögensgegenstände und Sachanlagen	8740 Abschreibungen auf Sachanlagen 8745 Sofortabschreibung geringwertiger Wirtschaftsgüter 8746 Abschreibungen auf den Sammelposten Wirtschaftsgüter
Umlaufvermögen, unüblich hoch	8770 Abschreibungen auf Umlaufvermögen, steuerrechtlich bedingt (soweit unüblich hoch)
Sonstige betriebliche Aufwendungen	8775 Kalkulatorische Abschreibungen 8780 Verrechnete kalkulatorische Abschreibungen 8800 Sonstige betriebliche Aufwendungen 8830 Einstellungen in steuerliche Rücklagen 8832 Erlöse aus Verkäufen Sachanlagevermögen (bei Buchverlust) 8833 Anlagenabgänge Sachanlagen (Restbuchwert bei Buchverlust) 8834 Rechts- und Beratungskosten 8838 Anteilige Umsatzsteuerzahlungen[30)] 8840 Aufzuteilende Vorsteuer[30)] F 8842 Abziehbare Vorsteuer[30)] 8844 Nicht abziehbare Vorsteuer

Ergebnisposten	Klasse 8
Erträge aus Beteiligungen	8850 Erträge aus Beteiligungen
Erträge aus anderen Wertpapieren	8860 Erträge aus anderen Wertpapieren
Sonstige Zinsen und ähnliche Erträge	8870 Sonstige Zinsen und ähnliche Erträge
Abschreibungen auf Finanzanlagen	8880 Abschreibungen auf Finanzanlagen (dauerhaft)
Zinsen und ähnliche Aufwendungen	8890 Zinsen und ähnliche Aufwendungen
	R 8900 -09 R 8910 -29
Sonstige Steuern	8930 Sonstige Steuern
Teilbereich 8980 = Erfolgskonten für umgewandelte Geschäftsbetriebe	
	ERTRAGSTEUERPFLICHTIG GEWORDENE ZWECKBETRIEBE
Erträge/Einnahmen	8980 Umgebuchte Einnahmen bisheriger Zweckbetriebe 8985 Erlöse 19 % USt 8986 Aufwand aus Storno Erlöse 7 % USt 8987 Gegenkonto zu 8985/8986
Aufwendungen/Ausgaben	8990 Umgebuchte Ausgaben bisheriger Zweckbetriebe

Kein Abschluss in EAÜ od. in Bestandskontennachw.	Klasse 9	Kein Abschluss in EAÜ od. in Bestandskontennachw.	Klasse 9

Vortragskonten - Statistische Konten - Umsatzsteuerabgrenzung

KU 9000-9998

STATISTISCHE KONTEN

S 9000 Saldenvorträge Sachkonten
F 9001 -07 Saldenvorträge, Sachkonten
S 9008 Saldenvorträge Debitoren
S 9009 Saldenvorträge Kreditoren
F 9060 Offene Posten aus 1990[11)]
F 9070 Offene Posten aus 2000
F 9071 Offene Posten aus 2001
F 9072 Offene Posten aus 2002
F 9073 Offene Posten aus 2003
F 9074 Offene Posten aus 2004
F 9075 Offene Posten aus 2005
F 9076 Offene Posten aus 2006
F 9077 Offene Posten aus 2007
F 9078 Offene Posten aus 2008
F 9079 Offene Posten aus 2009
F 9080 Offene Posten aus 2010
F 9081 Offene Posten aus 2011
F 9082 Offene Posten aus 2012
F 9083 Offene Posten aus 2013
F 9084 Offene Posten aus 2014
F 9085 Offene Posten aus 2015
F 9086 Offene Posten aus 2016

F 9087 Offene Posten aus 2017[1)]

R 9088 -89

F 9090 Summenvortragskonto
F 9091 Offene Posten aus 1991[11)]
F 9092 Offene Posten aus 1992[11)]
F 9093 Offene Posten aus 1993[11)]
F 9094 Offene Posten aus 1994[11)]
F 9095 Offene Posten aus 1995[11)]
F 9096 Offene Posten aus 1996[11)]
F 9097 Offene Posten aus 1997[11)]
F 9098 Offene Posten aus 1998[11)]
F 9099 Offene Posten aus 1999[11)]

Statistische Konten für die Kapitalflussrechnung

9240 Investitionsverbindlichkeiten bei den Leistungsverbindlichkeiten
9241 Investitionsverbindlichkeiten aus Sachanlagekäufen bei Leistungsverbindlichkeiten
9242 Investitionsverbindlichkeiten aus Käufen von immateriellen Vermögensgegenständen bei Leistungsverbindlichkeiten
9243 Investitionsverbindlichkeiten aus Käufen von Finanzanlagen bei Leistungsverbindlichkeiten
9244 Gegenkonto zu Konten 9240-9243
9245 Forderungen aus Sachanlageverkäufen bei sonstigen Vermögensgegenständen
9246 Forderungen aus Verkäufen immaterieller Vermögensgegenstände bei sonstigen Vermögensgegenständen
9247 Forderungen aus Verkäufen von Finanzanlagen bei sonstigen Vermögensgegenständen
9249 Gegenkonto zu Konten 9245-9247

STATISTISCHE KONTEN FÜR IN DER BILANZ AUSZUWEISENDE HAFTUNGSVERHÄLTNISSE

9270 Gegenkonto zu 9271 - 9279 (Sollbuchung)
9271 Verbindlichkeiten aus der Begebung und Übertragung von Wechseln
9272 Verbindlichkeiten aus der Begebung und Übertragung von Wechseln gegenüber verbundenen/assoziierten Unternehmen
9273 Verbindlichkeiten aus Bürgschaften, Wechsel- und Scheckbürgschaften
9274 Verbindlichkeiten aus Bürgschaften, Wechsel- und Scheckbürgschaften gegenüber verbundenen/assoziierten Unternehmen
9275 Verbindlichkeiten aus Gewährleistungsverträgen
9276 Verbindlichkeiten aus Gewährleistungsverträgen gegenüber verbundenen/assoziierten Unternehmen
9277 Haftung aus der Bestellung von Sicherheiten für fremde Verbindlichkeiten
9278 Haftung aus der Bestellung von Sicherheiten für fremde Verbindlichkeiten gegenüber verbundenen/assoziierten Unternehmen
9279 Verpflichtungen aus Treuhandvermögen

Statistische Konten für die im Anhang anzugebenden sonstigen finanziellen Verpflichtungen

9280 Gegenkonto zu 9281-9286[1)]
9281 Verpflichtungen aus Miet- und Leasingverträgen[1)]
9283 Andere Verpflichtungen gem. § 285 Nr. 3a HGB[1)]
9284 Andere Verpflichtungen gem. § 285 Nr. 3a HGB gegenüber verbundenen Unternehmen[1)]

Unterschiedsbetrag aus der Abzinsung von Altersversorgungsverpflichtungen nach § 253 Abs. 6 HGB

9285 Unterschiedsbetrag aus der Abzinsung von Altersversorgungsverpflichtungen nach § 253 Abs. 6 HGB (Haben)[1)]
9286 Gegenkonto zu 9285[1)]

Steuerrechtlicher Ausgleichsposten (Bilanzierer)

9485 Steuerrechtlicher Ausgleichsposten

STATISTISCHE KONTEN FÜR GEWINNZUSCHLAG

9490 Statistisches Konto für den Gewinnzuschlag nach §§ 6b, 6c EStG (Haben)[8)]
9491 Statistisches Konto für den Gewinnzuschlag nach §§ 6b, 6c EStG (Soll) - Gegenkonto zu 9490[8)]

Statistische Werte für BWA

F 9600 Faktor pauschale Vorsteuer 7 %
F 9619 Gegenkonto zu 9600-9618
9620 Fiktive Einnahmen aus Leistungen Dritter
9621 Fiktive Ausgaben durch Zahlung Dritter
9630 Nichtanzusetzende Einnahmen Klasse 7 u. 8 (§ 64 III AO)
9631 Nichtanzusetzende Einnahmen Klasse 5 (§ 67a I AO)
9632 Hinzuzurechnende Einnahmen Klasse 7 u. 8 (§ 64 III AO)
9633 Hinzuzurechnende Einnahmen Klasse 5 (§ 67a I AO)

Kein Abschluss in EAÜ od. in Bestandskontennachw.	Klasse 9	Kein Abschluss in EAÜ od. in Bestandskontennachw.	Klasse 9

9650 Umsatzsteuer Teilbereich 5000 Zweckbetrieb Sport 1
9651 Umsatzsteuer Klasse 7
9652 Umsatzsteuer Klasse 8
9690 Gegenkonto für statistische Buchungen zu 9620 - 9689

9700 Freies Statistikkonto für das Zusatzmodul Finanzrechnung[1)]
9798 Gegenkonto 1 zu 9700-9797[1)]
9799 Gegenkonto 2 zu 9700-9797[1)]

F 9800 -01 Abstimmsummenkonto für den Import von Buchungssätzen
9802 Freies Konto für Werte
9829 Gegenkonto zu 9802-9828 (Werte)
F 9830 Freies Konto für Menge
F 9849 Gegenkonto zu 9830-9848 (Menge)

Ergebnisvorträge des laufenden Jahres

9850 Gegenkonto zu 9882 bis 9889-für Vereinsergebnis/Stiftungsergebnis/Jahresüberschuss
9860 Gegenkonto zu 9882 bis 9889-für Ergebnisvortrag/Mittelvortrag/Bilanzgewinn

9882 Ergebnisse Bereich 2000 und Teilbereich 3200
9884 Ergebnisse Bereich 4000 und Teilbereich 3400
9885 Ergebnisse Bereich 5000 und Teilbereich 3500
9886 Ergebnisse Bereich 6000 und Teilbereich 3600
9887 Ergebnisse Bereich 7000 und Teilbereich 3700
9888 Ergebnisse Bereich 8000 und Teilbereich 3800
9889 Ergebnisvorträge allgemein

Statistische Konten für den außerhalb der Bilanz zu berücksichtigenden Investitionsabzugsbetrag nach § 7g EStG

9966 Hinzurechnung Investitionsabzugsbetrag § 7g Abs. 2 EStG aus dem 2. vorangegangenen Wirtschaftsjahr, außerbilanziell (Haben)
9967 Hinzurechnung Investitionsabzugsbetrag § 7g Abs. 2 EStG aus dem 3. vorangegangenen Wirtschaftsjahr, außerbilanziell (Haben)
9968 Rückgängigmachung Investitionsabzugsbetrag § 7g Abs. 3, 4 EStG im 2. vorangegangenen Wirtschaftsjahr
9969 Rückgängigmachung Investitionsabzugsbetrag § 7g Abs. 3, 4 EStG im 3. vorangegangenen Wirtschaftsjahr

9970 Investitionsabzugsbetrag § 7g Abs. 1 EStG, außerbilanziell (Soll)
9971 Investitionsabzugsbetrag § 7g Abs. 1 EStG, außerbilanziell (Haben) - Gegenkonto zu 9970
9972 Hinzurechnung Investitionsabzugsbetrag § 7g Abs. 2 EStG aus dem vorangegangenen Wirtschaftsjahr, außerbilanziell (Haben)
9973 Hinzurechnung Investitionsabzugsbetrag § 7g Abs. 2 EStG aus den vorangegangenen Wirtschaftsjahren, außerbilanziell (Soll) - Gegenkonto zu 9972, 9966, 9967
9974 Rückgängigmachung Investitionsabzugsbetrag § 7g Abs. 3, 4 EStG im vorangegangenen Wirtschaftsjahr
9975 Rückgängigmachung Investitionsabzugsbetrag § 7g Abs. 3, 4 EStG in den vorangegangenen Wirtschaftsjahren - Gegenkonto zu 9974, 9968, 9969

Statistische Konten für außergewöhnliche und aperiodische Geschäftsvorfälle für Anhangsangabe nach § 285 Nr. 31 und Nr. 32 HGB

9990 Erträge von außergewöhnlicher Größenordnung oder Bedeutung
9991 Erträge (aperiodisch)
9992 Erträge von außergewöhnlicher Größenordnung oder Bedeutung (aperiodisch)
9993 Aufwendungen von außergewöhnlicher Größenordnung oder Bedeutung
9994 Aufwendungen (aperiodisch)
9995 Aufwendungen von außergewöhnlicher Größenordnung oder Bedeutung (aperiodisch)
9998 Gegenkonto zu 9990-9997

PERSONENKONTEN

10000 -69999 Debitoren
70000 -99999 Kreditoren

WICHTIGE HINWEISE:
1. FÜR ÜBERSCHUSSRECHNER

BEDEUTUNG DER STEUERSCHLÜSSEL
(bei Bruttoverbuchung)

Individueller USt-Schlüssel			General-umkehr-Schlüssel
50	Erlöse	0 % mit VSt-Abzug	70
51	Erlöse	0 % ohne VSt-Abzug	71
52	Erlöse	7 % USt	72
53	Erlöse	19 % USt	73
55	Erlöse	16 % USt[31)]	75
57	Kosten	16 % Vorsteuer[31)]	77
58	Kosten	7 % Vorsteuer	78
59	Kosten	19 % Vorsteuer	79

ACHTUNG:
Bei Einsatz der individuellen USt-Schlüssel ist im Buchungssatz das Feld „Gegenkonto" 7-stellig zu erfassen:

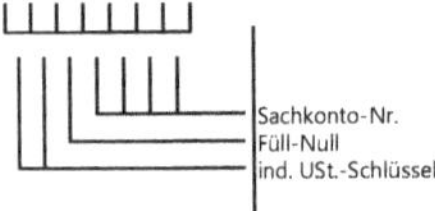

Für EU-Buchungen siehe Handbuch Vereine Art.-Nr. 11179.
Anlagenbuchungen sind netto zu erfassen. Die abziehbare Vorsteuer muss manuell in den jeweiligen Teilbereich eingebucht werden.

2. FÜR BILANZIERER
Die Umsatzsteuerkonten in den Klassen 4 bis 9 sind nicht zu bebuchen.
Für die Umsatzsteuer ist die Nettoverbuchung anzuwenden mit den Standard-Umsatz-Steuerschlüsseln 1/2/3/5/7/8 und 9. Für innergemeinschaftliche Geschäftsvorfälle sind die Schlüssel 10, 11, 12, 13, 15, 17, 18 und 19 vorgesehen.

3. FÜR ÜBERSCHUSSRECHNER UND BILANZIERER

BEDEUTUNG DER STEUERSCHLÜSSEL 91/92/94/95 UND 46
(6. und 7. Stelle des Gegenkontos)

Umsatzschlüssel für die Verbuchung von Umsätzen, für die der Leistungsempfänger die Steuer nach § 13b UStG schuldet.

Bedeutung der Steuerschlüssel beim Leistungsempfänger:	**Bedeutung der Generalumkehrschlüssel beim Leistungsempfänger:**
91 7 % Vorsteuer und 7 % Umsatzsteuer	31 7 % Vorsteuer und 7 % Umsatzsteuer
92 ohne Vorsteuer und 7 % Umsatzsteuer	32 ohne Vorsteuer und 7 % Umsatzsteuer
94 19 % Vorsteuer und 19 % Umsatzsteuer	34 19 % Vorsteuer und 19 % Umsatzsteuer
95 ohne Vorsteuer und 19 % Umsatzsteuer	35 ohne Vorsteuer und 19 % Umsatzsteuer

Die Unterscheidung der verschiedenen Sachverhalte nach § 13b UStG erfolgt nach Eingabe des Steuerschlüssels direkt bei der Erfassung des Buchungssatzes.

Beim Leistenden:
46 Ausweis Kennzahl 60 oder 68 der UStVA

BEDEUTUNG DES STEUERSCHLÜSSEL 47
Umsatzsteuerschlüssel für die Verbuchung von Erlösen aus im anderen EU-Land steuerpflichtigen sonstigen Leistungen, für die der Leistungsempfänger die Umsatzsteuer schuldet.
47 Ausweis ZM und Kennzahl 21 der UStVA
48 Generalumkehrschlüssel zu 44

BEDEUTUNG DES STEUERSCHLÜSSEL 44
Umsatzsteuerschlüssel für die Verbuchung von im anderen EU-Land steuerpflichtigen elektronischen Dienstleistungen.
44 Ausweis MOSS und Kennzahl 45 der UStVA
84 Generalumkehr zu 44

ERLÄUTERUNGEN

1) Konto für das Buchungsjahr 2017 neu eingeführt.
8) Kontenbeschriftung in 2017 geändert.
11) Das Konto wird nur noch für Auswertungen mit Vorjahresvergleich benötigt und wird im folgenden Jahr gelöscht.
27) Die Konten werden ab 2019 gelöscht. Bitte ab 2017 die neuen Konten bebuchen.
28) Nur für Bilanzierer.
29) Für Bilanzierer ist eine automatische Vorsteuerfunktion hinterlegt. Es muss ohne Schlüssel gebucht werden.
30) Nur für Überschussrechner.
31) Steuerschlüssel gilt bis einschließlich 2009.
32) Beträge aus § 18 ErbStG bzw. AEAO zu § 52 AO Nr. 1.1.

BILANZ UND JAHRESABSCHLUSS IN KANZLEI-RECHNUNGSWESEN PRO

bei Überschussrechnung (Verein)
Zuordnungstabelle S3049 4900

bei Bilanzierung (Verein)
Zuordnungstabelle S3149 4900

bei Bilanzierung (Stiftung)
Zuordnungstabelle S3249 4900

bei Bilanzierung (gem. GmbH)
Zuordnungstabelle S3349 4900

bei Bilanzierung HGB (gem. GmbH)
Zuordnungstabelle S3449

bei Überschussrechnung (Stiftung)
Zuordnungstabelle S3549 4900

bei Bilanzierung HGB (Stiftung)
Zuordnungstabelle S3649

bei E-Bilanz Vereine
Zuordnungstabelle S9849

bei E-Bilanz Stiftung
Zuordnungstabelle S9449

bei E-Bilanz gem. GmbH
Zuordnungstabelle S9349

KOSTENRECHNUNG IN KANZLEI-RECHNUNGSWESEN PRO

Musterfälle zur Kostenrechnung Vereine bzw. Musterstiftungen sind in DATEV pro enthalten.

Stichwortverzeichnis

T

U

V

W

Z